JN096713

感染症媒介蚊と闘う

川田 均 著

（長崎大学熱帯医学研究所）

北隆館

Fighting against Vector Mosquitoes
of Infectious Diseases

by

Dr. HITOSHI KAWADA

Institute of Tropical Medicine, Nagasaki University

はじめに

　毎年，5月のゴールデンウイークが終わる頃になると，新聞や雑誌が「夏の蚊対策」，「嫌な蚊を寄せ付けないグッズ‐トップ10」というような企画を組み，これまでに何度もインタビューを受けた。私の答えはいつも大体決まっており，その詳細は本書に書かれているとおりであるが，その度に自己嫌悪に陥る。ヒトが蚊を誘引する原因は幾つも分かっているのに，「では，どうすれば蚊に刺されないようになりますか？」というお決まりの最終尋問に対して，いつも答えに窮するのである。「白っぽい服や帽子を身につけて，できるだけ肌を露出せずに歩いてください」，「一番有効なのは忌避剤を皮膚に塗ることです」などと答えると，インタビューワーは少しガッカリしたような顔になる。テレビやインターネットの情報に満ちあふれた現代のヒトにとって，そんな答えは最早常識なのである。インタビューワーは，仮にも大学で蚊の研究をしている研究者なのだから，「こうすれば100％蚊を撃退できます」，「これを使えば絶対蚊に刺されません」という答えを期待しているのである。そんなときは，「それが分かればノーベル賞モノですよ。私が教えて欲しいくらいですわ」と，半ば自嘲的に笑って誤魔化すしかない。しかし，そんな諦観に捕らわれながらも，何か「素晴らしい」方法がないかと日夜空想を巡らせている私である。

　また，これもよく訊かれる質問に，「蚊なんてモノはこの世からいなくなっても環境に何の影響も及ぼさないのでは？」というのがある。「蚊はコウモリの餌になっている」とか，「幼虫は水中の有機物を分解して，水質浄化に役立っている」とか，「実は重要な花粉媒介者なんです」という様な答えは，聞き手にあまりインパクトを与えない。実際，世の中から蚊が消滅してしまったら，一体どんなことが起こるか誰にも想像できない。全く何も起こらないかも知れないし，バタフライ効果ならぬモスキート効果で，思いもしない災害が巻き起こるかも知れない。例えば，アフリカのマラリア媒介蚊（ハマダラカ）が消滅して，その結果マラリアがなくなったらどうなるだろう？毎年60万人と言われているマラリアによる幼児の死亡がゼロになる。人口爆発が起こり，アフリカを大飢饉が襲うことになるかも知れない。あるいは，中間宿主を失ったマラリア原虫が必死の進化を重ねて，新たな動物や昆虫を媒介者に仕立て上げることになるかも知れない。

　感染症媒介蚊の研究は，常にこのような諦観と矛盾を伴っている。私は，世界に何万人もいる蚊の研究者の端くれとして，感染症媒介蚊と闘う道を選んだ。そして，蚊の生き残り戦略としての殺虫剤抵抗性の進化に素直に驚き，為す術を持たない自分の限界を知るに至った。本書に書かれた内容は，そんな私の敗北の記録であるが，一方で随所に一縷の希望を託すものである。若い研究者達の教科書になるような代物ではないが，本書から何か一つでも将来の研究のためのヒントを拾い上げていただければ幸甚である。一般の読者にとっては，些か専門的すぎて難解かも知れないが，広い世の中にはこんな研究や研究者達がいて，世界平和は大袈裟ながら，それにほんの少しでも寄与すべく日夜努力していることを感じ取っていただければこの上ない喜びである。

　2022 年 5 月 17 日

　　　　　　　　　　　　　　　　　　　　　　　　　石垣島にて
　　　　　　　　　　　　　　　　　　　　　　　著　　　者

目　次

第1章

敵を知り，己を知れば百戦危うからず

（感染症媒介蚊を知る）

1. 感染症媒介者としての「蚊」

　世界最大の慈善基金団体であるビル＆メリンダ・ゲイツ財団のビル・ゲイツのブログサイトに「最も人間を殺している生物」というサイト※がある。ここに挙げられている 15 の生物には，魚類（サメ），爬虫類（ワニ，ヘビ），哺乳類（オオカミ，ライオン，ゾウ，カバ，イヌ，ヒト）が含まれる。他には寄生虫と呼ばれるサナダムシ（条虫）とヒトカイチュウ（回虫），住血吸虫の中間宿主となる淡水性の貝類がリストアップされている。リストには昆虫が 3 種類ランク入りしているが，いずれも感染症の媒介者（ベクター）として重要な昆虫である。ツェツェバエというハエは，アフリカのネムリ病を媒介し，中南米では複数種のサシガメ（カメムシの仲間）がシャーガス病を媒介する。そして，15 の生物中，他の追従を許さないほど確固たる地位にあるのが「蚊」である。ブログには年間 725,000 人という蚊による驚異的な死者数が示されている。

　ここで注目すべきは，蚊が媒介する感染症による死因のほとんどがマラリアであるということである。しかも，マラリアによる死者のほとんどがアフリカ諸国の子供達であるという事実がある。ヒトにマラリアを媒介するのはハマダラカ（*Anopheles*）という蚊の仲間で，地域によって固有の種が全世界に分布している（図 1-1, 2, 3）。ハマダラカによるヒトへのマラリア感染はとても複雑な経路を辿る。マラリア原虫（*Plasmodium*）が，蚊の体内と人の肝臓や血液の中で幾つものステージに変化するからである（図 1-4）。図 1-4 を解説すると，まず，①スポロゾイトが蚊の唾液腺に移動する。②蚊の吸血により，スポロゾイトがヒトの血流を経て肝臓に移動し肝細胞に感染する。その後肝細胞内でメロゾイトに増殖して，肝細胞を破裂させ再び血流に戻る。③メロゾイトは赤血球に感染し，リングフォームと呼ばれる指輪のような体型から，栄養体，シゾントに成長し，さらにメロゾイトを産生する。④栄養体からは生殖母細胞が産生され，⑤蚊の吸血時に血液とともに蚊に取り込まれると，⑥蚊の腸内で生殖母体（雌と雄）へと成熟する。⑦両者は受精して運動性の接合体であるオーキネートを形成し，オーシストとして中腸の壁を越えることができる。オーシストは新しいスポロゾイトを蚊の体内に放出し，①からのサイクルが繰り返されるということになる。この複雑なマラリア原

※　https://www.gatesnotes.com/health/most-lethal-animal-mosquito-week，参照日：2022 年 10 月 20 日

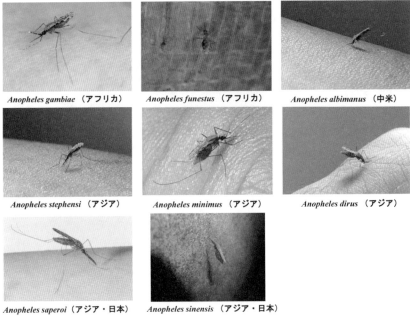

図 1-1　マラリアを媒介するハマダラカ（*Anopheles sinensis* は砂原俊彦氏撮影，他は著者撮影）

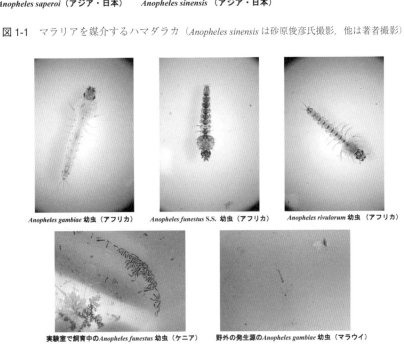

図 1-2　アフリカのハマダラカ幼虫（著者撮影）

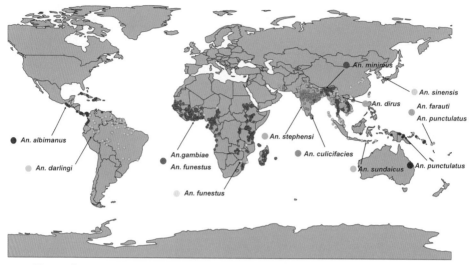

図1-3 主なマラリア媒介蚊（ハマダラカ *Anopheles*）の分布（Massey *et al.*(2017) より作図）

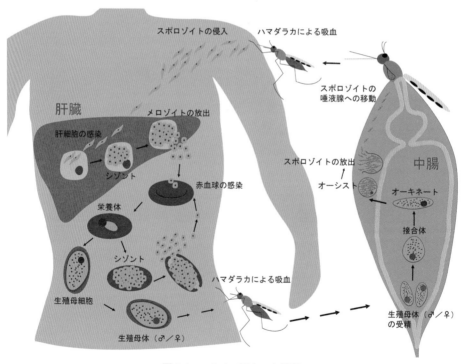

図1-4 マラリア原虫の生活環

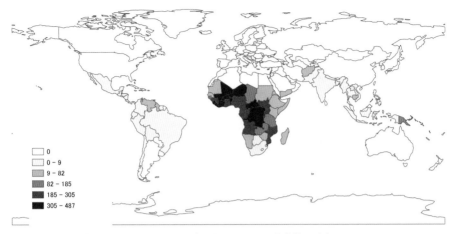

図 1-5　2018 年における人口 1,000 人当たりのマラリア発症数の分布（WHO（2021b）より作図）

虫のステージ変化は，マラリアワクチンの開発の大きな障害となっている。世界保健機構（WHO）が年に 1 度発行している World Malaria Report によれば，2000 年のマラリアによる死者は推定 736,000 人であったが，2019 年には 409,000 人にまで減少している。5 歳以下の子供の死亡が，2000 年では 84% だったのに対し，2019 年には 67% となっており，殺虫剤含浸蚊帳（Insecticide Treated Net, ITN）などによる効果が主に子供の死亡の減少に繋がっていることが覗われる（WHO, 2021ab）。ビル・ゲイツのブログの年代は 2014 年となっているので，725,000 人という数字はおそらく 2000 年前後の数字であると思われる（図 1-5）。

WHO は，最近マラリアによる死者数の統計処理方法を変更したようで，新統計処理方法では，感染者数，死者数共に旧統計処理方法よりも高い値となっている（図 1-6）（WHO, 2022）。新統計処理方法による死者数は，2000 年

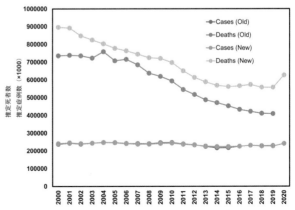

図 1-6　世界のマラリア症例数と死者数の推移：New: WHO の新統計処理方法によるデータ，Old: 旧統計処理方法によるデータ（WHO, 2021a, 2022 より作図）

ヒトスジシマカ *Aedes albopictus*

ネッタイシマカ *Aedes aegypti*

トウゴウヤブカ *Aedes togoi*

ヤマトヤブカ *Aedes japonicus*

シロカタヤブカ *Aedes nipponicus*

オオクロヤブカ *Armigeres subalbatus*

コガタアカイエカ *Culex tritaeniorhynchus*

図 1-7 シマカの仲間とイエカの仲間（コガタアカイエカ写真右は砂原俊彦氏撮影，他は著者撮影）

には 896,000 人を記録しているが，その後減少傾向にあり，2019 年には約 558,000 人まで減少した。しかし，2019 年と比較すると，2020 年に感染者数（22,700 万人から 24,100 万人），死者数（558,000 人から 627,000 人）共に若干増加しているのが気に掛かるところである。

　蚊が媒介する感染症には，他にデング熱，黄熱，チクングニア熱，ジカ熱

図 1-8 ヒトスジシマカ *Aedes albopictus* の終齢幼虫（左）とサナギ（右）（著者撮影）

等のウイルス性疾患があり，これらは全てシマカ（*Aedes*）の仲間が媒介する（図 1-7, 8）。デング熱やデング出血熱は，熱帯地域において最も重要な蚊媒介性疾患の一つである。2014 年に東京を中心に日本でも 161 名の患者が続出して話題になった。適正な治療さえ行えば致死率はさほ

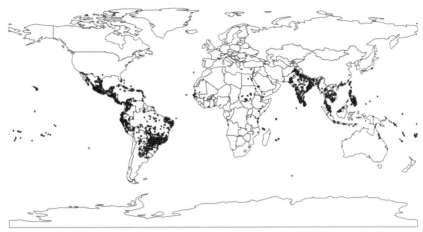

図 1-9　2013 年〜 2017 年の世界におけるデング熱症例分布
（Aliaga-Samanez *et al.*（2021）より作図）

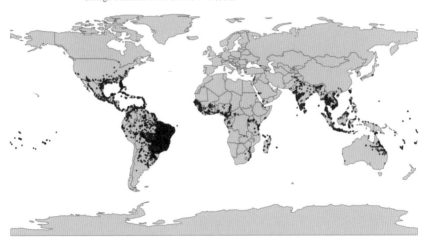

図 1-10　1958 年〜 2014 年に文献記載のあったネッタイシマカの分布地図
（Kraemer *et al.*（2015）より作図）

ど高くないが，世界におけるデング熱による死者数は年間 1 万人から 2 万人
と言われる（図 1-9）。ネッタイシマカ *Aedes aegypti* とヒトスジシマカ *Aedes
albopictus* が媒介蚊として重要な位置を占めている。ネッタイシマカは，中南
米，東南アジア，南アジア等の熱帯地域に広範囲に分布する（図 1-10）。かつ
ては日本の小笠原や沖縄本島にも生息していたが（山田，1910, 1917），現在は
日本国内での生息は確認されていない。1944 年に九州天草の牛深町にデング
熱の大流行があり，同時にこの地域にネッタイシマカの生息が確認されたが，
その後の調査では確認されず，絶滅したと考えられている（小栗・小林，1947,

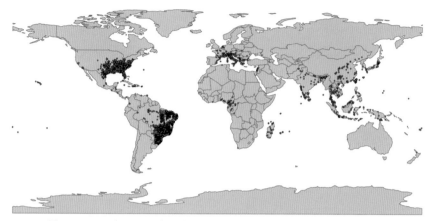

図 1-11 1964 年〜 2014 年に文献記載のあったヒトスジシマカの分布地図
（Kraemer *et al.*（2015）より作図）

1948; 大藤, 1963）。ネッタイシマカの発育ゼロ点（生育可能な最低気温）は 13
℃付近と言われている（Bar-Zeev, 1958）。日本には気温の低くなる冬が存在し，
ネッタイシマカはこの冬を越すことができないために，現時点では日本国内
への定着は困難であろう。しかし，国際線の飛行機が頻繁に訪れる成田空港
内で 2012 年にネッタイシマカ幼虫の生息が報告されており（Sukehiro *et al.*,
2013），このような場所を中心とした気温の高い夏期における一時的なネッタ
イシマカの増殖の危険性は十分ある。海外との交流が頻繁な国際空港や海港
においては，本種の侵入に対して十分な警戒が必要である。

　ヒトスジシマカは東洋に起源を発すると言われているが，20 世紀になって
から南太平洋の島々に分布が拡大し，1980 年代初期に北米大陸東南部での生
息が確認され，現在では北米大陸中南部に普通に見られる種となっている。
1980 年代後半には，中南米やオセアニア，アフリカ大陸にも生息範囲を広げ
ている（Bonizzoni *et al.*, 2013; Kraemer *et al.*, 2015）（図 1-11）。中古タイヤの日
本から米国を中継した全世界への輸出が，ヒトスジシマカの急激な分布拡大
の重要な要因と考えられている（Reiter, 1998）。

　1942 年，マレー半島から 1 隻の軍艦が長崎港を訪れた。この船に乗ってい
た 75 人の水兵のうち，デング熱を罹患していた 13 人が下船し，日本人労働
者や水兵の家族と接触した。これが，日本でのデング熱大流行のきっかけと
なった。デング熱の患者数は，長崎市では 1 ヵ月で 2,295 人，その後 2 ヵ月
で 13,323 人と急速に増加した。この流行はこの年のうちに佐世保，広島，呉，
神戸，大阪など他の都市にも拡大し，1944 年までに総患者数は 20 万人に達し

表 1-1　蚊によって媒介される主な感染症

媒介蚊	感染症	病原体	推定年間感染者数	推定年間死者数
シマカ（Aedes）	チクングニア	ウイルス	<250,000	<1,000
	デング	ウイルス	5,200,000	40,000
	フィラリア症	糸状虫	120,000,000	−
	リフトバレー熱	ウイルス	<18,000	<1,000
	黄熱	ウイルス	84,000−120,000	29,000−60,000
	ジカ熱	ウイルス	<1,500,000	−
ハマダラカ（Anopheles）	フィラリア症	糸状虫	120,000,000	−
	マラリア	原虫	240,000,000	600,000
イエカ（Culex）	日本脳炎	ウイルス	68,000	13,600−20,400
	フィラリア症	糸状虫	120,000,000	−
	西ナイル熱	ウイルス	<10,000	<1,000

た。これは温帯地域での最大のパンデミックの一つである。ヒトスジシマカが，この日本におけるデング熱大流行の原因となった媒介者と推定されている（Hotta, 1998; 堀田, 2000）。ヒトスジシマカは，チクングニアウイルスの主要な媒介者でもある（Powers and Logue, 2007; Bonilauri *et al.*, 2008）。日本では過去 50 年間，デング熱の流行は起こっておらず，チクングニア熱の発生も報告されていないが，今後ヒトスジシマカを媒介蚊として，これらのウイルス性疾患が国内で発生する可能性はゼロではない。

　蚊が媒介する感染症には，マラリアやデング熱，チクングニア熱の他にコガタアカイエカなどのイエカ（*Culex*）の仲間（図 1-7）が媒介する日本脳炎や，複数の蚊種が関わるフィラリア症がある。このように，感染症を媒介する生物としての「蚊」の役割は極めて重要で，なかでもマラリアは世界で最も注目すべき重要な感染症である（表 1-1）。蚊が媒介する感染症と，これを撲滅しようとする人間の闘いの歴史は，1800 年代まで遡る（表 1-2）。蚊媒介性感染症に対する戦略は，まず 1) 媒介蚊を特定すること，次に 2) 媒介蚊を防除し，同時に 3) ワクチンや治療薬を開発することである。媒介蚊の防除は，常に一時的な成功を収めるが，その数年後には必ず殺虫剤抵抗性集団の出現が問題となっている。したがって，媒介蚊防除のみで感染症を撲滅することは非常に困難である。2021 年には初のマラリアワクチン（RTS, S/AS01）が承認され，WHO は子供の熱帯熱マラリア予防のために推奨している。デング熱ワクチン（CYD-TDV）も 2015 年に承認された。これらの予防薬や治療薬の使用と，人間の住環境の整備，そしてこれを補完するための媒介蚊コントロールという三つ巴の戦略が感染症撲滅への道を拓く。2021 年には中国のマラリア撲滅が宣言された。明るいニュースである。

表 1-2　蚊媒介性感染症と人間の闘いの歴史

年代	出来事
1874	DDTの合成 (O. Zeidler)
1877	蚊がバンクロフト糸状虫の中間宿主であることを発見 (P. Manson)
1898	マラリア原虫をハマダラカ体内に発見 (R. Ross)
1900	ネッタイシマカによる黄熱病媒介の実証 (W. Reed)
1900s	石油の散布（蚊幼虫防除）
1902	R. Ross ノーベル生理学・医学賞受賞
	蚊によるデング熱媒介実証 (H. Graham)
1907	デング熱媒介蚊をネッタイシマカと同定 (P.M. Ashburn, C.F. Craig)
1920-30	ピレトリン，パリスグリーンの散布
1934	日本脳炎ウイルスの分離 (M. Hayashi)
1937	日本脳炎ウイルスのアカイエカ・コガタアカイエカによる媒介実証 (T. Mitamura)
	ウガンダで西ナイルウイルス確認
1939	DDTの殺虫効力発見 (P.H. Muller)
1940	マラリア駆除に殺虫剤の残留噴霧提唱 (B. DeMeillon, R. Ross, P.F. Rusell)
1945	DDTによる残留散布・幼虫対策開始各地で成功
1947	ウガンダにおいてサルからジカウイルス発見
1948	P.H. Muller ノーベル生理学・医学賞受賞
	マラリア根絶プログラム開始 (WHO)
1951	ギリシャでDDT抵抗性蚊出現
1952	ジカウイルスの人への感染確認
	タンザニアでチクングニヤウイルス発見
1956	WHOによるマラリア根絶計画（蚊の防除により伝播をある期間遮断すれば原虫の根絶は可能）
1962	「沈黙の春」出版　　(R. Carson)
1966	マラリア根絶計画の一時的な成功
1965-8	ハマダラカにDDTあるいはディルドリン抵抗性出現
	根絶が成功したかに見えた国（インド・スリランカ等）でのマラリア増加
1969	WHOの計画変更（根絶から防除へ：国の実情に合った方法でマラリアによる死者を減少させる）
1978	アルマ・アタ宣言（Primary Health Care により，2000年までに世界中の全ての人に，社会的，経済的に生産的な生活を送ることが出来るような健康水準を達成する）
1992	残留散布に代わり殺虫剤含浸蚊帳 (ITN) 使用の推奨
1998	Roll Back Malaria（マラリア防圧作戦）
	2010年までに全世界のマラリアの脅威を50%に低減する
	1. 適切な治療体制の構築
	2. 妊娠期間中の感染予防強化
	3. 殺虫剤処理蚊帳の普及
	4. マラリア流行に対する適切な対応
	その後定期的な蚊帳の処理から，Long Lasting Insecticidal Net (LLIN) 普及に方針転換
1999	ニューヨークで西ナイル熱流行
2000	WHO, フィラリア症撲滅プログラム（GPELF）開始
2007	ヤップ島でジカ熱の流行
2010 - 2019	マラリア媒介蚊の多剤抵抗性発現
2014	ヨーロッパでチクングニヤウイルス流行
2015	最初のデング熱ワクチン（CYD-TDV）承認
2020	GPELF, 新しい「顧みられない感染症」ロードマップ (2021-2030) 設定
2021	WHO, 中国のマラリア撲滅を宣言
	WHO, マラリア予防ワクチンを初承認
	WHO, マラリア世界戦略 2016-2030 をアップデート
	1. マラリア症例を2030年までに90%低減
	2. マラリアによる死亡を2030年までに90%低減
	3. 少なくとも35か国のマラリアを撲滅
	4. マラリア・フリーのすべての国における再発生の抑制

2.　日本におけるマラリアとの闘いの歴史

　日本人は太古の昔からマラリアに悩まされており，堀川天皇（1078–1107），平清盛（1118–1181），一休宗純（1394–1481）などがマラリアに苦しめられたという史実は有名な話である。1900 年代の北海道では，8,200 人のうち 1,400 人以上の屯田兵が三日熱マラリアに感染していたことが記録されている。琉球列島を除く日本で記録された 8 種類のハマダラカのうち，シナハマダラカ *Anopheles sinensis* とオオツルハマダラカ *Anopheles lesteri* がマラリアを媒介する主要なハマダラカとされている（栗原，2002）。三日熱マラリアは，滋賀県の琵琶湖岸，京都府の木津川・鴨川流域，関東地方の利根川流域，新潟県の信濃川・阿賀野川流域，岐阜県の長良川・揖斐川・木曽川流域，福井県の九頭竜川流域などに常在していた。

　1940 年代，第二次世界大戦後の短期間に 600 万人の復員兵や移民が熱帯地域から帰国し，三日熱マラリアの他に，熱帯熱マラリアや四日熱マラリアを国内に持ち込んだ。これを国内に常在していた土着マラリアに対して「輸入マラリア」という。三日熱，熱帯熱，四日熱の割合は 43:10:1 だった（森下，1963）。しかし，このような厳しい状況下にありながら，どういうわけか戦後 5 年足らずの間に土着マラリアも輸入マラリアも消滅してしまった（大鶴，1958）。なぜこのように急速に消滅したのか，何故輸入マラリアが転じて土着マラリアにならなかったのか，その理由はまだ解明されていない。驚くべきことに，日本本土では DDT の屋内残留散布（Indoor Residual Spray, IRS）などのマラリア予防のための積極的な対策が行われた地域はほとんどなかったのにもかかわらずである。備蓄されていた抗マラリア薬（キニーネ）による十分な治療と，蚊取り線香や蚊帳の使用などの自己防衛手段の一般化，媒介蚊の繁殖地となっている水田での農薬処理等による媒介蚊の数の減少，水田の面積が国の政策によって縮小され，稲作が制限されたことなどがその原因の一部と考えられている（大鶴，1958; 森下，1963）。

　三日熱マラリアは戦前の日本では全国的に流行していたが，滋賀県，福井県，石川県，富山県，新潟県，愛知県，栃木県，高知県を除いて徐々に減少し，消滅していった（澤田，1949）。彦根市（滋賀県）はかつてマラリアの流行地であり，マラリア患者数が 20% を超えていた。占領下の米軍の指導のもと，マラリア予防のための第一次 5 ヵ年計画（1949–1953）と第二次 5 ヵ年計画（1954–1959）が進められた。まず，マラリアに関する知識を地域の指導者

が学童に広めた。また，学校，会社，工場などをマラリア対策の拠点とし，環境整備を進めるとともに，DDT乳剤やピレトリン乳剤などの殺虫剤の使用を推進した。その結果，彦根市では1954年以降マラリア患者は報告されていない。

　琉球列島におけるマラリアの歴史は，上記の本土におけるケースとは異なる様相を呈している。琉球列島には6種のハマダラカが記録されているが，その中でもヤエヤマコガタハマダラカ *Anopheles yaeyamaensis* は熱帯熱マラリアの重要な媒介者であったと考えられている。1944年10月，米海軍の機動部隊が石垣島の東海上380 kmに進入した。これに対して，日本軍（宮崎連隊）は八重山群島で自然の洞窟を陣地として迎撃態勢をとった。日本軍はマラリア対策をしていたが，連隊の兵士の9割がマラリアに感染していた（南風，2012）。1944年10月12日，石垣島に対して最初の空襲が行われた。1945年4月1日に米機動部隊が沖縄本島に上陸し，八重山諸島に対して数千機の空母艦載機による空爆と軍艦からの砲撃が繰り返された。沖縄本島上陸から12日後（1945年4月13日），米軍は飛行機によるDDTの空中散布を開始した。米軍は，7つのマラリア調査チーム，3つのマラリア対策チーム，3つの公衆衛生チームを編成して，民間人の健康診断や血液検査を行い，マラリア患者は急速に減少していったが，逆にフィラリア症など他の病気は急速に増加した。沖縄では1946年から1947年にかけてDDTの空中散布が盛んに行われたが（これは実際には幼虫駆除であった！），このような大規模な無差別空中散布，多くの水田の放棄とその後の再開によって，自然のバランスが崩れてしまうことになる。予防措置を怠ったために，マラリアや日本脳炎が再発し，米軍関係者に死者が出始めた。そこで，DDTの無差別空中散布を中止し，現場での予防と小型飛行機による局所的な空中散布に切り替えた。1949年には，空中散布の際の高さと風速が規制された（150フィート以上，秒速12マイル以下）。本格的な地上での防除作業が開始されたのは1952年であった（保坂，1992）。

　1954年から1957年までのマラリア患者数は3,000人を超えており，八重山諸島は依然としてマラリアの流行地であった。アメリカ政府は医療昆虫学者のC. M. Wheeler博士を，マラリア媒介蚊成虫を対象とした新たな防除計画（Wheeler Plan）のリーダーとして派遣した。彼はWHOの対策マニュアルに沿って計画を推進し，マラリアの流行の有無にかかわらず，全島の全戸にIRSを実施する3ヵ年計画を開始した（1957年8月15日）。また，クロロキン投与後2週間はプリマキンを投与するというマラリア薬投与の指針を示した。そ

の結果，マラリア患者数は 1,730 人（1957 年）から 370 人（1958 年），58 人（1959年），4 人（1960 年）と激減していき，1961 年にはついにゼロになった。1962年には DDT の IRS が終了，翌 1963 年にはアメリカのマラリア対策予算も終了した。このプログラムの総予算は 16,338,000 ドルだった（南風，2012）。以上のような過程を経て，占領下の日本の国民，そして米軍の多大な努力により，マラリアは八重山諸島から追放されたのである。

　以上のように，日本国内のマラリア撲滅にとって，媒介蚊を対象とした殺虫剤散布は必要不可欠なものであった。このような殺虫剤を主要な武器としたマラリア対策における WHO の基本施策は，少しずつ形を変えながらも，依然として世界中で実施されている。Tsukamoto et al.(1957)は，彦根市で採集したイエバエに高い DDT 抵抗性が認められたが，シナハマダラカ，アカイエカ，コガタアカイエカ，ヤマトヤブカにはそのような抵抗性は認められないことを報告した。Gentry and Hubert(1957)は，沖縄のコガタアカイエカにおける DDT およびその他の有機塩素系殺虫剤抵抗性を報告している。Toma et al.(1993)も，1970 ～ 1972 年に沖縄の北部，中部，南部で採集されたコガタアカイエカが DDT に抵抗性を示したのに対し，沖縄の中部と石垣島で採集された同種は DDT に感受性を示したと報告している。また，Umeda et al.(1990)は，沖縄県知念町の水田から採集したコガタアカイエカ（安富・高橋，1989）に kdr 型（ピレスロイドの作用点における塩基配列のミューテーションによる抵抗性）の高いピレスロイド抵抗性が存在することを示唆した。著者らは，知念町の水田では DDT もピレスロイドも使用されたことがないことから，この抵抗性の原因については明らかにできなかった。意外なことに，琉球列島におけるハマダラカの殺虫剤抵抗性に関する報告は少ないが，Toma et al.(1998)は，知念町で採集したシナハマダラカの DDT およびピレスロイド抵抗性を報告している。歴史を振り返ると，1945 年から 1962 年にかけてマラリア対策として行われた DDT の空中散布が水田を発生源とするハマダラカやコガタアカイエカのピレスロイド抵抗性発現に重要な役割を果たしたことは容易に類推できる。

〔引用文献〕（第 1 章）

Aliaga-Samanez A, Cobos-Mayo M, Real R, Segura M, Romero D, Fa JE, Olivero J (2021) Data from: Compendium of dengue cases from 2013 to 2017. Dryad, Dataset, https://doi.org/10.5061/dryad.9w0vt4bfv.

Bar-Zeev M (1958) The effect of temperature on the growth rate and survival of the immature stages of *Aëdes aegypti* (L.). *Bulletin of Entomological Research*, 49: 157–63.

Bonilauri P, Bellini R, Calzolari M, Angelini R, Venturi L, Fallacara F, Cordioli P, Angelini P, Venturelli C, Merialdi G, Dottori M (2008) Chikungunya virus in *Aedes albopictus*, Italy. *Emerging Infectious Diseases*, 14: 852–854.

Bonizzoni M, Gasperi G, Chen X, James AA (2013) The invasive mosquito species *Aedes albopictus*: current knowledge and future perspectives. *Trends in Parasitology*, 29: 460–468.

Gentry JW, Hubert AA (1957) Resistance of *Culex quinquefasciatus* to chlorinated hydrocarbons on Okinawa. *Mosquito News*, 17: 92–93.

南風原英 (2012) マラリア撲滅への挑戦者たち. やいま文庫 13 南山舎.

保坂広志 (1992) 沖縄占領研究—米軍の対沖縄公衆衛生・医療救助活動に関する一考察. 琉球大学法文学部紀要 社会学篇, pp. 1–33.

Hotta S (1998) Dengue vector mosquitoes in Japan. The role of *Aedes albopictus* and *Aedes aegypti* in the 1942-1944. *Medical Entomology and Zoology*, 43: 276–274.

堀田 進 (2000) デング熱とデングウイルス－熱帯医学への挑戦－. 日熱医学誌, 28: 369–381.

Kraemer MUG, Sinka ME, Duda KA, Mylne A, Shearer FM, Brady OJ, Messina JP, Barker CM, Moore CG, Carvalho RG, Coelho GE, Bortel W, Hendrickx G, Schaffner F, Wint GRW, Elyazar IRF, Teng H-J, Hay SI (2015) Data from: The global compendium of *Aedes aegypti* and *Ae. albopictus* occurrence. Dryad, Dataset, https://doi.org/10.5061/dryad.47v3c.

栗原 毅 (2002) 日本列島のマラリア媒介蚊（南西諸島を除く）. *Medical Entomology and Zoology*, 53 (Supplement 2): 1–28.

Massey NC, Garrod G, Wiebe A, Henry AJ, Huang Z, Moyes CL, Sinka ME (2017) Data from: A global bionomic database for the dominant vectors of human malaria. Dryad, Dataset, https://doi.org/10.5061/dryad.49p7f.

森下 薫 (1963) マラリア原虫の生物学および疫学に関する研究. 「日本における寄生虫学の研究 III」. 目黒寄生虫館, pp. 45–111.

小栗一好・小林和夫 (1947) 牛深町に於ける熱帯縞蚊の越冬調査. 熊本医科大学衛生学教室研究報告, pp. 83–90.

小栗一好・小林和夫 (1948) 熱帯縞蚊の牛深町（熊本県天草郡）棲息について. 日本衛生学雑誌, 2: 13–16.

大藤 芳 (1963) 黄熱蚊 *Aedes aegypti* の日本における土着の可能性に関する研究：1. 雌成虫の受精, 吸血及び産卵, 卵の耐乾性, 及び幼虫の発育について. 長崎大学風土病紀要, 5: 164–178.

大鶴正満 (1958) わが国において第二次世界大戦による輸入マラリアが土着性とならなかった理由について. 医学の動向, 22: 107–137.

Powers AM, Logue CH (2007) Changing patterns of chikungunya virus: re-emergence of a zoonotic arbovirus. *Journal of General Virology*, 88: 2363–2377.

Reiter P (1998) *Aedes albopictus* and the world trade in used tires, 1988-1995: The shape of things to come? *Journal of American Mosquito Control Association*, 14: 83–94.

澤田藤一郎 (1949) 戦後マラリア. 日本内科学会誌, 38: 1–14.

Sukehiro N, Kida N, Umezawa M, Murakami T, Arai N, Jinnai T, Inagaki S, Tsuchiya H, Maruyama H, Tsuda Y (2013) First report on invasion of yellow fever mosquito, *Aedes aegypti*, at Narita International Airport, Japan in August 2012. *Japanese Journal of Infectious Diseases*, 66: 189–194.

Toma T, Miyagi I, Kishimoto T, Higa Y, Hatazoe H, Zayasu N (1993) Insecticidal resistance of *Culex tritaeniorhynchus* Giles (Diptera : Culicidae) in Okinawa Prefecture, Japan, in 1970–1972 and 1989. *Japanese Journal of Sanitary Zoology*, 44: 263–269.

Toma T, Miyagi I, Malenganisho WLM, Tamashiro M (1998) Insecticide susceptibility of *An. minimus*, *An. saperoi* and *An. sinensis* larvae (Diptera: Culicidae) in Okinawa prefecture, Japan, in 1993 and 1994. *Medical Entomology and Zoology*, 49: 227–230.

Tsukamoto M, Ogaki M, Kobayashi H (1957) Malaria control and the development of DDT resistant insects in Hikone City, Japan. *Japanese Journal of Sanitary Zoology*, 8: 118–122.

Umeda K, Shono T, Hirano M, Takahashi M (1990) Reduced nerve sensitivity as a resistant mechanism to a pyrethroid in *Culex tritaeniorhynchus* from Okinawa. *Journal of Pesticide Science*, 15: 599–601.

World Health Organization (2021a) World Malaria Report 2020. "https://www.who.int/teams/global-malaria-programme/reports/world-malaria-report-2020".

World Health Organization (2021b) World Health Statistics 2020. "https://apps.who.int/iris/bitstream/handle/10665/332070/9789240005105-eng.pdf".

World Health Organization (2022) World Malaria Report 2021. "https://www.who.int/teams/global-malaria-programme/reports/world-malaria-report-2021".

山田信一郎 (1910) 黄熱病ノ伝搬者タル「ステゴミーア・フアスシアータ」ノ本邦ニ於ケル分布ニ就テ. 衛生学伝染病学雑誌, 12: 386–403.

山田信一郎 (1917)「ステゴミーア・フアスシアータ」ノ本邦ニ於ケル分布ニ就テノ追加. 衛生学伝染病学雑誌, 13: 1–2.

安富 和男・高橋 三雄 (1989) 沖縄県知念産コガタアカイエカの殺虫剤抵抗性，とくにピレスロイド剤に対する抵抗性の機構について. 衛生動物, 40: 315–321.

===== コラム 1 =====

死について想うこと

　日本に住んでいると，ヒトの死はあまりリアリティーのない出来事に思える。最も身近な死は肉親の死であるが，死を悲しむ間もなく葬儀屋さんが待ち構えたようにやってきて，葬儀の日程と場所の決定，火葬場の予約，費用の相談，喪主の選定等々，畳み込むように忙しくなり，あれよあれよという間に葬儀は終わっている。そうやって忙しくしていることで，悲しみを薄れさせるのが目的のようにも思える。私は，父の臨終にも間に合わなかった親不孝者であるが，そうやってバタバタしていることにおかしな充実感を覚え，ある意味で葬儀ハイになっていたような気がする。葬儀が終わって，火葬場に向かうバスの中で，やっとゆっくりと父のことを思い出すことができ，今まで抑えつけられていた感情が徐々に崩れ出し，父の遺骨が火葬場の炉から出てきた時点で完全に崩壊してしまった記憶がある。

　ケニアの葬式は陽気である。フィールド調査をしている最中に，このセレモニーに頻繁に遭遇した。遠くの方から車のクラクションや怒号，歌声が混ざり合った音が聞こえ出したかと思うと，目前に何台もの車が連なって葬儀場に向かうのが見える。車の上からは若者が大声で何かを叫んでいる。「○○さんが死んだぞー‼」と世間に喧伝しているのだろうか？見ていると，何となく楽しそうでもあり，どことなくやけくそな悲しい雰囲気もある。砂埃を残して，車列は去って行く。葬儀パーティーも陽気に執り行われる。2日2晩にわたって大型のスピーカーが陽気な音楽を流し続ける。近所迷惑ではあるが，文句は言えない。

図 1-12　ビクトリア湖畔で食器を洗う人（ケニア）

そうやって，故人は賑やかに天国に送られる。

　東南アジアやアフリカではヒトの死に何度も遭遇した。ケニアでは，私の知人も何人か亡くなっていった。つい数日前に，村でメイズとコーラをご馳走になった 40 歳そこそこのヒトが突然体調を崩し，あっという間に亡くなったと言うことを聞き，愕然となった。当時は HIV による死も多かったと思うが，差別を避けてのことかあまりそれは表に出ないことが多く，チフスなど別の病名が使われていた。ケニアでの調査のパートナーとして 5 年間手伝って貰った Fredric Sonye には 7 人のお母さんがおり，その何人かに紹介された。「あれが Real Mother で，こちらが 3rd Mother だ」などと説明されるが，私にはなかなか区別できなかった。その何番目かのお母さんの子供，つまり Fredric の腹違いの弟が亡くなった。高校を卒業したてで，Fredric と同様に長崎大学熱帯医学研究所－ケニア医学研究所（NUITM-KEMRI）合同プロジェクトの現地スタッフとして，私の調査にも時々加わっていた，まだ童顔の青年である。呼吸器系の病気に罹り，ナイロビの病院に入院していたが，私がケニアを引き揚げて帰国した後に亡くなったというメールが Fredric から届いた。

　ビクトリア湖沿岸の村では，毎年何人かがワニやカバの犠牲になる。不用意に水辺（図 1-12）に近づいてワニに引き込まれたり，夜中に村を徘徊するカバに運悪く遭遇して噛み殺されたりするのだ。そういうとき，村人は総出で被害者の死体を捜索するとともに，子供のカバを殺して見せしめに吊したりする。それがどれだけ効果があるのかは分からない。ワニは，ヒトの柔らかい部分を好んで食べるらしく，見つかった遺体は臀部や腹部の肉がごっそり無くなって

図1-13　島を往来するボート，しばしば定員オーバーとなる（ケニア）

いたと Fredric から聞いた。島を行き来する船外機付きのボート（図1-13）が定員オーバーで転覆し，何十人かが溺れ死んだ事件もあった。警察がアクアラングを着けた捜索隊を組織して，遺体の捜索をしていたが，死後魚に食われて損壊した死体もあったという。村では，現地で「オメナ」（図1-14）と呼ばれるワカサギくらいの大きさの魚を採って生計を立てているが，この「オメナ」に食われたのだと Fredric は言う。ガソリンを積んだトレーラの事故で，漏れ出したガソリンを盗もうと集まった人達がガソリンの爆発で何百人も死んだ事件もあった。死は日常茶飯事なのだ。

　Fredric が，ある日の調査の途中で，「世話になった人が亡くなったので，お悔やみに行きたい」と言い出した。本来，何の関係もない私が故人の家に入ってお悔やみを言う義理もないのだが，是非にというので私も同行した。故人は白いシーツにすっぽりと全身を包まれて家の床に置かれていた。Fredric は故人の前に俯いて立ち，現地語ではなく英語でおそらくは聖書の一文を唱えていた。そして，故人に世話になった色々なことを話し，それに感謝の言葉を捧げていたように思う。その時間が10分ほども続いただろうか。Fredric の背中を見ながらそれを聞いていた私は，普段は脳天気な Fredric が全くの別人に思え，さらに彼の背中に死者を送る本来の姿を見たような気がして，涙が出た。故人は，残された人達にたくさんの思い出を残して，陽気に天国へ旅立っていくのだ。

　ナイロビから調査地に向かう田舎道で，人集りがしていた。泥濘んだ道の真ん中に小学生くらいの女児が倒れている。車に轢かれたようだ。介抱の必要はないほどの明らかな死に方だったのか，あるいは警察が来るのを持っているの

コラム1

図1-14 オリセットネットの上に干された小魚「オメナ」(ケニア)

か，女児の周りには人垣で造られた半径3m程の円形の空間があり，その真ん中で女児はスポットライトを浴びたような形で，まるで眠っているように見えた。その円形の円周上の1点で，母親らしき女の人が家族に支えられて号泣していた。

ある日，村の1軒を訪問したところ，庭の真ん中にうつ伏せになって捨てられている赤ん坊がいた。おそらくマラリアに罹って弱り，まだ息があるうちに親に見捨てられてしまったらしい。病院に連れて行く金がないというのが親の言い分のようだった。スタッフの一人で，人一倍正義感の強いDuncanが，目を真っ赤にしてその両親に食ってかかっていた。両親は悲しそうな顔をして言い訳を言うだけだった。Duncanはしばらく怒りが収まらないようだったが，我々は何も出来ずに立ち去るしかなかった。庭には，小枝で造ったような粗末で小さな十字架がいくつか立っていた。この赤ん坊は，人々に何の思い出も残さずに天国に旅立つ。WHOの統計による死者数40万人にもカウントされない死だ。アフリカには，様々な死がある。

第2章

声無きに聴き形無きに視る

（蚊の行動を探る）

1. 蚊の寄主探索行動を探る

　多くの方がご存じのように，一部の例外を除くと蚊の雌成虫は産卵のため
に動物の血を吸血しなければならない。不幸なことに感染症の伝播はこの吸
血の際に行われる。吸血とその後に行われる産卵が，雌蚊にとっての最終か
つ最大の目標であるが，この目標の達成に当たって雌蚊は様々な行動を取る。
この一連の行動に最も必要なものは，目的地に向かうための飛翔行動であり，
雌蚊はこの飛翔という行動に最も多くのエネルギーを消費しているはずであ
る。交尾を終えた雌蚊は，この飛翔エネルギーを寄主（ホスト）となる動物
の探索に費やすことになる。寄主の探索行動は，寄主が生息する場所への長
距離からのマクロな探索と，寄主にたどり着いてから吸血に適したホストの
身体の部位を探すミクロな探索に分けられる。吸血に成功した雌蚊は，一定
の休息の後，今度は産卵場所となる水辺へ向かう探索行動を取った後に産卵
に至る。このような一連の行動には，雌蚊が雄蚊と出会って交尾するための
何らかの誘引現象，吸血源に定位するための誘引現象，産卵場所に向かうた
めの誘引現象など様々な誘引現象が関わっている。

　雌蚊を吸血源となる寄主（動物）に誘引する主な要素として，次の5つが
ある。

  (1) 呼吸によって排出される二酸化炭素
  (2) 汗や尿，呼気に含まれる化学物質
  (3) 体温
  (4) 濃い色と薄い色のコントラスト
  (5) 動き

　(1) の二酸化炭素は，吸血性昆虫にほぼ共通の誘引物質である。蚊の場合，
これを感知する器官は，頭部に存在する小顎髭（Maxillary palpus）であると
考えられている。二酸化炭素は，これを排出する動物への定位（飛翔）活動
を活性化すると共に，定位後の吸血意欲を刺激する働きを持つ。(2) の化学
物質として代表的なのが1-オクテン-3-オール（オクテノール）という物質で，
アフリカ眠り病を媒介するツェツェバエを誘引する物質として，牛の尿中か
ら見出された化学物質である。化学物質を感じ取る感覚器は，(3) の温度感
覚と共に触角（antenna）に存在する。(4) と (5) はいずれも視覚によって感
知される。上記の誘引要素の他に，例外的に聴覚が誘引に関係する例もある。
カエルの鳴き声に誘引されるチビカの仲間 *Uranotaenia macfarlanei* がその代表

例であり（Toma *et al.*, 2005），この場合に働く感覚器は触角の基部にあるジョンストン器官というヒトの耳に相当する器官である。前節の探索行動の分類に従えば，(1)，(2)は主にマクロな探索行動（長距離からの吸血源への定位）に，(3)，(4)，(5)はミクロな探索行動（至近距離からの吸血源への定位）にそれぞれ関与する。また，(1)，(2)，(3)は夜行性，昼行性の蚊いずれにも共通する誘引要素であるが，(4)，(5)は昼行性の蚊に特に重要な要素と考えられる。しかしながら，夜行性の蚊が豆電球を点灯した捕獲器にトラップされるという事実がある。これは，蚊が定位飛翔に際し電球の光を月の光と見誤っているものと考えられる。実際，新月の夜の方が満月の夜よりも捕獲器にトラップされる蚊が多いという（Provost, 1959）。

　感染症媒介蚊の寄主（吸血される側の動物やヒトのこと）探索行動を正確に知ることは，感染症罹患の最初のきっかけとなる蚊による刺咬を防御するために非常に重要である。例えば，ネッタイシマカの行動に関するいくつかの研究により，視覚情報が，休息，宿主探索，卵巣形成などに重要な役割を果たしていることが実証されている。Sippell and Brown(1953) は，ネッタイシマカにとって視覚情報は化学的な情報（臭いや二酸化炭素）とほぼ同等であると報告している。ネッタイシマカの成虫は，暗い場所や黒い衣服などの暗くて反射光の少ない表面で休息することを好む（Hecht and Hernandes-Corzo, 1963; Fay, 1968; Fay and Prince, 1970; Edman *et al.*, 1997）。

　これまでに行われてきた蚊の寄主探索行動に関する研究の多くは，人や動物を囮としたり，捕獲器（トラップ）を使用したフィールドテストであった。このようなフィールドでの蚊の採集は，蚊の生態を研究するための最も実際的で信頼できる方法の一つである。しかし，フィールドでの研究には，しばしば高いコストが掛かり，多くの時間を必要とし，時には人間のボランティアを感染症罹患の危険に晒すことになる。蚊の飛翔行動におけるある側面を実験室で再現できれば，その結果をフィールドに適用することによって，より効率的で安全なフィールド実験が実現できる。

　実験室における蚊の行動に関する研究がこれまでにいくつか報告されている。これらの研究は，飛翔行動（Taylor and Jones, 1969; Chiba *et al.*, 1981; Jones, 1981），糖分摂取行動（Bowen, 1992; Yee and Foster, 1992），刺咬行動や宿主探索行動（Ho *et al.*, 1973; Klowden and Lea, 1984; Yee and Foster, 1992; Takken *et al.*, 2001）などである。さらに，熱，色，光，化学物質などの蚊に対する誘引効果に関して，数多くの実験室や野外での研究が報告されている。

蚊を誘引するためには，二酸化炭素，オクテノール，L-乳酸，熱（約35℃），黒または暗い色などのいくつかの重要な要素が不可欠であることがわかっている（Takken and Kline, 1989; Kline et al., 1991）。これらの観察結果は，蚊の飛翔行動を評価するためのオルファクトメーター（嗅覚刺激装置）（Gouck and Schreck, 1965; Posey et al., 1998; Takken et al., 2001）や，トラップ（捕獲器）（Parker et al., 1986; Burkett et al., 1998; Kline, 2002）の開発に役立てられた。また，実験室で蚊の飛翔行動や糖分摂取行動を自動的に記録するために，多くの記録装置が考案されている（Chiba et al., 1981; Yee and Foster, 1992; Kawada and Takagi, 2004）。

1-1 蚊の宿主探索行動の自動記録装置を作る

自然界における蚊の寄主探索行動や吸血行動は非常に複雑であることが知られている。寄主探索行動や吸血行動は，環境条件，蚊の生理的条件，寄主が作り出す手掛かり（呼気，臭い，体温，色など）などの影響を受ける。したがって，蚊の寄主探索行動をより包括的に研究するためには，単純な飛翔実験に寄主の手がかりを変数として導入する必要がある。蚊の誘引には，熱，暗色，二酸化炭素が有効であることが古くから知られている（Takken and Kline, 1989; Pates et al., 2001; Kline, 2002）。Jones et al.(1967) は，小さなチャンバーに1頭の雌蚊を入れ，個々の蚊の活動パターンをモニターした。Chiba et al.(1981) は，フォトトランジスターと遠赤光を使用した行動記録装置（アクトグラフ）を用いて，蚊の飛翔活動リズムを記録した。また，Yee and Foster (1992) は，蚊がランディングした際に電流が通る銅製の着地台を利用して，蚊の糖分摂取のリズムをモニターした。より直接的な実験として，動物やヒトを囮とした目視やビデオ観察が行われている。蚊は吸血をすることによって行動パターンを劇的に変化させ，吸血以降は探索行動を取らなくなるので，蚊の寄主探索行動パターンの記録は，蚊が寄主を吸血する前の段階で行う必要がある。

Kawada and Takagi(2004) は，蚊の寄主探索のための飛翔行動を自動的に記録する装置を開発した。この誘引記録装置は，4つの赤外線通過センサー，アンプ，プログラマブル・コントローラーユニット，電源，およびモニタリング・ソフトウェアで構成されている（図2-1）。赤外線通過センサーの最小検出サイズは直径0.5 mmで，夜間の行動も検出可能となっている。このセンサーをウォーターバスユニットに装着する。ウォーターバスユニットは，白い発泡

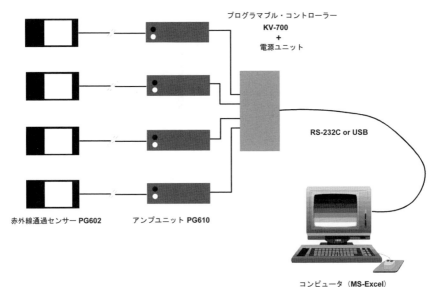

図 2-1　蚊の活動パターンを記録するための記録装置の模式図
　4 つの赤外線通過センサー，増幅器，プログラマブルコントローラーユニット，電源ユニット，コンピュータシステムにインストールされたモニタリングソフトウェア（いずれも㈱キーエンス製）で構成されている。赤外線通過センサーは，赤外線 LED と受光素子を配置した窓を有し，通過した蚊を検知してコンピュータに信号を送信する仕組み（Kawada and Takagi, 2004）。

スチロールのボックスに水を入れ，温度調節器付きのヒーターで水温を約 35 ℃に維持するようにした。このユニットは，4 つのセンサーを収めた蓋でカバーされる。センサーの底面（窓の反対側）は黒いプラスチック板でシールされており，センサー以外の箱の上面は白いプラスチック板で覆われており，昼行性の蚊に誘引性を示す白と黒のコントラストを形成している（図 2-2）。この誘引記録装置を，空気の流れ，光，人の動きや熱，二酸化炭素などの外部刺激から実験に使用する蚊を遮断するために，白いプラスチック板で作ったケージ内に設置した（図 2-3, 4）。二酸化炭素は，炭酸ガスボンベから 500 mL / min の流量（ヒトの呼吸量から計算）を保ち，センサーの約 10 cm 上に設置したシリコンチューブからケージ内に放出した。二酸化炭素の放出のタイミングは，タイマーで制御された電磁弁によって調節された（2 分オン / 13 分オフ）。ケージ内の空気は，ケージの下隅に設置した電動ファンで常時排気した。明期，薄明期，暗期の照明強度はそれぞれ約 490 ルクス，7 ルクス，0 ルクスとした。羽化後 10 日前後の未吸血雌蚊約 60 頭を朝の 7 時から 10 時の間に試験ケージに放ち，センサーの窓内に着地した蚊の数を 60 分ごとに記録した。

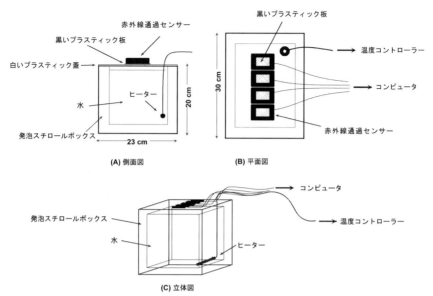

図 2-2 誘引記録装置の模式図

ヒーターで 35 ℃に保たれた 3.5L の水が入った発泡スチロールの箱に，4 個の赤外線通過セン
サーが装着された白いプラスティック板を蓋としてかぶせ，センサーの底（窓の反対側）を黒い
プラスティック板で覆っている。センサー板を除く発泡スチロール箱の上面は，白いプラスチッ
ク板で覆われている（Kawada and Takagi, 2004）。

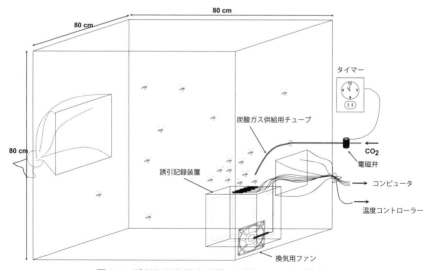

図 2-3 誘引記録装置を配置した蚊のケージの模式図

二酸化炭素は，炭酸ガスボンベからシリコンチューブを介して 500mL/min の流量でケージ内
に放出した。二酸化炭素の放出タイミングは，タイマーで制御した電磁弁で制御した。ケージ
内の空気は，ケージの底部の角に設置された換気用ファンによって常時換気された。ケージ内
の蚊には，試験中 1% の砂糖水を与えた（Kawada and Takagi, 2004）。

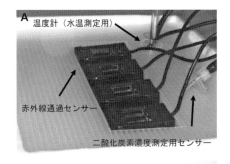

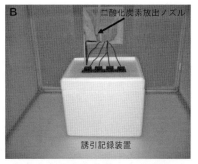

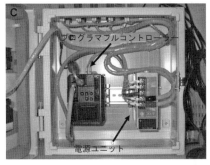

図 2-4　寄主探索行動記録装置

A：赤外線通過センサー 4 個を白いプラスチック蓋中央に設置
B：ケージ内に誘引記録装置を設置。上部には二酸化炭素供給チューブを配置
C：プログラマブルコントローラーと電源ユニット
D：寄主探索行動記録装置の全景

　この装置に二酸化炭素を断続的に放出することにより，未吸血雌蚊の活動が有意に増加し，蚊の行動に強い刺激を与えていることがわかった（図 2-5）。ヒトスジシマカ（図 2-5A）とネッタイシマカ（図 2-5B）では，二酸化炭素を放出しなくてもわずかな活動が記録されており，これらの昼行性の種では，熱と色（黒と白のコントラスト）の存在のみでも活動が刺激されていると思われる。これに対して，ネッタイイエカ *Culex quinquefasciatus*（図 2-5C）やステフェンサイハマダラカ *Anopheles stephensi*（図 2-5D）の活動は，夜間に二酸化炭素の放出がない状態では明確ではなかった。この反応の違いは，蚊の種類によって，熱，色，二酸化炭素などの誘引手がかりの重要性が異なるためと考えられる。ネッタイイエカ，アカイエカ *Culex pipiens pallens*，ステフェンサイハマダラカ，コガタハマダラカ *Anopheles minimus*，米国に生息する *Ochlerotatus taeniorhynchus* そしてトウゴウヤブカ *Aedes togoi* は，夜型の活動パターンを示した（図 2-5, 6）。これは，フィールドにおける寄主探索パター

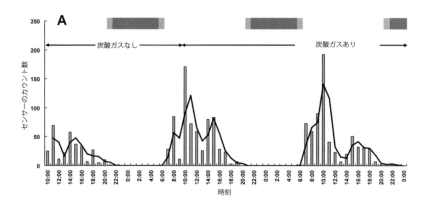

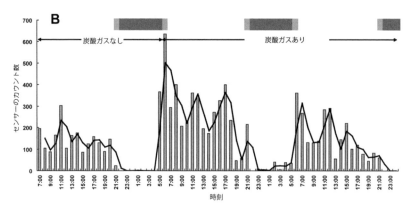

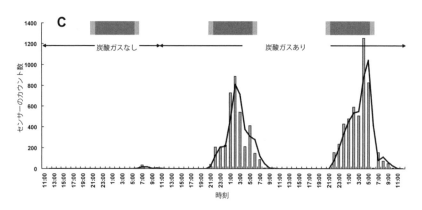

図 2-5 自動記録装置で記録した未吸血雌のヒトスジシマカ（A），ネッタイシマカ（B），ネッタイイエカ（C），ステフェンサイハマダラカ（D）活動パターン （D は右ページに掲載）
　　　グラフの実線はセンサーの連続する 2 つのカウントの移動平均を示す。二酸化炭素は，最初の 24 時間は放出せず次の 48 時間は断続的（2 分間放出，13 分間停止）に放出した。灰色の横棒は，暗期（濃い灰色）と薄暮期（薄い灰色）を示す（Kawada and Takagi, 2004）

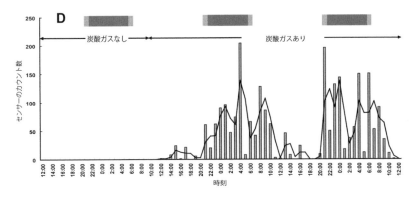

図 2-5　（続き）自動記録装置で記録した未吸血雌のステフェンサイハマダラカ（D）活動パターン

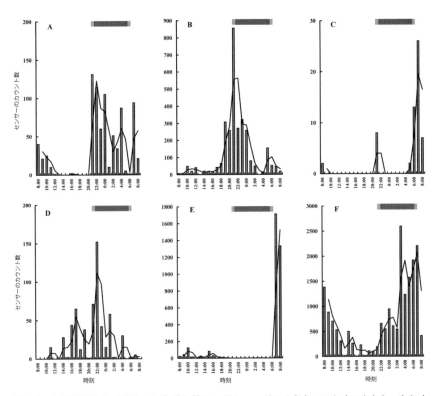

図 2-6　自動記録装置で記録した未吸血雌のコガタハマダラカ（A），アカイエカ（B），チカイエカ（C），*Ochlerotatus taeniorhynchus*（D），ヤマトヤブカ（E），トウゴウヤブカ（F）の活動パターン（Kawada and Takagi, 2009）

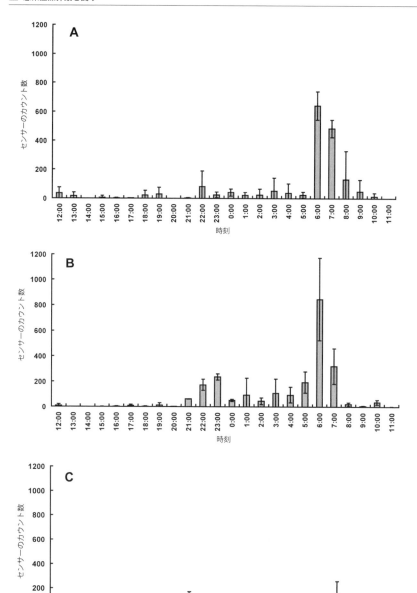

図 2-7　自動記録装置で記録したコガタアカイエカ未吸血雌の活動パターン
A：水田で採集した幼虫から羽化した 1 世代目，B：実験室内で長期間飼育されていたコロ
ニーの未経産（産卵を経験していない）蚊，C：実験室内で長期間飼育されていた経産蚊
（Kawada and Takagi, 2004）。

ンの観察結果と合致している（Omori and Fujii, 1953; Manouchehri *et al.*, 1976; Mahanta *et al.*, 1999; Pipitgool *et al.*, 1998; Chareonviriyaphap *et al.*, 2003; Pates and Curtis, 2005）。一方，チカイエカ *Culex pipiens molestus* とヤマトヤブカ *Aedes japonicus* は，早朝（6:00〜8:00）に明確な寄主探索行動のピークを示した（図 2-6）。水田で採集した幼虫から得られた 1 世代目のコガタアカイエカ *Culex tritaeniorhynchus* と，長期間室内で継代飼育されたコガタアカイエカの誘引記録装置による寄主探索行動パターンを図 2-7 に示したが，いずれのコロニーも同様な二峰性（6:00〜7:00 と 21:00〜23:00）の活動パターンを示し，実験室内で継代飼育しても生来の寄主探索行動のパターンには変化がないことがわかる。

1-2 ネッタイシマカとヒトスジシマカの寄主探索行動パターンの比較

　誘引記録装置を用いた実験では，ヒトスジシマカとネッタイシマカにそれぞれ二峰性と三峰性の明確な日周活動パターンが観察された。ネッタイシマカの行動の三峰性は，トリニダードにおけるネッタイシマカのフィールドでの観察（Chadee and Martinez, 2000）と合致している。彼らの観察では，ヒトに対するネッタイシマカの誘引のピークは，7 時，11 時，17 時の三峰性であった。インドネシアの Atmosoedjono *et al.*（1972）やタンザニアの Corbet and Smith（1974）も同様の三峰性の活動パターンを観察している。同様にヒトスジシマカの二峰性の活動パターンは，Ho *et al.*（1973）によって報告されている。

　興味深いのは，ネッタイシマカの誘引記録装置センサーによる全体の蚊のカウント数がヒトスジシマカのそれの約 10 倍であったということである。Yee and Foster（1992）の実験でも，ケージに入れたラットを攻撃した雌蚊の総数は，ネッタイシマカの 1,168 に対して，ヒトスジシマカでは約半数の 627 であった。このことは，両種の間で寄主嗜好性や誘引源に対する反応が異なっていることを示唆している。Kawada *et al.*（2007）は，誘引記録装置を使用し，図 2-8 のような大空間で蚊を誘引する装置を考案した。これまで説明したように未吸血雌蚊は赤外線通過センサーのある黒い部分をターゲットとしてアタックするが，このセンサーとは別にターゲットの上部約 15cm の所にセンサーを設け，ターゲットにはアタックせずにその近傍を飛翔する個体数を記録できるようにした。その結果，ネッタイシマカのターゲットへのアタック数は，小空間での結果と同様にヒトスジシマカのアタック数の 30 倍以上であったが，ターゲットへのアタック数と近傍を飛翔して上部のセンサーにカウン

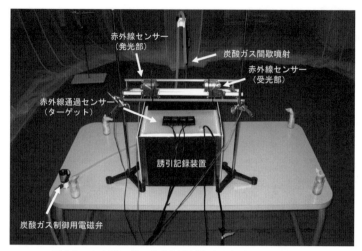

図 2-8　大空間で蚊の寄主探索飛翔を記録するための装置

　　白と黒のコントラストを利用して，誘引記録装置の蓋中央の黒い部分をターゲットとしてア
　　タックする蚊を赤外線通過センサーで記録し，同時にターゲットの上部の空間に取り付けたセ
　　ンサーで，ターゲットにアタックせずに飛翔している蚊の数も記録できる仕組みになっている
　　（Kawada *et al.*, 2007）。

図 2-9　BG-Sentinel トラップの吸入口に
　赤外線通過センサーを取り付けた装置
　（Kawada *et al.*, 2007）

トされる数の比が，ネッタイシマカで
は 23：1 であったのに対しヒトスジシマ
カでは 7：1 となり，ヒトスジシマカが
ターゲットにアタックせずに，近傍で飛
び回っている頻度が高いことが証明され
た。

　次に，シマカ類を捕獲する目的で開発
された BG-Sentinel トラップ（Kröckel *et
al.*, 2006）と赤外線通過センサーを組み
合わせて図 2-9 のような装置を作り，こ
れに二酸化炭素（ドライアイスを使用）やオクテノール（蚊の誘引化学物質）
を誘引物質として併用したときのトラップ数の時間的変化を調べてみた。BG-
Sentinel トラップ（BG）は，白と黒のコントラストによってシマカを誘引し，
近傍に飛来してきた蚊を強力なファンで吸い込んで捕獲する構造を有してい
る。また，トラップの底部にオクテノール（蚊の誘引化学物質）などの誘引
剤を置くことによって，誘引性を高めることもできるようになっている。実
験の結果，BG によるトラップ数上昇はネッタイシマカがヒトスジシマカに比

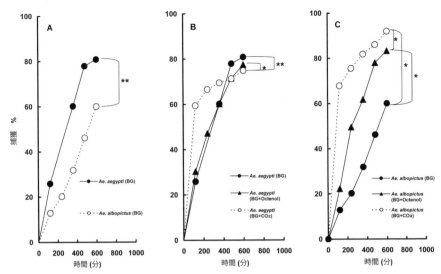

図 2-10　BG-Sentinel トラップに誘引物質として二酸化炭素やオクテノールを併用したときのネッタイシマカとヒトスジシマカのトラップ数の時間的変化
　アスタリスクは 2 つの曲線間の有意差を示す（*, P < 0.05; **, P < 0.01）（Kawada *et al.*, 2007）。

べて有意に高かったこと（図 2-10A），ネッタイシマカは BG に二酸化炭素やオクテノールを併用しても大きなトラップ数の変化はない（図 2-10B）のに対して，ヒトスジシマカではこれらの化学誘引刺激がトラップ数を向上させること（図 2-10C）がわかった。すなわち，ネッタイシマカは視覚による誘引刺激だけで寄主を探し出す能力に長けるが，ヒトスジシマカは視覚刺激のみでの寄主への定位能力は低いと言うことができる。

1-3 ネッタイシマカとヒトスジシマカの夜間の宿主探索行動

　ネッタイシマカやヒトスジシマカは，これまで述べてきたように基本的に昼行性の寄主探索行動を示すが，夜間における行動もフィールドや実験室での実験で観察されている。Chadee and Martinez(2000) は，西インド諸島のトリニダードにおいて，都市部では農村部に比較して夜間にヒトを襲うネッタイシマカが多いことを報告している。著者らは，この違いを都市部の電気照明による夜間の明るさにネッタイシマカが適応したためと説明している。彼らの報告によると，光強度は 5:00〜18:00 の間は農村部でも都市部でも同程度であったが，19:00〜1:00 の間は都市部の光強度が農村部よりも有意に高く，3〜10 フィートキャンドル（約 0.3〜1 ルクス）に達したという。この仮説は，

ネッタイシマカの飛翔活動の総量が24時間の点灯期間と正の相関を持つとい
う Taylor and Jones(1969) の報告からも支持される。この理論は，ヒトスジシ
マカの夜間行動（Yee and Foster, 1992; Higa *et al.*, 2000, 2001）にも適用できる
だろうか？

Kawada *et al.*(2005) は，誘引記録装置を用いて，調光機能を備えた蛍光灯
で光量を調整することによって両種の夜間活動を実験室内で観察した。その

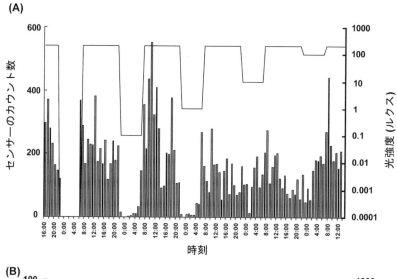

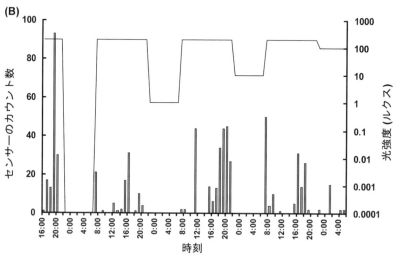

図2-11 ネッタイシマカ（A）とヒトスジシマカ（B）未吸血雌成虫の夜間にお
ける寄主探索行動のパターン。実線は光強度の変化を示す（Kawada *et al.*, 2005）

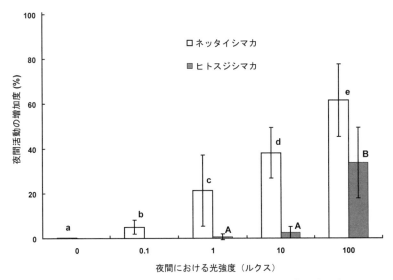

図 2-12　ネッタイシマカとヒトスジシマカの夜間における光強度の違いによ
る夜行性活動の活性化
　夜間活動の増加度(%) ＝［時間帯(23:00 〜 4:00)におけるセンサーのカウント数］／［時
間帯(16:00 〜 21:00)におけるセンサーのカウント数］× 100。グラフの実線は標準偏差。
異なるアルファベットは有意な差を示す（Tukey's Test, p < 0.05）（Kawada *et al.*, 2005）。

　結果，暗黒状態（0 lx）では寄主探索行動はほとんど記録されなくなるが，暗
黒期の光量を増加させると活動が増加することがわかった（図 2-11）。夜間の
宿主探索活動の光による活性化は，ヒトスジシマカよりもネッタイシマカで
顕著であった。寄主探索行動が活性化される光度の閾値は，ネッタイシマカ
では 0.1 ルクス以下，ヒトスジシマカでは 10 ルクス以上と推定され，ネッタ
イシマカは夜間における光度変化に対してヒトスジシマカよりはるかに敏感
であることがわかる（図 2-12）。この結果は，Chadee and Martinez(2000) の報
告を支持するものであり，デング熱が都市の感染症と言われる事実を裏付け
るものかも知れない。

1-4 寄主探索行動パターンと視覚の関係

　脊椎動物における視力の善し悪しは，眼の網膜に並んでいる視細胞間の角
度の大小で決まるようである。昆虫においては，複眼を構成する個眼間の角
度がこれに相当する。ヒトの場合，視細胞間の角度は 0.017° であり，この視
力を 1 とすると，ネコが 0.1° で視力 0.2，アゲハチョウの個眼間角度が 0.8°
で視力 0.02，ショウジョウバエが 6° で視力 0.003 という計算になる（蟻川，

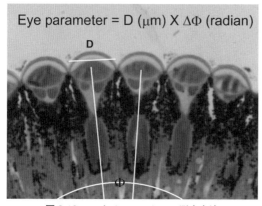

Eye parameter = D (μm) X ΔΦ (radian)

図 2-13 アイパラメーターの測定方法

2009）。蚊は，宿主探索，吸血，交尾，産卵などの活動を行う際に，さまざまな光環境にさらされている。カ科 Culicidae には，夜行性の *Anopheles* 属から昼行性の *Toxorhynchites* 属まで，様々な生活様式の蚊が含まれる。蚊に限らず全ての生物において，光に対する反応は眼の構造と密接な関係を持つ。夜行性や昼行性という行動パターンは，眼の構造と表裏一体のはずである。一般に夜行性の蚊では，個眼の水晶体（レンズ）の直径は錘体の深さに比べて比較的大きく，かつ各個眼間の角度が大きくなる。これに対して昼行性の蚊では，レンズの直径が小さく，個眼間の角度も小さくなる傾向にある（Land *et al.*, 1997）。昆虫の眼の感度を示す指標として，個眼のレンズの直径（D）と個眼間の角度Φ（ラジアン）の積であるアイパラメーター（EP）がしばしば用いられるが（図 2-13），昆虫の生息する環境が薄暗いほど EP は大きくなると言われる（Snyder, 1979）。

　蚊のアイパラメーター（EP）についてはいくつかの報告があり，*Anopheles gambiae* では EP = 3.8（Land *et al.*, 1997; Clements, 1999），オオカ *Toxorhynchites brevipalpis* では EP = 1.1（Clements, 1999）となっている。Muir *et al.*(1992b) によるデータを基に，Clements(1999) はネッタイシマカの EP = 1.9 と算出した。Kawada *et al.*(2005) は，ネッタイシマカの EP（2.1）とヒトスジシマカの EP（1.6）に有意な差があることを報告している。つまり，ネッタイシマカの眼の構造がヒトスジシマカよりも暗い環境に適しているということを証明しており，前節で述べた両種の光環境に対する活動性の違いを裏付けている。

　Land *et al.*(1999) は，Sato(1953ab, 1957, 1959, 1960, 1961) と Sato *et al.* (1957) が報告した蚊種 6 種と，新たに調べた 6 種の眼の形態データを分析し，進化的・分類学的な根拠はないものの，薄暮型の行動パターンを示す蚊種を夜行型と昼行型（Nilsson and Ro, 1994; Melzer *et al.*, 1997）の中間型と位置づけたが，それを十分主張するためには薄暮型の蚊種のデータが不足していた。カ科 Culicidae 全体の眼の構造と寄主探索行動のパターンを論じるために必要な

データは不十分であり（Allan, 1994; Muir *et al.*, 1992ab），夜行型と昼行型の中間的な行動パターンを示す蚊種についてさらに検討する必要があると同時に，分類学的に同属の種の中で「例外的な」光周性行動を示す種にも注目すべきであると思われた。

　そこで Kawada *et al.*（2006）は，新たに得られたデータと過去のデータを総合することによって，カ科 Culicidae の複眼の構造と寄主探索行動パターンの関係について体系化を試みた。まず，寄主探索の典型的な行動パターンを大きく 4 つに分類した（表 2-1）。パターン I と I'（夜行型），パターン II（薄暮型 / 夜行性），パターン III（薄明型・昼行型），パターン IV（昼行型）の 4 つである（図 2-14）。次に，実験に使用可能な蚊種については，頭部をパラフィン内に固め，ミクロトームで切片を切り出して，複眼の断面写真を撮影し（図 2-15），個眼レンズの直径と個眼間の角度の平均値を求めてアイパラメーター（EP）を算出した。文献に EP 値がある場合にはそれも参考にした（表 2-1）。ハマダラカ属 *Anopheles*（図 2-15 A ～ D）とイエカ属 *Culex*（図 2-15 G ～ J）は，*Anopheles balabacensis*（図 2-15 E）とオオハマハマダラカ（*Anopheles saperoi*）（図 2-15 F）を除いて，個眼レンズは大きくほぼ半球状で，桿体（rhabdom）は円錐状で短い。トウゴウヤブカ亜属 *Finlaya* の 2 種とセスジヤブカ *Ochlerotatus* 亜属の 1 種（図 2-15 M～O）もこのグループに属すると思われた。一方，クロヤブカ属のオオクロヤブカ *Armigeres subalbatus*（図 2-15 P）とナガハシカ属のキンパラナガハシカ *Tripteroides bambusa*（図 2-15 Q）は，個眼レンズの直径が小さく，桿体が長い円筒形であるなど，上記のグループとは異なる特徴を示した。ハマダラカ属の *Anopheles balabacensis*（図 2-15 E）やオオハマハマダラカ（図 2-15 F）は，ネッタイシマカ，ヒトスジシマカ（図 2-15 K, L）と共に上記 2 グループの中間グループに分類されることが示唆された。アカイエカ，チカイエカ，ネッタイイエカなどのアカイエカ群 *Culex pipiens complex* に含まれる蚊のグループは，それぞれの種が生理学的および行動学的に著しく異なる特徴を持っているにもかかわらず，特徴的な形態的分化が顕著ではないことから，蚊の分類学における大きな問題の一つとなっているが（Fonseca *et al.*, 2004），上記 3 種のイエカ群の間で個眼レンズの直径に有意な差があったことは興味深い。個眼間角度は，ハマダラカ（7.7°– 8.2°）がイエカ（5.2°– 6.9°）やシマカ（5.3°– 6.4°），セスジヤブカ（5.1°– 6.5°）の各グループよりも大きかった。ハマダラカの中では，オオハマハマダラカ（4.1°）が唯一例外的に個眼間角度が小さかった。キンパラナガハシカ（0.96°）（図

表 2-1 蚊の複眼の構造と寄主探索行動パターン

蚊種	個眼レンズの直径 (µm) (95% CL)[3]	個眼間角度 (deg) (95% CL)	アイパラメータ (95% CL)	寄主探索行動パターン	引用文献
An. gambiae [1]	28.0	6 - 10	3.8	I	Pates and Curtis (2005)
An. dirus	22.1 (21.3 - 23.0)	8.1 (6.7 - 9.5)	3.1 (2.5 - 3.9)	I, I'	Pates and Curtis (2005) Dutta et al. (1996)
An. balabacensis	20.3 (18.9 - 21.8)	7.6 (6.8 - 8.4)	2.7 (2.5 - 2.9)	I, I'	Schultz (1992) Scanlon and Sandhinand (1965)
An. minimus	20.0 (19.3 - 20.8)	8.1 (7.5 - 8.7)	2.8 (2.7 - 2.9)	I, I'	Pates and Curtis (2005) Chareonviriyaphap et al. (2003)
An. stephensi	25.7 (24.5 - 26.8)	7.7 (7.3 - 8.1)	3.4 (3.1 - 3.8)	I	Pates and Curtis (2005) Kawada and Takagi (2004) Manouchehri et al. (1976)
An. albimanus	29.3 (24.0 - 34.6)	8.2 (6.2 - 10.2)	4.2 (3.9 - 4.4)	I	Hobbs et al. (1986)
An. saperoi	20.0 (19.0 - 21.0)	4.1 (3.6 - 4.7)	1.4 (1.2 - 1.7)	IV	Toma and Miyagi (1986)
Cx. quinquefasciatus	26.9 (25.1 - 28.7)	6.5 (6.1 - 6.9)	3.0 (2.7 - 3.4)	I	Kawada and Takagi (2004) Pipitgool et al. (1998) Sucharit et al. (1981)
Cx. pipiens pallens	23.1 (20.3 - 25.9)	6.9 (5.9 - 7.8)	2.8 (2.2 - 3.4)	I	Omori and Fujii (1953)
Cx. pipiens molestus	28.0 (27.6 - 28.5)	5.2 (4.0 - 6.4)	2.6 (2.0 - 3.1)	II	Chiba et al. (1982)
Cx. tritaeniorhynchus	27.6 (25.8 - 29.3)	5.4 (4.6 - 6.2)	2.6 (2.2 - 2.9)	II	Kawada and Takagi (2004) Sonoda (1971)
Ae. aegypti [1]	17.2	6.2	1.9	IV	Kawada and Takagi (2004)
Ae. aegypti [2]	18.7 (18.1 - 19.3)	6.4 (6.3 - 6.5)	2.1 (2.0 - 2.2)	IV	Chadee and Martinez (2000) Trpis et al. (1973)
Ae. albopictus [2]	17.1 (16.3 - 17.9)	5.3 (5.1 - 5.5)	1.6 (1.5 - 1.7)	IV	Kawada and Takagi (2004) Ho et al. (1973)
Oc. togoi	26.5 (24.0 - 28.9)	6.5 (6.1 - 6.9)	3.0 (2.7 - 3.3)	I'	Omori and Fujii (1953)
Oc. japonicus	24.3 (22.2 - 26.3)	5.5 (4.5 - 6.5)	2.3 (2.1 - 2.5)	III	Chiba (1971)
Oc. taeniorhynchus	25.4 (23.5 - 27.4)	5.1 (4.8 - 5.3)	2.3 (2.0 - 2.5)	II	Nayar and Sauerman (1971)
Ar. subalbatus	22.6 (20.5 - 24.7)	5.8	2.3 (2.1 - 2.5)	III	Pandian (1994) Chiba (1971)
Tr. bambusa	16.4 (14.6 - 18.2)	0.96 (0.72 - 1.2)	0.83 (0.62 - 1.04)	IV	Miyagi (1973)
Tx. brevipalpis [1]	24.9	2.6	1.1	IV	Clements (1999)

[1] Clements (1999), [2] Kawada and Takagi (2005), [3] 95% confidence limit.

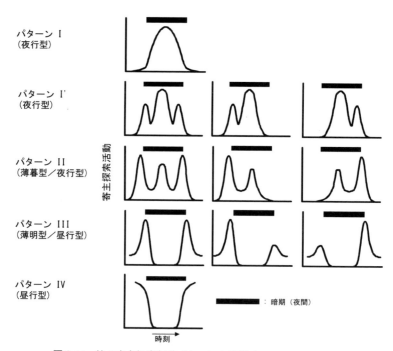

パターン I
(夜行型)

パターン I'
(夜行型)

寄主探索活動

パターン II
(薄暮型／夜行型)

パターン III
(薄明型／昼行型)

パターン IV
(昼行型)

■■■■ : 暗期（夜間）

時刻 →

図 2-14 蚊の宿主探索行動パターンの分類（Kawada *et al.*, 2006）

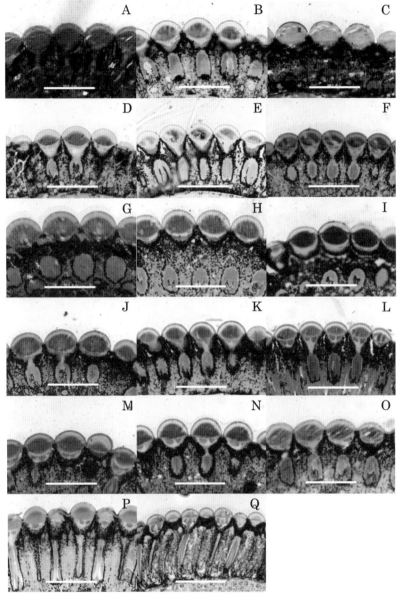

図 2-15　蚊の複眼の断面図

白い実線は 50 μm を示す。A：*Anopheles albimanus*, B：*Anopheles stephensi*, C：*Anopheles dirus*, D：*Anopheles minimus*, E：*Anopheles balabacensis*, F：*Anopheles saperoi*, G：*Culex quinquefasciatus*, H：*Culex pipiens pallens*, I：*Culex pipiens molestus*, J：*Culex tritaeniorhynchus*, K：*Aedes aegypti*, L：*Aedes albopictus*, M：*Aedes togoi*, N：*Aedes japonicus*, O：*Ochlerotatus taeniorhynchus*, P：*Armigeres subalbatus*, Q：*Tripteroides bambusa*（A ～ F はハマダラカ属，G ～ J はイエカ属，K ～ N はシマカ属，O はセスジヤブカ（亜）属，P はクロヤブカ属，Q はナガハシカ属）（Kawada *et al.*, 2006）。

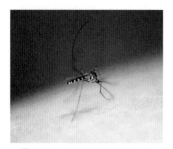

図 2-16 キンパラナガハシカ
Tripteroides bambusa
青い構造色のヘルメットと金色の体色が美しい蚊である。

2-16）の個眼間角度は他の蚊のグループに比べて非常に小さかった。EP は, 寄主探索パターンが IV から I に移行するにつれて増加した（図2-17）。

寄主探索行動パターンとアイパラメーター（EP）について, 正準変量分析（Canonical Variate Analysis, CVA）を行うと, 眼の特徴（個眼レンズの直径と個眼角度）と EP の値の対比が個体の分類に最も貢献していることがわかった。CVA スコアを図にプロットすると,「昼行型」の楕円（95% 信頼限界）の重心は, 他のグループの重心から大きく外れる傾向があった（図 2-18）。推定された判別関数を用いると, 72%〜85% の高い確率でそれぞれの種は本来の宿主探索行動グループに正しく分類されたが,「属」という分類単位に基づいて分類した場合, 正しく分類された種の割合は 62% に減少した。さらに, 分類単位を「種」にすると, 正しく分類された種の割合は 36.2% と大幅に低下した。したがって, 蚊の眼の構造は, 分類学的な位置ではなく, 寄主探索パターンとより密接な関係にあるということになる。

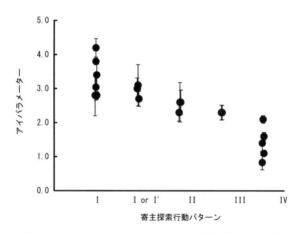

図 2-17 蚊のアイパラメーター（EP）と寄主探索行動パターンとの関係
実線のバーは 95% 信頼限界を示す（Kawada *et al.*, 2006）。

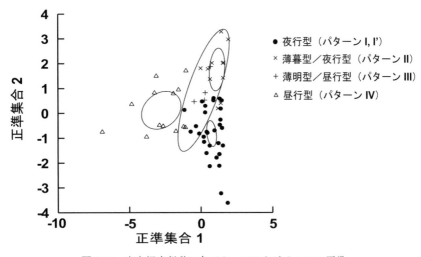

図 2-18　宿主探索行動の各パターンにおける 2 つの正準
変量スコアの重心の 95% 信頼楕円（Kawada *et al.*, 2006）

1-5 まとめ

　ネッタイシマカとヒトスジシマカの眼の構造間に有意な差があったことは
注目に値する。ヒトスジシマカのアイパラメーター（EP）が比較的小さいこ
とは，本種がネッタイシマカよりも明るい環境に適応しているか，あるいは
好んでいることを示している。両種には生理学的，生態学的，行動学的な違
いがあることが多くの研究で明らかにされている（Hawley, 1988）。その中でも
最も興味深く重要な違いは，両種の生態学的分離である。一般的に，アジア
のネッタイシマカは親人類的（Anthropophilic）で，屋内刺咬性の（Endophagic）
蚊であり，ヒトスジシマカよりも屋内での吸血や生息を好む傾向がある
（Hawley, 1988; Edman *et al.*, 1997; Ishak *et al.*, 1997）。Higa *et al.*（2001）は，ヒト
スジシマカの屋外吸血性（Exophagy）は，家の内外の環境の違いに起因する
としているが，ヒトスジシマカの屋外吸血性に影響を与える明確な要因を特
定するには至っていない。今回の結果は，上記の疑問に対する最も適切な答
えの一つと言えるかもしれない。

　本章で説明されている EP と寄主探索行動パターンとの関係は，Snyder
（1979）の分類，すなわち EP が大きいほど昆虫が活動する光環境が薄暗いと
いう分類によく合致していると思われる。しかし，これまでの報告では，夜
行型と昼行型の典型的な EP の違い（例えば，*Anopheles gambiae* とキンパラナ

ガハシカ間の）は説明できても，その中間系については十分な説明が成されてこなかった。本節の結果によって，夜行型→薄暮型 / 夜行型→薄明型 / 昼行型→昼行型という進化の流れと共に EP が変化（減少）していることが説明できる。すなわち，薄暮型や薄明型は夜行型から昼行型への進化の過程における過渡的な行動変化であることが示唆された。

オオハマハマダラカとトウゴウヤブカ *Aedes togoi* の EP は，同属の他の種と比べて例外的に大きく異なることが注目される。オオハマハマダラカの EP（1.4）は，本種が同属の他の種よりも明るい環境に適応しているか，あるいはそれを好んでいることを示している。一方，トウゴウヤブカの EP（3.0）は，本種が同属の他の種よりも暗い環境を好むことを示している。これらの結果は，両種のフィールドにおける寄主探索行動パターンの観察を十分に説明するものである（Omori and Fujii, 1953; Toma and Miyagi, 1986）。霊長類やその祖先の食虫類の大部分は，進化の初期段階では夜行性であったと考えられている。その他の哺乳類や爬虫類の祖先種の大部分も夜行性であったと考えられている。したがって，これを寄主とする吸血昆虫の祖先の多くも寄主の行動と並行する形で夜行性であったと考えられる。このような夜行性の吸血昆虫の中には，寄主となる動物の行動や環境の変化に伴って，夜行性の行動を薄暮型・薄明型から昼行性に移行させる必要性を経験したものも多いだろう。オオハマハマダラカやトウゴウヤブカの視覚構造のユニークさは，環境の変化に対する眼の構造の適応が意外と早く行われていることを示唆している。生物に「眼」という器官が備わったのは，5 億 4400 万年前から 5 億 4300 万年前にかけてのたった 100 万年の間であると言われている（パーカー，2006）。「眼」は，生物が過酷な環境を生き抜いていくために最も必要とされた器官であり，そのために進化のスピードも速かったのだろう。環境的・地理的な隔離や殺虫剤処理などの人為的な選択によって，蚊の寄主探索行動が変化したという例が幾つか報告されている。例えば，同種の蚊の寄主探索行動が深夜型から薄暮型に変化した場合に，同時に眼の構造も変化していくのかどうかは，非常に興味深い問題である。

〔引用文献〕（第 2 章 - 1）

Allan SA (1994) Physics of mosquito vision – An overview. *Journal of American Mosquito Control Association*, 10:266–271.

蟻川謙太郎 (2009) 昆虫の視覚世界を探る－チョウと人間，目がいいのはどちら？－ 生命健康科学研究所紀要, 5: 45–56.

Atmosoedjono S, van Peenan PFD, See R, Sorono JS (1972) Man-biting activity of *Aedes aegypti* in Djakarta, Indonesia. *Mosquito News*, 32: 467–469.

Bowen MF (1992) Patterns of sugar feeding in diapausing and nondiapausing *Culex pipiens* (Diptera: Culicidae) females. *Journal of Medical Entomology*, 29: 843–849.

Burkett DA, Butler JF, Kline DL (1998) Field evaluation of colored light-emitting diodes as attractants for woodland mosquitoes and other diptera in north central Florida. *Journal of American Mosquito Control Association*, 14:186–95.

Chadee, DD, Martinez R (2000) Landing periodicity of *Aedes aegypti* with implications for dengue transmission in Trinidad, West Indies. *Journal of Vector Ecology*, 25: 158–163.

Chareonviriyaphap T, Prabaripai A, Bangs MJ, Aum-Aung B (2003). Seasonal abundance and blood feeding activity of *Anopheles minimus* Theobald (Diptera: Culicidae) in Thailand. *Journal of Medical Entomology*, 40: 876–881.

Chiba Y (1971) Species specificity in the circadian pattern of mosquitoes. *Japanese Journal of Ecology*, 20: 237–243.

Chiba Y, Yamakado C, Kubota M (1981) Circadian activity of the mosquito *Culex pipiens molestus* in comparison with its subspecies *Culex pipiens pallens*. *International Journal of Chronobiology*, 7: 153–164.

Chiba Y, Kubota M, Nakamura Y (1982) Differential effect of temperature upon evening and morning peaks in the circadian activity of mosquitoes. *Journal of Interdisciplinary Cycle Research*, 13: 55–60.

Clements AN (1999) The biology of mosquitoes Vol. 2, 2nd ed. CAB International, New York.

Corbet PS, Smith SM (1974) Diel periodicities of landing of nulliparous and parous *Aedes aegypti* (L.) at Dar es Salaam, Tanzania (Diptera: Culicidae). *Bulletin of Entomological Research*, 64: 111–121.

Dutta P, Bhattacharyya DR, Khan SA, Sharma CK, Mahanta J (1996) Feeding patterns of *Anopheles dirus*, the major vector of forest malaria in north east India. *Southeast Asian Journal of Tropical Medicine and Public Health*, 2: 378–381.

Edman J, Kittayapong P, Linthicum K, Scott T (1997). Attractant resting boxes for rapid collection and surveillance of *Aedes aegypti* (L.) inside houses. *Journal of American Mosquito Control Association*, 13: 24–27.

Fay RW (1968) A trap based on visual responses of adult mosquitoes. *Mosquito News*, 28: 1–7.

Fay RW, Prince WH (1970) A modified visual trap for *Aedes aegypti*. *Mosquito News*, 30: 20–23.

Fonseca DM, Keyghobadi N, Malcolm CA, Mehmet C, Schaffner F, Mogi M, Fleischer RC, Wilkerson RC (2004) Emerging vectors in the *Culex pipiens* complex. *Science*, 303: 1535–1538.

Gouck HK, Schreck CE (1965) An Olfactometer for use in the study of mosquito attractants. *Journal of Economic Entomology*, 58: 589–90.

Hawley WA (1988) The biology of *Aedes albopictus*. *Journal of American Mosquito Control Association*, (Suppl. 1) 4: 1–39.

Hecht O, Hernandez-Corzo J (1963) On the visual orientation of mosquitoes in their search of resting places. *Entomologia Experimentalis et Applicata*, 6: 63–74.

Higa Y, Tsuda Y, Tuno N, Takagi M (2000) Tempo-spatial variation in feeding activity and density of *Aedes albopictus* (Diptera: Culicidae) at peridomestic habitat in Nagasaki, Japan. *Medical Entomology and Zoology*, 51: 205–209.

Higa Y, Tsuda Y, Tuno N, and Takagi M (2001) Preliminary field experiments on exophagy of *Aedes albopictus* (Diptera: Culicidae) in peridomestic habitat. *Medical Entomology and Zoology*, 52: 105–116.

Ho BC, Chan YC, Chan KL (1973) Field and laboratory observations on landing and biting periodicities of *Aedes albopictus* (Skuse). *Southeast Asian Journal of Tropical Medicine and Public Health*, 4: 238–244.

Hobbs JH, Sexton JD, Jean YS, Jaques JR (1986) The biting and resting behavior of *Anopheles albimanus* in northern Haiti. *Journal of American Mosquito Control Association*, 2: 150–153.

Ishak H, Miyagi I, Toma T, Kamimura K (1997) Breeding habitats of *Aedes aegypti* (L) and *Aedes albopictus* (Skuse) in villages of Barru, South Sulawesi, Indonesia. *Southeast Asian Journal of Tropical Medicine and Public Health*, 28: 844–850.

Jones MDR (1981) The programming of circadian flight activity in relation to mating and the gonotrophic cycle in the mosquito, *Aedes aegypti*. *Physiological Entomology*, 6: 307–313.

Jones MDR, Hill M, Hope AM (1967) The circadian flight activity of the mosquito *Anopheles gambiae*: Phase setting by the light regime. *Journal of Experimental Biology*, 47: 503–511.

Kawada H, Takagi M (2004) A photoelectric sensing device for recording mosquito host-seeking behavior in the laboratory. *Journal of Medical Entomology*, 41: 873–881.

Kawada H, Takagi M (2009) Photoperiodic host-seeking behavioral pattern of mosquitoes of medical importance. *In*: Maes RP [ed.] Insect Physiology: New Research. Nova Science Publishers. New York.

Kawada H, Takemura S, Arikawa K, Takagi M (2005) Comparative study on the nocturnal behavior of *Aedes aegypti* and *Aedes albopictus*. *Journal of Medical Entomology*, 42: 312–318.

Kawada H, Tatsuta H, Arikawa K, Takagi M (2006) Comparative study on the relationship between photoperiodic host-seeking behavioral patterns and the eye parameters of mosquitoes. *Journal of Insect Physiology*, 52: 67–75.

Kawada H, Honda S, Takagi M (2007) Comparative laboratory study on the reaction of *Aedes aegypti* and *Aedes albopictus* to different attractive cues in mosquito trap. *Journal of Medical Entomology*, 44: 427–432.

Kline DL (2002) Evaluation of various models of propane-powered mosquito traps. *Journal of Vector Ecology*, 27: 1–7.

Kline DL, Wood JR, Cornell JA (1991) Interactive effects of 1-octen-3-ol and carbon dioxide on mosquito (Diptera: Culicidae) surveillance and control. *Journal of Medical Entomology*, 28: 254–258.

Klowden MJ, Lea AO (1984) Blood feeding affects age-related changes in the host-seeking behavior of *Aedes aegypti* (Diptera: Culicidae) during oocyte maturation. *Journal of Medical Entomology*, 21: 274–277.

Kröckel U, Rose A, Eiras AE, Geier M (2006) New tools for surveillance of adult yellow fever mosquitoes: comparison of trap catches with human landing rates in an urban environment. *Journal of American Mosquito Control Association*, 22: 229–238.

Land MF, Gibson G, Horwood J (1997) Mosquito eye design: conical rhabdoms are matched to wide aperture lenses. *Proceedings of the Royal Society of London Series B*, 264: 1183–1187.

Land MF, Gibson G, Horwood J, Zeil J (1999) Fundamental differences in the optical structure of the eyes of nocturnal and diurnal mosquitoes. *Journal of Comparative Physiology*, 185: 91–103.

Mahanta B, Handique R, Dutta P, Narain K, Mahanta J (1999) Temporal variations in biting density and rhythm of *Culex quinquefasciatus* in tea agro-ecosystem of Assam, India. *Southeast Asian Journal of Tropical Medicine and Public Health*, 30: 804–809.

Manoucheri AV, Djanbakhsh B, Eshghi N (1976) The biting cycle of *Anopheles dthli*, *A. fluviatilis* and *A. stephensi* in southern Iran. *Tropical and Geographical Medicine*, 28: 224–227.

Melzer RR, Zimmermann T, Smola U (1997) Modification of branched photoreceptor axons, and the evolution of neural superposition. *Cellular and Molecular Life Sciences CMLS*, 53: 242–247.

Miyagi I (1973) Colonizations of *Culex (Lophoceraomyia) infantulus* Edwards and *Tripteroides (Tripteroides) bambusa* (Yamada). *Tropical Medicine*, 15: 196–203.

Muir LE, Kay BH, Thorne MJ (1992a) *Aedes aegypti* (Diptera: Culicidae) vision: Response to stimuli from the optical environment. *Journal of Medical Entomology*, 29: 445–450.

Muir LE, Thorne MJ, Kay BH (1992b) *Aedes aegypti* (Diptera: Culicidae) vision: Spectral sensitivity and other perceptual parameters of the female eye. *Journal of Medical Entomology*, 29: 278–281.

Nayar JK, Sauerman DM Jr (1971) The effect of light regimes on the circadian rhythm of flight activity in the mosquito *Aedes taeniorhynchus. Journal of Experimental Biology,* 54: 745–756.

Nilsson D-E., Ro A-I (1994) Did neural pooling for night vision lead to the evolution of neural superposition eyes? *Journal of Comparative Physiology A,* 175: 289–392.

Omori N, Fujii S (1953) On the feeding habits of *Aedes togoi* and some other species of mosquitoes. *Yokohama Medical Bulletin,* 4: 23–31.

Pandian RS (1994) Circadian rhythm in the biting behavior of a mosquito *Armigeres subalbatus* (Coquillett). *Indian Journal of Experimental Biology,* 32: 256–260.

パーカー A (2006)「眼の誕生　カンブリア紀大進化の謎を解く」. 渡辺政隆・今西康子（訳）草思社. pp. 382.

Parker M, Anderson AL, Slaff M (1986) An automatic carbon dioxide delivery system for mosquito light trap surveys. *Journal of American Mosquito Control Association,* 2: 236–237.

Pates HV, Curtis C (2005) Mosquito behavior and vector control. *Annual Review of Entomology,* 50: 53–70.

Pates HV, Takken W, Stuke K, Curtis CF (2001) Differential behaviour of *Anopheles gambiae* sensu stricto (Diptera: Culicidae) to human and cow odours in the laboratory. *Bulletin of Entomological Research,* 91: 289–296.

Pipitgool V, Waree P, Sithithaworn P, Limviroj W (1998) Studies on biting density and biting cycle of *Culex quinquefasciatus,* Say in Khon Kaen City, Thailand. *Southeast Asian Journal of Tropical Medicine and Public Health,* 29: 333–336.

Posey KH, Barnard DR, Schreck CE (1998) Triple cage olfactometer for evaluating mosquito (Diptera: Culicidae) attraction responses. *Journal of Medical Entomology,* 35: 330–334.

Provost MW (1959) The influence of moonlight on light-trap catches of mosquitoes. *Annals of Entomological Society of America,* 52: 261–271.

Sato S (1953a) Structure and development of the compound eye of *Aedes (Finlaya) japonicus* Theobald. *Science Reports of the Tohoku University Ser. 4,* 20: 33–44.

Sato S (1953b) Structure and development of the compound eye of *Anopheles hyrcanus sinensis* Wiedemann. *Science Reports of the Tohoku University Ser. 4,* 20: 46–53.

Sato S (1957) On the dimensional characters of the compound eye of *Culex pipiens var. pallens* Coquillett. *Science Reports of the Tohoku University Ser. 4,* 23: 83–90.

Sato S (1959) Structure and development of the compound eye of *Culex (Lutzia) vorax* Edwards. *Science Reports of the Tohoku University Ser. 4,* 25: 99–110.

Sato S (1960) Structure and development of the compound eye of *Armigeres (Armigeres) subalbatus* (Coquillett). *Science Reports of the Tohoku University Ser. 4,* 26: 227–238.

Sato S (1961) Structure and development of the compound eye of *Megarhinus towadensis* Matsumura. *Science Reports of the Tohoku University Ser. 4,* 27: 7–18.

Sato S, Kato M, Toriumi M (1957) Structural changes of the compound eye of *Culex pipiens var. pallens* Coquillett in the process to dark adaptation. *Science Reports of the Tohoku University Ser. 4,* 23: 91–100.

Scanlon JE, Sandhinand U (1965) The distribution and biology of *Anopheles balabacensis* in Thailand (Diptera: Culicidae). *Journal of Medical Entomology,* 2: 61–69.

Schultz GW (1992) Biting activity of mosquitoes (Diptera: Culicidae) at a malarious site in Palawan, Republic of the Philippines. *Southeast Asian Journal of Tropical Medicine and Public Health,* 23: 464–469.

Sippell WL, Brown AWA (1953) Studies on the female *Aedes* mosquito. Part V. The role of visual factors. *Bulletin of Entomological Research,* 43: 567–574.

Snyder AW (1979) Physics of vision in compound eyes. *In:* Autrum H (ed), Comparative physiology and evolution of vision in invertebrates. Springer-Verlag, New York, pp. 223–313.

Sonoda H (1971) Observations on the diurnal change of *Culex tritaeniorhynchus* (in Japanese). *Japanese Journal of Sanitary Zoology*, 22: 45–48.

Sucharit S, Harinasta C, Surathin K, Deesin T, Vutikes S, Rongsriyam Y (1981) Some aspects on biting cycles of *Culex quinquefasciatus* in Bangkok. *Southeast Asian Journal of Tropical Medicine and Public Health*, 12: 74–78.

Takken W, Kline DL (1989) Carbon dioxide and 1-octen-3-ol as mosquito attractants. *Journal of American Mosquito Control Association*, 5: 311–316.

Takken W, van Loon JJ, Adam W (2001) Inhibition of host-seeking response and olfactory responsiveness in *Anopheles gambiae* following blood feeding. *Journal of Insect Physiology*, 47: 303–310.

Taylor B, Jones MD (1969) The circadian rhythm of flight activity in the mosquito *Aedes aegypti* (L.). The phase-setting effects of light-on and light-off. *Journal of Experimental Biology*, 51: 59–70.

Toma T, Miyagi I (1986) The mosquito fauna of the Ryukyu Archipelago with identification keys, pupal description and notes on biology, medical importance and description. *Mosquito Systematics*, 18: 1–109.

Toma, T, Miyagi I, Higa Y, Okazawa T, Sasaki H (2005) Culicid and Chaoborid flies (Diptera: Culicidae and Chaoboridae) attracted to a CDC miniature frog call trap at Iriomote Island, the Ryukyu Archipelago, Japan. *Medical Entomology and Zoology*, 56: 65–71.

Trpis M, Mclelland GAH, Gillett JD, Teesdale C, Rao TR (1973) Diel periodicity in the landing of *Aedes aegypti* on man. *Bulletin of World Health Organization*, 48: 623–629.

Yee WL, Foster WA (1992) Diel sugar-feeding and host-seeking rhythms in mosquitoes (Diptera: Culicidae) under laboratory conditions. *Journal of Medical Entomology*, 29: 784–791.

2.　蚊の忌避行動を探る

2-1 忌避とは何か？

「飛んで火にいる夏の虫」という台詞は，昔の時代劇などには頻繁に使われてきたようだが，現代ではあまり使われない言葉かも知れない。この言葉の発祥については知らないが，おそらくたき火や火事の現場にいた古代の人が，火に焼かれて死んでしまう虫の愚かさを感傷的に表現したのであろう。似たような体験をソロモン諸島で体験したことがある。マラリア残留散布用のフェニトロチオン水和剤を散布前にバケツの水で希釈しようとしていた時のことである。おそらくニクバエやクロバエの仲間であろう黒い大きなハエがどこからか飛んできて，フェニトロチオンを希釈中のバケツの周りを乱舞し始め，そのいくつかは中の水にどんどん飛び込んで溺れ死んでいったのである。フェニトロチオンは有機リン系の殺虫剤で，分子中にイオウ原子（S）を有し，独特の臭いがある。産卵のために腐肉に集まるハエは，メルカプタンなどのイオウ原子を含む化合物の臭いに誘引されるので，フェニトロチオンの分解物か何かの臭いを腐肉と勘違いして飛んできたのであろう。

昆虫に限らず生物は，捕食者が迫ってくれば危険を感じてそれを回避しようとするし，天候の変化や自然災害など，自分に危害を及ぼす可能性のある事象に対しては防衛本能が働く。ジャン＝アンリ・ファーブルは，昆虫が自然界で見せる数々の驚くべき能力を，「それがもともと昆虫に備わっていたものである」とし，当時流行していたダーウィンの進化論に真っ向から反論していた。しかしながら，ハチが獲物を狩ったり，フンコロガシが糞で団子を作って転がすような複雑な行動は，全て進化論で合理的に説明できるはずである。では，苦い味がする食べ物を吐き出す行動や，熱い物から反射的に接触を避ける行動はどうだろう？このような単純な反射行動は，まさに「もともと昆虫に備わっていたもの」と思いたくなるが，おそらくこれも間違いで，全ての単純な反射行動も，生物の進化によってもたらされたものであると考える。昆虫の忌避という現象も進化論から合理的に説明できるはずである。

2-2 蚊の忌避剤として使用される物質

「蚊（mosquito）」と「忌避（repellency）」という2つのキーワードを，Google Scholar に入力すると，「忌避剤（repellent）」，「植物精油（essential oil）」，「ディート（Deet）」，「イカリジン（icaridin）」，「ピレスロイド（pyrethroid）」

に関する膨大な文献群が検索されてくる。ミカン科，シソ科，キク科，クスノキ科などの植物に多く含まれる，樟脳，シトロネラ油，レモンユーカリ油などの天然精油は，昆虫に対して忌避作用を示すことが古くから知られている（池庄司，2015）。一方では，植物の花の香りが蚊を誘引することも知られている（Oda, 1964; Jhumur *et al.*, 2008; Müller *et al.*, 2011; Dötterl *et al.*, 2012; Otienoburu *et al.*, 2012）。Oda（1964）は，6月から7月にかけて開花するマサキの花に，アカイエカが誘引されることを報告している。誘引される個体は雄

図 2-19 アップルミントの花を吸蜜するヒトスジシマカ雌成虫（長崎県諫早市，著者撮影）

が多く，花蜜による栄養補給のために集まってきたものと結論している。ヒトスジシマカ（図 2-19）は，ギョリュウ *Tamarix chinensis*，セイヨウニンジンボク *Vitex agnus-castus*，タデ属の 1 種 *Polygonum bald-chuanicum*，フサフジウツギ *Buddleja davidii*，*Prosopis farcta*（中東やその周辺に自生する花），キリストノイバラ *Ziziphus spina-christi* などの花に多く集まるという（Müller *et al.*, 2011）。*Silene otites* という植物（別名 Spanish catchfly）は，夜には蚊や蛾を，昼間はハエやハチを誘引すると言われ（Dötterl *et al.*, 2012），その花の幾つかの成分（Linalool など）がチカイエカを誘引することが報告されている（Jhumur *et al.*, 2008）。このように，植物体に含まれる化学成分は忌避効果を示し，花から空気中に放たれる化学成分は誘引効果を示すものと思われる。蚊は，植物にとっては花粉媒介者として有益であること（Lahondère *et al.*, 2020）から，蚊が花の香りに誘引されるのは合目的的であるが，植物体の天然精油を忌避することに進化論的な意味はあまり見当たらない。おそらくは，植物を食害する昆虫や動物に対する植物の防衛反応の結果として進化してきた天然精油の忌避性が，たまたま同じメカニズムで蚊に対しても示されたということではないだろうか？

　現在最もよく使われている合成忌避剤には，ディート（ジエチルトルア

ミド），イカリジン，
IR3535（ブチルアセ
チルアミノプロピオン
酸エチル）などがあ
る（図 2-20）。ディー
トは最も歴史の古い化
合物であるが故に，毒
性に関するレポートも
多いが（Nguyen *et al.*,
2018），現在でも最も安
価で長時間効力を発揮
する忌避剤の一つであ
る（WHO, 2009）。ディー
トの使用に当たっての
推奨濃度は，短期的な
有効使用期間（2 時間
未満）では 7 〜 10%,
長期的な使用有効期間
（6 時間まで）では 20

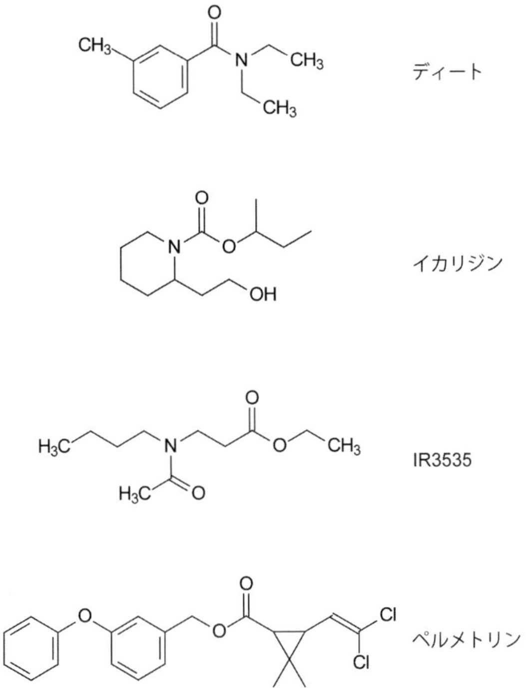

図 2-20　忌避剤として使用される代表的な化合物

〜 30% となっている（Tavares *et al.*, 2018）。イカリジンは比較的最近開発され
た忌避剤で（Paumgartten and Delgado, 2016），短期的な防御（3〜5 時間）には
5〜10%, より長期的な防御（10 時間まで）には 20% が推奨されている（Tavares
et al., 2018）。

　ピレスロイド系化合物であるペルメトリンは，殺虫剤としての長い歴史を
持っているが，忌避剤としての側面も持っている（WHO, 2009）。忌避剤とし
ての使用は，1970 年代に軍用衣料の処理に使用されたことから始まり（Schreck
et al., 1978），その後，米国環境保護庁（USEPA）により軍用衣料の忌避剤と
して登録されている（1990 年）。他の忌避剤とは異なり，ペルメトリンは安全
性上の観点から，人間の皮膚に直接局所的に塗布されることはなく，衣類や
アウトドア用品の素材に塗布される（Tavares *et al.*, 2018）。ピレスロイド系殺
虫剤は，哺乳類に対しては比較的安全性が高いが，皮膚に刺激を与えること
があるからである（Appel *et al.*, 2008）。

2-3 ピレスロイドは忌避剤なのか？

筆者は，殺虫剤の有効成分，なかでもピレスロイドを専ら開発していた化学会社に 20 年近く勤めた経験を持つが，その当時からピレスロイドは真の意味での忌避剤ではないと信じていた。その理由は下記のようになる。

（第 1 の理由）代表的な忌避剤であるディート（ジエチルトルアミド）は，処理面に昆虫が接触する前に忌避するが，ピレスロイドは昆虫が接触して初めて（見かけ上の）忌避性を示す

（第 2 の理由）ディートは昆虫を殺すことはないが，ピレスロイドは昆虫をノックダウンさせたり殺したりする作用を持つ

上記について考察してみよう。まず第 1 の理由は，ディートはその高い蒸気圧（5.6×10^{-3} mmHg）のために，人体に塗布すると気化した有効成分が塗布面からある一定の距離の層を形成するのに対し，ペルメトリンなどの多くのピレスロイドは蒸気圧が低いために，このような層を形成しないことに基づく。近年，高い蒸気圧を有し常温で揮散し効力を発揮するピレスロイドがいくつか上市され始めたが，例えばメトフルトリンの蒸気圧にしても，1.4×10^{-5} mmHg と，ディートのそれとは依然オーダーが違う。しかし，よく考えると，蒸散した気体分子に反応して忌避することが重要なのは，蚊などの飛翔性昆虫が家屋などの空間に侵入するのを妨げる空間忌避（Spatial repellency）に限られ，害虫に対して空間にバリアーを形成するしないは，忌避剤であることの十分条件ではあるが必要条件ではないように思える。実際，最近国内でも上市されたイカリジンは，蚊に対する高い忌避効果を示すが，蚊はイカリジンが塗布された皮膚上にランディングすることが知られている（Morimoto *et al.*, 2021）。次に第 2 の理由であるが，これは思い違いであって，ディートは立派な殺虫力とノックダウン活性を持っている（Licciardi *et al.*, 2006）。最近の電気生理学的研究により，ディートは昆虫に対し強い神経毒作用を示すことが報告されており，これは神経細胞のカルシウムイオンの平衡をディートが攪乱するためらしい（Lapied *et al.*, 2006）。したがって，作用点は異なるものの，ディートやイカリジンの様な忌避剤とピレスロイドを現象面で異なるグループに振り分ける根拠が薄弱となってくる。以上のような経緯から，筆者の導き出した結論は，「やはりピレスロイドは忌避剤なのだ」である。

2-4 ピレスロイドはどんな忌避効果を持つのか？

ピレスロイドの忌避性を現象面から分類すると，下記の 3 つになる。

A. 処理面あるいは空間への進入（あるいは摂食・吸血）阻害

B. 処理面あるいは空間（あるいは摂食・吸血対象）からの回避

C. 処理面あるいは空間での定位阻害，行動異常

A の例としては，ピレスロイドを処理した土壌にシロアリが進入することを忌避する現象がある（Su *et al.*, 1990）。同様な忌避現象には，ゴキブリやイエヒメアリの侵入阻害が挙げられる（Buczkowski *et al.*, 2005; Boné *et al.*, 2020）。接触して初めて作用するピレスロイドは，匍匐性の昆虫類に対して特に有効な効果を示すものと思われる。B の例としては，フェンプロパスリンを処理した面からナミハダニが逃げ出す現象が知られている（Hirano, 1987）。無処理の葉面には長時間留まっていたナミハダニが，ピレスロイド化合物であるフェンプロパスリンを処理した葉面では，濃度に依存して葉面に留まる時間が減少する。ピレスロイド処理空間における同様な現象が蚊でも報告されている（Bibbs and Kaufman, 2017）。A と B の忌避現象は，忌避源を基点とした場合，負の方向性のある忌避現象であるが，C は方向性を持たないという意味でかなり複雑になってくる。筆者らが報告しているメトフルトリン（川田，2014）や，アレスリンその他の成分を含有した蚊取り線香などの蚊取り製剤（Ogoma *et al.*, 2012）による，いわゆる空間忌避（Spatial repellency）が C の現象に含まれる。アレスリンを主成分とする蚊取り製剤の蚊に対する効力試験は古くから行われているが，最初に 空間忌避や吸血忌避（あるいは吸血阻害）について報告したのは，MacIver（1964）および Chadwick（1970）である。蚊取り線香の煙に曝された蚊成虫は，まず正常な 1) 休息状態（Resting state）から，2) 興奮または閾値的活性化段階（Irritation or threshold activation）に移行し，3) アンテナのグルーミングや附節のリズミカルな上下運動が開始される。次に 4) 活性化（Activation）フェイズが訪れ，速くしかも混乱（Confused）した飛翔活動が観察され，5) ノックダウン（Knockdown）が見られた後に，6) 死に至る（MacIver, 1964）。上記の活性化（Activation）あるいはノックダウン（Knockdown）のフェイズでは，おそらく吸血意欲もなくなっているであろうと著者は述べている。

2-5 蚊はピレスロイドをどこで感じているのか？

　次に，作用性の面からピレスロイドの忌避効果と作用部位を分類すると，下記のようになり，先に述べた現象面での分類よりさらに具体的になってくる（図2-21）。

A. 接触忌避（Contact repellency）－触角・跗節・口吻（下唇）

B. 空間忌避（Spatial repellency）－触角・小顎鬚（パルプ）・気門

C. 摂食（吸血）忌避（Feeding deterrency）－口吻（下唇）

D. 興奮忌避（Excito-repellency）－触角・小顎鬚（パルプ）・気門

　松永（1993）は，ネッタイシマカの各部位にピレスロイドを処理することによって吸血行動の阻害を観察し，跗節（脚の先端）と口吻が最も阻害効果が高いこと，および雌蚊が薬剤処理面に接触した場合，薬剤が最も早く進入するのは跗節の化学感覚毛であろうことを報告している。さらに，ネッタイシマカの跗節にプラレトリンの低濃度溶液を触れさせることにより，化学感覚毛から異常スパイクが発生することを明らかにし，これが忌避行動と関連することを示唆した（跗節の接触忌避への関与の例）。Dennis *et al.*（2019）は，ネッタイシマカがディートを感知する経路として，触角による嗅覚ばかりで

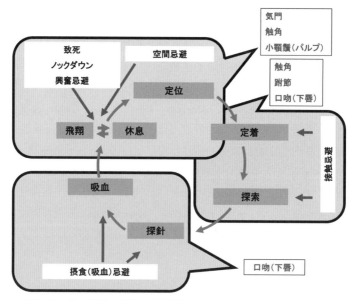

図2-21　蚊の行動に関わる感覚器とこれに対する忌避効果の模式図

はなく，附節による接触や口吻による味覚もこれに関与していることを示した（附節や口吻の接触忌避への関与の例）。Liu *et al.*（2021）は，ネッタイシマカの触角に存在する感覚毛からの電気信号を解析することにより，触角がピレスロイドを感知していることを示し，ピレスロイドの作用点である電位感受性ナトリウムチャンネル（Voltage-Sensitive Sodium Channel, VSSC）にミューテーションを持つコロニーは触角でピレスロイドを感知しなくなることから，VSSC の忌避への関与を示唆した（触角の空間忌避への関与の例）。Yang *et al.*（2021）は，触角，脚，口吻，翅をそれぞれ微小電極に繋ぎ，化学物質への反応を電極間の電位変化によって調べた（Electroantennogram, EAG を触角以外にも適用）。その結果，いずれの部位も化学物質への反応を示したが，面白いことに後脚の反応は前脚や中脚の反応に比べて低かった。蚊は休息時には後脚を持ち上げて留まっているが，脚の部位によって化学物質を感知する役割が異なるのかも知れない（脚，口吻の空間忌避への関与の例）。Maekawa *et al.*（2011）は，触角だけではなく小顎鬚や口吻が *Anopheles stephensi* の寄主探索行動に関与しており，特に口吻の先端部分（Labellum）の役割が大きいことを報告している（触角，小顎鬚，口吻の寄主探索行動への関与の例）。

　このように，蚊が化学物質を感知したりこれを忌避したりする感覚器は，触角だけではなく，口吻や脚（附節）にも存在することが明らかになりつつある。触角に到達した化学物質は，感覚毛に存在する匂い物質結合タンパク質（Odorant Binding Protein, OBP）と結合して神経に運ばれるが，この OBP が触角ばかりではなく，附節や口吻にも存在することが報告されており（Li *et al.*, 2008），上記の事実を裏付けていると思われる。Li *et al.*（2008）は，さらに，同様の OBP がネッタイシマカの気門にも存在することを発見していることは興味深い。Sugiura *et al.*（2008）や Sumita *et al.*（2016）は，ピレスロイドが他の薬剤に比べて，ゴキブリやイエバエに速効的に作用する理由の一つとして，ピレスロイドが最も有効に侵入する経路が気門であることを証明した（図2-22, 23）。蚊に対するピレスロイドの忌避性が，ノックダウンから死に至る一連の行動の中の一つの過渡期的現象であると仮定すると，気門も忌避性に関与していることが十分考えられる。蚊の空間忌避に関する気門の役割については未解決の部分が多いが，今後次第に明らかにされて行くに違いない。

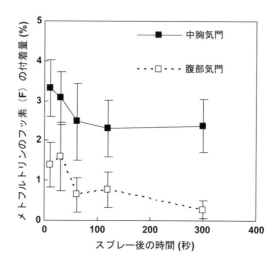

図 2-22 チャバネゴキブリにメトフルトリンを含有したエアゾールをスプレーしたときの中胸気門および腹部気門へのメトフルトリン付着量の変化
メトフルトリン量は，分子中のフッ素原子（F）の量をエネルギー分散型 X 線分析によって定量。中胸気門にメトフルトリンが多く分布していることがわかる（Sugiura *et al.*, 2008）。

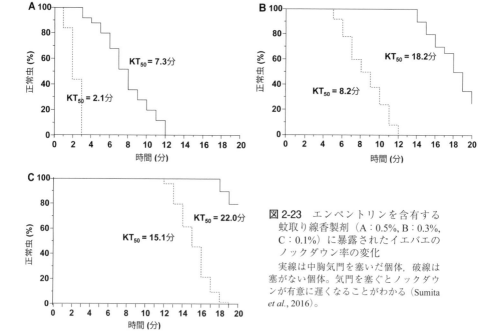

図 2-23 エンペントリンを含有する蚊取り線香製剤（A：0.5%, B：0.3%, C：0.1%）に暴露されたイエバエのノックダウン率の変化
実線は中胸気門を塞いだ個体，破線は塞がない個体。気門を塞ぐとノックダウンが有意に遅くなることがわかる（Sumita *et al.*, 2016）。

2-6 ピレスロイド抵抗性と忌避の関係

　Darriet *et al.*(1998) は，マラリア媒介蚊であるガンビエハマダラカ *Anopheles gambiae* s.s. がペルメトリンとデルタメトリンに抵抗性を発達（90% 以上の *kdr* 遺伝子頻度）させた地域でも，これらの殺虫剤で処理した LLIN は有効であったと報告している。このパラドックスについて，著者らは抵抗性の蚊の忌避行動でこれを説明している。すなわち，抵抗性を発達させた蚊はピレスロイドを処理した蚊帳を忌避することが出来なくなったことが原因で，蚊帳の表面に長時間接触するために高薬量のピレスロイドに暴露されることになるというのである（Darriet *et al.*, 2000）。一方で，ピレスロイドによってもたらされる興奮忌避（Excito-repellency）は，穴の開いた LLIN でも蚊の侵入を防ぐ効果を持ち，ピレスロイドを蚊帳に使用する利点の一つであると考えられている（Lines *et al.*, 1987）。さらに，前述したように，ピレスロイドの興奮忌避性は，害虫を殺したり殺虫剤に接触する機会を増やさないために，抵抗性の発達を抑えるかも知れない（Kawada *et al.*, 2009, 2012）。このように，ピレスロイド抵抗性と忌避の関係については，まだクリアな説明がなされていない。そこで筆者らは，ケニアのマラリア媒介蚊 3 種，*Anopheles gambiae* s.s., *Anopheles arabiensis*, *Anopheles funestus* S.S. におけるピレスロイド抵抗性と忌避性との関係について検討を行った。

　実験は，ケニア西部で採集した *Anopheles gambiae* s.s., *Anopheles arabiensis*, *Anopheles funestus* s.s., およびケニアの国際昆虫生理生態学センター（ICIPE）で累代飼育されていた *Anopheles gambiae* s.s., *Anopheles arabiensis* の実験室コロニーを用いて行った。野外採集の *Anopheles gambiae* s.s. は，*kdr* 遺伝子（L1014S，ピレスロイドの作用点であるナトリウムチャンネルにおけるミューテーション）頻度が 90% 以上の系統，*Anopheles arabiensis* と *Anopheles funestus* s.s. はそれぞれチトクローム P450 関連の代謝（酸化分解酵素の増大）によるピレスロイド抵抗性を有する系統（Kawada *et al.*, 2011），ICIPE のコロニーはいずれもピレスロイドには高い感受性を示すコロニーである。これらのハマダラカ雌成虫を用いて，WHO コーンバイオアッセイ試験（WHO/CDS/WHOPES/GCDPP/2005.11）を一部改良した試験によりペルメトリンに対する忌避行動を観察した。1～3 日齢の蚊をそれぞれ，オリセットネット素材（ペルメトリンを 2% (w/w) 含有），または 0.75% ペルメトリン含浸紙（WHO テストキットによる殺虫試験用）に，WHO コーンの下で曝露させ（図 2-24），

ネット面あるいは含浸紙面との接触を避けて飛翔した回数と累積飛翔時間を
3分間にわたり記録した。結果を図 2-25 に示したが，*kdr* 抵抗性の *Anopheles
gambiae* s.s. コロニー以外の全てのコロニーは，ペルメトリン処理面あるいは
オリセットネット表面に対して有意な飛翔時間の増加を示した。*kdr* 変異（電
位感受性ナトリウムチャンネルの塩基配列の変異）は，中枢神経系だけでな
く感覚神経系のピレスロイドに対する感受性を阻害し，蚊に対する刺激性を

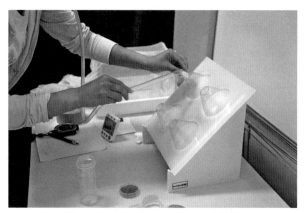

図 2-24 改良 WHO コーンテスト風景
45°に傾斜した面に忌避剤あるいは殺虫剤を処理した濾紙を貼り，
WHO コーンを被せて，中に雌蚊成虫を1頭放ち，処理面への接触を
避けて飛翔している時間および回数を計測する（Kawada *et al.*, 2014a）。

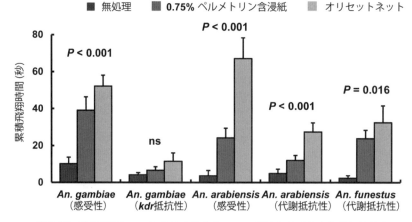

図 2-25 改良 WHO コーンテストによる，ハマダラカのペルメトリンに対す
る忌避性の比較
P < 0.05 の表示は，比較した3種の処理面に対する忌避性に有意な差があることを，
ns は有意な差がないことを示す（Kawada *et al.*, 2014a）。

低下させ，結果として回避が遅くなる，あるいは忌避性が低下すると考える
のが妥当であろう。先に述べたように，Liu *et al.*（2021）は，ネッタイシマカの
触角がピレスロイドを感知していることを示し，ピレスロイドの作用点である
電位感受性ナトリウムチャンネルにミューテーションを持つコロニーは触角
でピレスロイドを感知しなくなることを電気生理的実験によって示している。

　これまで報告されてきた *kdr* とピレスロイドの忌避性の関係は単純なもの
ではなかった。Chandre *et al.*（2000）は，ブルキナファソで採集し実験室で選
別した *kdr* ホモ接合体（RR）の *Anopheles gambiae* s.s. コロニーは，殺虫剤感受
性のコロニー（SS）や *kdr* ヘテロ接合体（RS）と比較して，ペルメトリンに対す
る接触忌避性が失われると報告している。また，RS は RR と SS のちょうど
中間的な忌避性を示した。一般に *kdr* 変異は潜性遺伝子（従来は劣性遺伝子
と表現されていた）なので，野生型とのヘテロ接合（RS）では抵抗性は発現
しないはずであるが，恐らくこの場合の変異（L1014F）は不完全劣勢という
ことであろう。さらに Chandre *et al.*（2000）は，RR は LLIN（長期残効型殺虫
剤含浸蚊帳）による死亡率は低くなるのに対して，吸血率は低く抑えられる
という矛盾した事実から，忌避性の欠如によってピレスロイドに対する接触
時間が延長されるという結論に達した。Corbel *et al.*（2004）は，RR タイプが
RS タイプ SS タイプよりも忌避性の欠如により長くペルメトリン処理表面に
とどまることで，致死率が高くなると考え，先に述べた Darriet *et al.*（2000）と
同じ結論に達している。筆者らは，ベトナムの Nha Trang で採集されたネッタ
イシマカの *kdr* 抵抗性遺伝子を解析し，L982W と F1534C をそれぞれ単独の
ホモ接合体として有するコロニー（L982W コロニー，F1534C コロニー），そ
して L982W と F1534C いずれもヘテロで有するコロニーを作製し（図 2-26），
それぞれのコロニーのペルメトリンに対する忌避行動を先に述べた改良 WHO
コーン法で解析した。その結果，L982W と F1534C をそれぞれ単独で有する
コロニーにおいては，処理面からの累積飛翔時間（ペルメトリンとの接触を
嫌って飛翔している時間）が無処理と有意差がなく，忌避性が消失していた
が，同時に高薬量において累積寄主探索行動時間（吸血しようとして口吻を
人の手に刺そうとする行動）に有意な減少が見られることが示された。これ
に対して，*kdr* 遺伝子による抵抗性の発現がないと思われる L982W/F1534C ヘ
テロコロニーでは，累積飛翔時間が有意に長くなり（忌避性を示し），しかも
寄主探索行動時間には無処理区と有意差がなくなるという結果を示した（図
2-27）。以上の結果は，Chandre *et al.*（2000）や Corbel *et al.*（2004）の推論を強

く支持するものである。さらに，L982W/F1534C ヘテロコロニーの蚊の触角を切除して同様な実験を行ったところ，処理面を忌避する行動が抑えられることがわかり，触角が忌避行動に深く関わっていることが証明された（Morimoto *et al.*, 2022）。

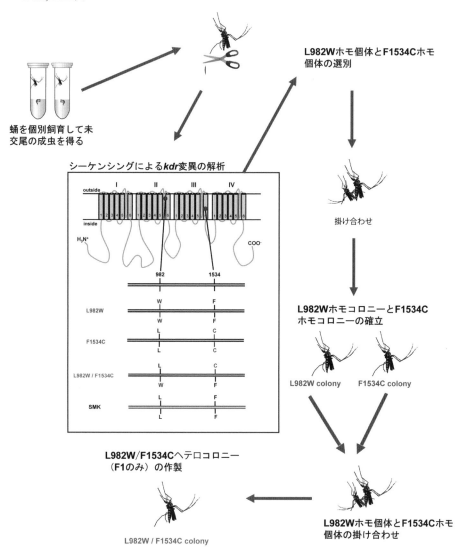

図 2-26　*kdr* 抵抗性遺伝子（F1534C と L982W）をそれぞれホモ接合体として単独で有するコロニー（F1534C コロニー，L982W コロニー）と両者を掛け合わせてそれぞれの遺伝子をヘテロで有するコロニー（L982/F1534C コロニー）の作製方法（Morimoto *et al.*, 2022）。

Liu *et al.*（2021）は，ジョチュウギクの主成分であるピレトリンと副成分である (E)-β-farnesene (EBF) が，それぞれネッタイシマカの特定のタイプの嗅覚受容体ニューロンを活性化することを明らかにした。ピレトリンによる 電位感受性ナトリウムチャンネルの不活性化作用とネッタイシマカの嗅覚受容体（Odorant receptor, Or）である AaOr31 を介した忌避作用の 2 つのメカニズムが協力効果を示して忌避作用が発現する。したがって，*kdr* 遺伝子によって前者のメカニズムがブロックされても後者のメカニズムの存在によって忌避性が完全にはブロックされないということである。さらに，Virgona *et al.*（1983）は，殺虫剤の浸透率の低下を引き起こす *pen* 遺伝子（Sawicki, 1972）が，感覚神経

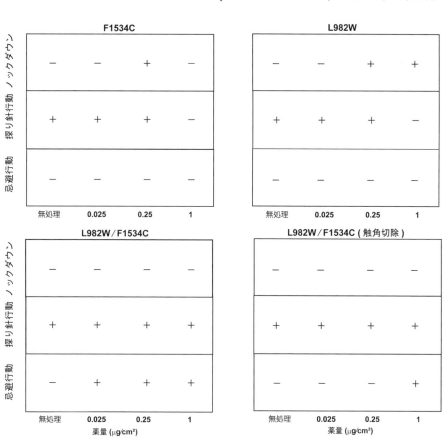

図 2-27　図 26 で作製した各コロニーのペルメトリンに対する忌避行動（改良 WHO コーン法）
＋記号を記載してある項目はその行動が見られたことを示す（Morimoto *et al.*, 2022）。

に到達するピレスロイドの量も減少させることから，*kdr* と *pen* の両因子がイエバエのピレスロイド忌避性に大きく関与していることを示唆しており，これも第 3 のメカニズムとなるかも知れない。

筆者らは，ケニア西部において，ピレスロイドに対して代謝抵抗性を示す *Anopheles arabiensis* と *Anopheles funestus* s.s. は，住民が LLIN の外で活動している時間帯に人の血液を吸う割合が多いが，*kdr* 抵抗性を主要因とする *Anopheles gambiae* s.s. ではそのような事象は見られないことを報告している（Kawada *et al.*, 2014b）。この現象も対象蚊の忌避性の違い（Kawada *et al.*, 2014a）から説明できそうである。さらに，Bayoh *et al.* (2010) が報告したように，ケニア西部における LLIN 配布後の 10 年間にもたらされた *Anopheles gambiae* s.s. の劇的な個体数減少も上記の理由から説明できるかもしれない。すなわち，*kdr* をピレスロイドに対抗するための戦術として採用した *Anopheles gambiae* s.s. は，ピレスロイドが処理された LLIN が家屋内に存在するにもかかわらず，忌避性の欠如によって「真夜中の吸血者」としての特性を変えることができないために，依然として LLIN で保護されている就寝中のヒトの血液源に頼らざるを得ず，結果的に個体群の減少を招いたという推理が可能である。

2-7 蚊の忌避行動を定量化する

地球温暖化に加えて人間の移動が増えたことを主な原因として，農業害虫や感染症媒介蚊が世界規模で水平・垂直方向に拡大しており，蚊が媒介する感染症の脅威は年々世界的に広がっている。これに伴い，殺虫剤や忌避剤を使用した蚊帳やカーテンなどを使用して蚊に刺されるのを防いだり，蚊とヒトとの接触を防ぐための機能性を高めた防蚊繊維への消費者のニーズが高まっている。世界保健機関（WHO）は，人体塗布型の忌避剤や長期残効型殺虫剤含浸蚊帳（Long Lasting Insecticidal Net, LLIN）の実験室および野外試験のためのガイドラインを出しているが（WHO, 2005; 2009），その多くは人体や動物を使用したものである。欧州化学機関（European Chemicals Agency, ECHA）による「殺虫剤製品規制に関するガイダンス」も，基本的に WHO ガイドラインを踏襲している。また，防蚊処理を施したその他の繊維製品等の評価方法については，各国で公表されている方法はあるものの，世界標準法と言えるものは存在しておらず，忌避剤やこれを処理した防蚊製品の能力を客観的に評価するためのヒトや動物を用いない標準的な試験法が望まれている。

忌避剤や忌避剤処理を施した繊維製品の試験方法としては，ケージテス

ト（図 2-28），コーンテスト（図 2-24），興奮忌避チャンバーテスト（Excito-repellency Chamber Test）（図 2-29）が最も多く用いられている（WHO, 2005, 2009; Anuar and Yusof, 2016）。ケージテストは，忌避剤や忌避剤処理布の評価には最も一般的でシンプルな試験方法であるが，倫理問題のクリアやボランティアに対するインフォームドコンセントが必要で，望ましくはヒトに害を

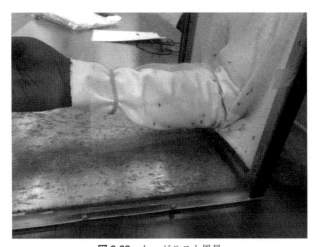

図 2-28　ケージテスト風景
腕に忌避剤を処理した布を巻き付けて試験している（Kawada and Xue, 2022）。

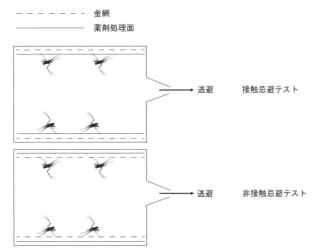

図 2-29　Excito-repellency test box
忌避剤を塗布した紙を外部チャンバーの内壁に貼り付け，蚊を放った内部チャンバーを外部チャンバー内にスライドさせて挿入する。忌避剤に反応した蚊は出口から外へ脱出する（Chareonviriyaphap *et al.*, 2002）。

及ぼすウイルス等の病原体を持たない蚊の使用が必要である。また，ボランティアの個人差によるデータの振れを減らすためには，十分な数の反復試験が必要になる。コーンテスト（Kawada *et al.*, 2014a）や興奮忌避チャンバーテスト（Chareonviriyaphap *et al.*, 2002; Obermayr, 2015）は，動物やヒトを蚊の誘引源として使用しないため，倫理的には理想的な試験方法である。その他，やや複雑でデリケートな方法として，嗅覚測定器（Olfactometer）を使用した選択試験がある（Hao *et al.*, 2012; Uniyal *et al.*, 2016）。中国の国家規格 GB（Guo jia Biao zhun）（GB/T 30126-2013）では，ヒトの腕を蚊の誘引源として使用する改良ケージ試験と，加熱した動物の脱繊維血（豚や鶏）を膜（Parafilm®）を介して蚊に吸血させる試験が規定されている。

　Morimoto *et al.*(2021) は，2018 年に日本工業規格に制定された誘引吸血装置（Artificial Blood Feeding Device, ABFD）を用いた防蚊繊維の忌避試験法（JIS L1950-1）を使用して，ディート，イカリジン，ペルメトリンがヒトスジシマカの吸血行動に及ぼす影響について調べた。この装置は，基本的に Kawada *et al.*(2004) が報告した寄主探索行動記録装置（図 2-3, 4）を模してデザインされているが，誘引源として人工血液給餌装置（Hemotek®, ※）を使用しているのが特徴である（図 2-30）。テストケージに放たれた未吸血の雌蚊は，ケージ底面に取り付けられた試験用試料（忌避剤）（WHO の定める人体塗布用忌避剤の処理量を滴下後乾燥）と PTFE（Polytetrafluoroethylene）膜（Siria *et al.*, 2018）を介して，給餌ユニット（Feeding unit）内の加熱された血液（Alsever 溶液で希釈された保存血）（鶴川・川田，2014）を吸血できる仕組みである。評価は，蚊の試験用試料面へのランディング数と吸血率を無処理区と比較することで行う。

　実験は，選択忌避試験と非選択忌避試験の 2 条件で行った。選択忌避試験においては，蚊は処理試料と無処理試料のどちらも選択可能であるが，非選択忌避試験では，蚊は処理試料を通してのみ吸血可能である。選択忌避試験の結果，ディートは 1% 以上の濃度で十分な忌避効果が得られるが，ディートと同等の効果を得るためには 2% 以上のイカリジンが必要であることがわかった（図 2-31）。この実験条件におけるペルメトリンの効果はユニークなものであった。蚊はペルメトリン 2% 処理でも両方（処理と無処理）のターゲットを選択した。ビデオによる観察では，蚊はペルメトリン処理した表面に接

※　http://hemotek.co.uk/starter-packs/, 参照日 2022 年 10 月 20 日

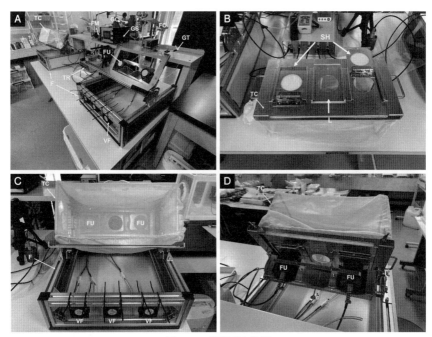

図 2-30　誘引吸血装置

A：誘引吸血装置（ABFD）の概要，B：テストケージの背面，C：テストケージをフレームに取り付けた図，D：テストケージ底面に給餌ユニットを取り付けた図（Morimoto *et al.*, 2021），F：フレーム（架体），FC：排気ファンコントローラ，FM：流量計，FU：給餌ユニット（PTFE 膜付きの血液リザーバー（Hemotek® OR37-25）とヒーターユニット（Hemotek® FU1-3）で構成される），GC：炭酸ガスボンベ，GS：炭酸ガス供給ユニット，GT：炭酸ガスチューブ，L：プラスチック蓋，SH：サンプルホルダー，TC：テストケージ，TR：サーモスタット式温度調節器（Hemotek® PS6220），VF：排気用ファン。

触した後に行動が活発になり，処理面への滞在期間が短くなる（歩行して処理面から去る）行動を示した。特筆すべきなのは，ディートを 2% で処理した選択忌避試験では，無処理の処理面への誘引数が有意に減少したのに対し，イカリジン，ペルメトリン，および低用量のディートではそのような現象は見られなかったことである。また，2% ディート処理では全体の吸血率も顕著に低下した（図 2-32）。選択忌避試験では，蚊は処理した標的と処理していない標的の両方に自由に接触できるため，吸血率は処理区と無処理区の合計として計算される。したがって上記の結果は，処理面に直接接触していなくても，処理区のディートがケージ内の蚊に何らかの影響を与えたことを示している。ビデオで観察すると，イカリジン処理面には蚊の接触が頻繁に観察されたのに対し，ディート処理面への接触の頻度は非常に低かった（Morimoto *et al.*, 2021）。

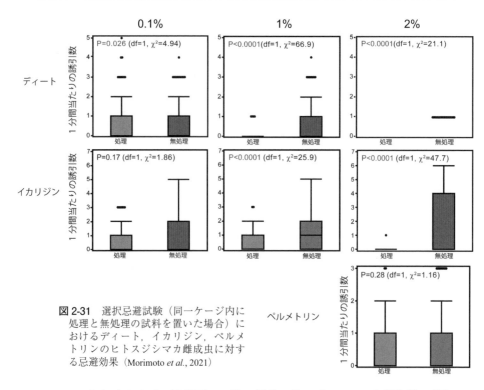

図 2-31　選択忌避試験（同一ケージ内に処理と無処理の試料を置いた場合）におけるディート，イカリジン，ペルメトリンのヒトスジシマカ雌成虫に対する忌避効果（Morimoto *et al.*, 2021）

ディートとイカリジン処理面での蚊の行動の違いは，2 つの化学物質の蒸気圧の違いに関連しているかも知れない。ディートの蒸気圧（20 ℃で 5.6 × 10⁻³ mmHg, ※1 ）は，イカリジンの蒸気圧（25 ℃で 4.43 × 10⁻⁴ mmHg, ※2 ）の 12 倍以上である。ある研究では，ネッタイシマカに対するディート（2%）の忌避性は，ディートを処理したポイントから 40 mm までは有意であったが，イカリジン（6%）を処理した場合は，処理したポイントから 2 mm でも有意な忌避性は観察されず，イカリジンに対する忌避は跗節による接触によってのみ生じることが示されている（Licciardi *et al.*, 2006）。

非選択忌避試験による忌避剤に対する濃度依存的な反応は，選択忌避試験よりも顕著であった（図 2-33）。1% および 2% のディート，2% および 4% のイカリジン，2% のペルメトリンに高い忌避効果が認められたが，ペルメトリンの忌避率は同等濃度のディートやイカリジンに比べると劣る一方，吸血率

※1　http://npic.orst.edu/factsheets/archive/DEETtech.html，参照日 2022 年 8 月 25 日, Deet Technical Fact Sheet, National Pesticide Information Center

※2　https://pubchem.ncbi.nlm.nih.gov/compound/Icaridin，参照日 2022 年 8 月 25 日，Compound Summary Icaridin, National Library of Mediciner

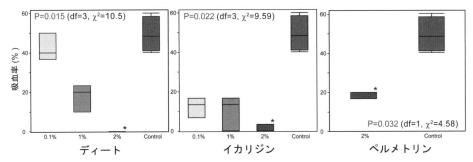

図 2-32　選択忌避試験におけるディート，イカリジン，ペルメトリンのヒトスジシマカ雌成虫に対する吸血忌避効果（Morimoto *et al.*, 2021）

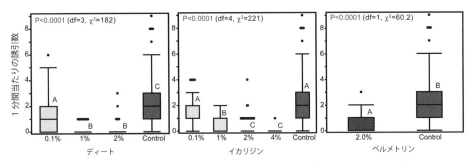

図 2-33　非選択忌避試験（同一ケージに処理試料のみ（2 面）を置いた場合）におけるディート，イカリジン，ペルメトリンのヒトスジシマカ雌成虫に対する忌避効果（Morimoto *et al.*, 2021）

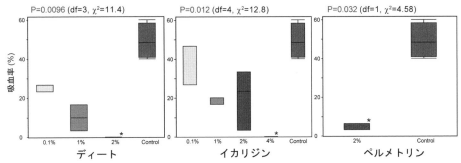

図 2-34　非選択忌避試験におけるディート，イカリジン，ペルメトリンのヒトスジシマカ雌成虫に対する吸血忌避効果（Morimoto *et al.*, 2021）

による評価では 2% ディート，4% イカリジン，2% ペルメトリンの効果は同等であった（図 2-34）（Morimoto *et al.*, 2021）。

ディートとイカリジンの同時比較を行った研究はあまり多くないが，ヒトの皮膚におけるイカリジンの高い残留性を指摘するいくつかの報告を除く

と，両者の有効性にはほとんど差がないことが示されている（Goodyer and Schofield, 2018）。しかしながら，これらの研究のほとんどは，野外や実験室条件下でのヒトのボランティアを対象としており，個人間のばらつき，気候，環境，蚊の種類の違いなど，多くのバイアスの存在が考えられる。ABFD を用いた試験はこのようなバイアスを最小限にすることが可能で，倫理的な問題もなく，忌避剤間のより正確な比較を可能にした。忌避剤の性能は，揮発性，皮膚透過性，環境中での劣化なども考慮して総合的に評価する必要がある。残効性を加味した比較試験を行うためには，ヒトの皮膚を模擬した膜システムや，長時間の実験における血液の凝固や変質で蚊に対する誘引力を低下させることなく，長期的に安定した実験が可能な給餌ユニットシステムの開発が必要となってくる。なお，本試験法は 2022 年 6 月 10 日付けで国際規格 ISO に制定された。

〔引用文献〕（第 2 章 - 2）

Anuar AA, Yusof N (2016) Methods of imparting mosquito repellent agents and the assessing mosquito repellency on textile. *Fashion and Textiles*, 3: 12.

Appel KE, Gundert-Remy U, Fischer H, Faulde M, Mross KG, Letzel S, Rossbach B (2008) Risk assessment of Bundeswehr (German Federal Armed Forces) permethrin-impregnated battle dress uniforms (BDU). *International Journal of Hygiene and Environmental Health*, 211: 88–104.

Bayoh MN, Mathias DK, Odiere MR, Mutuku FM, Kamau L, Gimnig JE, Vulule JM, Hawley WA, Hamel MJ, Walker ED (2010) *Anopheles gambiae*: historical population decline associated with regional distribution of insecticide-treated bed nets in western Nyanza Province, Kenya. *Malaria Journal*, 9: 62.

Bibbs CS, Kaufman PE (2017) Volatile pyrethroids as a potential mosquito abatement tool: a review of pyrethroid-containing spatial repellents. *Journal of Integrated Pest Management*, 8: 1–10.

Boné E, González-Audino PA, Sfara V (2020) Spatial repellency caused by volatile pyrethroids is olfactory-mediated in the German cockroach *Blattella germanica* (Dictyoptera: Blattellidae). *Neotropical Entomology*, 49: 275–283.

Buczkowski G, Scharf ME, Ratliff CR, Bennett GW (2005) Efficacy of simulated barrier treatments against laboratory colonies of Pharaoh ant. *Journal of Economic Entomology*, 98: 485–492.

Chadwick PR (1970) The activity of *dl*-allethrolone *d-trans* chrysanthemate and other pyrethroids in mosquito coils. *Mosquito News*, 30: 162–170.

Chandre F, Darriet F, Duchon S, Finot L, Manguin S, Carnevale P, Guillet P (2000) Modifications of pyrethroid effects associated with *kdr* mutation in *Anopheles gambiae*. *Medical and Veterinary Entomology*, 14: 81-88.

Chareonviriyaphap, T, Prabaripai A, Sungvornyothin S (2002) An improved excito-repellency test chamber for mosquito behavioral tests. *Journal of Vector Ecology*, 27: 250–252.

Corbel V, Chandre F, Brengues C, Akogbéto M, Lardeux F, Hougard JM, Guillet P (2004) Dosage-dependent effects of permethrin-treated nets on the behaviour of *Anopheles gambiae* and the selection of pyrethroid resistance. *Malaria Journal*, 3: 22.

Darriet F, Guillet P, N'Guessan R, Doannio JM, Koffi A, Konan LY, Carnevale P (1998) Impact of resistance of *Anopheles gambiae* s.s. to permethrin and deltamethrin on the efficacy of impregnated mosquito nets. *Médecine Tropicale*, 58: 349–354.

Darriet F, N'Guessan R, Koffi AA, Konan L, Doannio JM, Chandre F, Carnevale P (2000) Impact of pyrethrin resistance on the efficacy of impregnated mosquito nets in the prevention of malaria: results of tests in experimental cases with deltamethrin SC. *Bulletin de la Société de Pathologie Exotique*, 93: 131–134.

Dennis EJ, Goldman OV, Vosshall LB (2019) *Aedes aegypti* mosquitoes use their legs to sense Deet on contact. *Current Biology*, 29: 1551–1556.

Dötterl S, Jahreiß K, Jhumur US, Jürgens A (2012) Temporal variation of flower scent in *Silene otites* (Caryophyllaceae): A species with a mixed pollination system. *Botanical Journal of the Linnean Society*, 169: 447–460.

Goodyer L, Schofield S (2018) Mosquito repellents for the traveler: does picaridin provide longer protection than DEET? *Journal of Travel Medicine*, 25: S10–S15.

Hao H, Sun J, Dai J (2012). Preliminary analysis of several attractants and spatial repellents for the mosquito, *Aedes albopictus* using an olfactometer. *Journal of Insect Science*, 12: 76.

Hirano M (1987) Locomotor stimulant activity of fenpropathrin against the Carmine spider mite, *Tetranychus cinnabarinus* (Boisduval)(Acarina: Tetranychidae). *Applied Entomology and Zoology*, 22: 499–503.

池庄司敏明 (2015) 蚊 Mosquitoes. 第 2 版．東京大学出版会．pp. 284.

Jhumur US, Dötterl S, Jürgens A (2008) Floral Odors of *Silene otites*: Their variability and attractiveness to mosquitoes. *Journal of Chemical Ecology*, 34: 14–25.

Kawada H (2009) An Inconvenient Truth of Pyrethroid - Does it have a promising future? -. *In*: Advances in Human Vector Control (ACS Symposium Book 1014). Clark J, Bloomquist JR, Kawada H (ed). American Chemical Society, New York, pp. 171–190.

Kawada H (2012) New mosquito control techniques as countermeasures against insecticide resistance. *In*: Insecticides - Advances in Integrated Pest Management. Perveen F (ed). InTech, pp. 657–682.

川田　均 (2014) 殺虫剤抵抗性疾病媒介蚊に対する新しい防除法の試み．衛生動物，65: 45–59.

Kawada H, Takagi M (2004) A photoelectric sensing device for recording mosquito host-seeking behavior in the laboratory. *Journal of Medical Entomology*, 41: 873–881.

Kawada H, Dida GO, Ohashi K, Komagata O, Kasai S, Tomita T, Sonye G, Maekawa Y, Mwatele C, Njenga SM, Mwandawiro C, Minakawa N, Takagi M (2011) Multimodal pyrethroid resistance in malaria vectors, *Anopheles gambiae* s.s., *Anopheles arabiensis*, and *Anopheles funestus* s.s. in western Kenya. *PLoS One*, 6: e22574.

Kawada H, Ohashi K, Dida GO, Sonye G, Njenga SM, Mwandawiro C, Minakawa N (2014a) Insecticidal and repellent activities of pyrethroids to the three major pyrethroid-resistant malaria vectors in western Kenya. *Parasites &Vectors*, 7: 208.

Kawada H, Ohashi K, Dida GO, Sonye G, Njenga SM, Mwandawiro C, Minakawa N (2014b) Preventive effect of permethrin-impregnated long-lasting insecticidal nets on the blood feeding of three major pyrethroid-resistant malaria vectors in western Kenya. *Parasites & Vectors*, 7: 383.

Kawada H, Xue R-D (2022) Testing methods for mosquito-repellent treated textiles. In: Mosquito Control Strategy. Peyman G (ed)

Lahondère C, Vinauger C, Okubo RP, Wolff GH, Chan JK, Akbari OS, Riffell JA (2020) The olfactory basis of orchid pollination by mosquitoes. *Proceeding of the National Academy of Sciences of the United States of America*, 117: 708–716.

Lapied B, Pennetier C, Stankiewicz M, Gautier H, Fournier D, Hougard JM, Corbel V (2006) The insect repellent DEET exerts neurotoxic effects through alterations of both neuronal function and synaptic transmission. Fifth Forum of European Neuroscience, Vienna, Austria, 8–12 July.

Lines JD, Myamba J, Curtis CF (1987) Experimental hut trials of permethrin-impregnated mosquito nets and eave curtains against malaria vectors in Tanzania. *Medical and Veterinary Entomology*, 1: 37–51.

Li S, Picimbon J-F, Ji S, Kan Y, Chuanling Q, Zhou J-J, Pelosi P (2008) Multiple functions of an odorant-binding protein in the mosquito *Aedes aegypti*. *Biochemical and Biophysical Research Communications*, 372: 464–468.

Licciardi S, Herve JP, Darriet F, Hougard J-M, Corbel V (2006) Lethal and behavioural effects of three synthetic repellents (DEET, IR3535 and KBR 3023) on *Aedes aegypti* mosquitoes in laboratory assays. *Medical and Veterinary Entomology*, 20: 288–293.

Liu F, Wang Q, Xu P, Andreazza F, Valbon WR, Bandason E, Chen M, Yan R, Feng B, Smith LB, Scott JG, Takamatsu G, Ihara M, Matsuda K, Klimavicz J, Coats J, Oliveira EE, Du Y, Dong K (2021) A dual-target molecular mechanism of pyrethrum repellency against mosquitoes. *Nature Communications*, 12: 2553.

MacIver DR (1964) Mosquito coils Part II. Studies on the action of mosquito coil smoke on mosquitoes. *Pyrethrum Post*, 7: 7–14.

Maekawa E, Aonuma H, Nelson B, Yoshimura A, Tokunaga F, Fukumoto S, Kanuka H (2011) The role of proboscis of the malaria vector mosquito *Anopheles stephensi* in host-seeking behavior. *Parasites & Vectors*, 4: 10.

松永忠功 (1993) ピレスロイドの忌避性. 殺虫剤研究班のしおり 61:9–18. https://server51. joeswebhosting.net/~js4308/insecticide/proc/1993_61.pdf

Morimoto Y, Kawada H, Kuramoto K, Mitsuhashi T, Saitoh T, Minakawa N (2021) New mosquito repellency bioassay for evaluation of repellents and pyrethroids using an attractive blood-feeding device. *Parasites & Vectors*, 14: 151.

Morimoto Y, Kawada H, Minakawa N (2022) Repellency as an ultimate countermeasure for *Aedes* mosquito control. XXVI International Congress of Entomology, 18-22 July 2022, Helsinki, Finland.

Müller GC, Xue R-D, Schlein Y (2011) Differential attraction of *Aedes albopictus* in the field to flowers, fruits and honeydew. *Acta Tropica*, 118: 45–49.

Nguyen QD, Vu MN, Hebert AA (2018) Insect repellents: An updated review for the clinician. *Journal of the American Academy of Dermatology*, S0190-9622 (18) 32824-X.

Obermayr U (2015) Excitorepellency. *In*: Insect Repellents Handbook, Debboun M, Frances SP, Strickman D (eds). CRC Press, Boca Raton, FL, USA. pp. 91–115.

Oda T (1964) Observations on the mosquitoes visiting the flowers of Spindle trees, *Euonymus japonica*. 長崎大学風土病紀要, 6: 242–246.

Ogoma SB, Moore SJ, Maia MF (2012) A systematic review of mosquito coils and passive emanators: defining recommendations for spatial repellency testing methodologies. *Parasites & Vectors*, 5: 287.

Otienoburu PE, Ebrahimi B, Phelan PL, Foster WA (2012) Analysis and optimization of a synthetic milkweed floral attractant for mosquitoes. *Journal of Chemical Ecology*, 38: 873–881.

Paumgartten FJR, Delgado IF (2016) Mosquito repellents, effectiveness in preventing diseases and safety during pregnancy. *Vigilancia Sanitaria em Debate*, 4: 97–104.

Sawicki RM (1972) Resistance to insecticides in SKA strain of houseflies. *Report of Rothamsted Experimental Station for 1972*, 2: 168–181.

Schreck CE, Posey K, Smith D. (1978) Durability of permethrin as a potential clothing treatment to protect against blood-feeding arthropods. *Journal of Economic Entomology*, 71: 397–400.

Siria DJ, Batista EPA, Opiyo MA, Melo EF, Sumaye RD, Ngowo HS, Eiras AE, Okumu FO (2018) Evaluation of a simple polytetrafluoroethylene (PTFE)-based membrane for blood-feeding of malaria and dengue fever vectors in the laboratory. *Parasites & Vectors*, 11: 236.

Su NY, Scheffrahn RH (1990) Comparison of eleven soil termiticides against the Formosan subterranean termite and eastern subterranean termite (Isoptera: Rhinotermitidae). *Journal of Economic Entomology*, 83: 1918–1924.

Sugiura M, Horibe Y, Kawada H, Takagi M (2008) Insect spiracle as the main penetration route of pyrethroids. *Pesticide Biochemistry and Physiology*, 91: 135–140.

Sumita Y, Kawada H, Minakawa N (2016) Mode of entry of the vaporized knockdown agent pyrethroid into the body of housefly, *Musca domestica* (Diptera: Muscidae). *Applied Entomology and Zoology*, 51: 653–659.

Tavares M, da Silva MRM, de Siqueira LBO, Rodrigues RS, Bodjolle-d'Almeida L, dos Santos EP, Ricci-Júnior E (2018) Trends in insect repellent formulations: A review. *International Journal of Pharmaceutics*, 539: 190–209.

鶴川千秋・川田　均 (2014) 人工吸血装置による蚊の吸血実験. 衛生動物, 65: 151–155.

Uniyal A, Tikar SN, Mendki MJ, Singh R, Shukla SV, Agrawal OP, Veer V, Sukumaran D (2016) Behavioral response of *Aedes aegypti* mosquito towards essential oils using olfactometer. *Journal of Arthropod-Borne Diseases*, 10: 370–380.

Virgona CT, Holan G, Shipp E (1983) Repellency of insecticides to resistant strains of housefly. *Entomologia Experimentalis et Applicata*, 34: 387–290.

World Health Organization (2004) WHO Specifications and evaluations for public health pesticides - Icaridin. World Health Organization: Geneva, Switzerland.

World Health Organization (2005) Guidelines for laboratory and field testing of long-lasting insecticidal mosquito nets. WHO/CDS/WHOPES/GCDPP/2005.11. pp. 1–18.

World Health Organization (2009) Guidelines for efficacy testing of mosquito repellents for human skin. https://apps.who.int/iris/bitstream/handle/10665/70072/WHO_HTM_NTD_WHOPES_2009.4_eng.pdf?sequence=1

Yang L, Agramonte N, Linthicum KJ, Bloomquist JR (2021) A survey of chemoreceptive responses on different mosquito appendages. *Journal of Medical Entomology*, 58: 475–479.

3. 蚊の飛翔力を探る

　蚊は双翅目(ハエ目)に属する昆虫である。元来4枚あった羽は2枚に退化(進化？)し，残りの2枚は平均棍という器官になっている。原始的な昆虫が翅を発達させたのは，デボン紀と石炭紀の間のどこかの時点であるらしい（ブロドスキイ, 1997）。昆虫の翅の起源に関しては，二大仮説「側背板起源説」と「肢起源説」があったが，どちらが正しいのか長い間決着できずにいた。最近になって，両説の折衷案として，翅は側背板と肢の両方に由来するという「二元起源説」が提唱され（Niwa *et al.*, 2010），後に Mashimo and Machida (2017) が，低真空の走査型電子顕微鏡（SEM）とナノスーツ法（界面活性剤，Tween20 に浸漬した試料を SEM に使用する方法，Takaku *et al.*, 2013）を用いてフタホシコオロギ *Gryllus bimaculatus* の胸部の発生を詳細に追跡し，背板‒肢境界（boundary between tergum and appendage, BTA）を明確に定義することに成功した。これによって，翅の本体は BTA より背方の領域である「側背板」に由来するが，翅の関節や翅を動かす筋肉は BTA より腹方の領域である肢に由来することが示された。初期の翅は，植物から滑空するときに揚力を得るために，グライダーの翼のようにあまり動きのないものだったと思われる。その後，これに単純な上下のみの振動（羽ばたき）が行われるようになり，さらにトンボのように個々の翅を垂直方向に捻らせることが出来るようになったと考えられる。この進化は，単なる滑空から急激に進行方向を変化させられる動きを生んだが，翅の羽ばたく振動数は低いもの(20〜30Hz)であった。ハチ目とハエ目はいずれも高い翅の振動数を進化させたグループであるが，ハエ目の環縫群に含まれるグループは，最も高い飛翔性と操縦性を有する。翅は羽ばたきの際に長軸の周りに強く回転し，その角度は180°にも達するが，これが長時間のホバリングや前後左右への飛翔も可能にした（ブロドスキイ，1997）。

　蚊の羽ばたき回数は，他の同サイズの昆虫に比較して非常に高速であり（雄では1秒間に約600〜800回），このような高速な翅の運動を実現するために，翅の運動の振幅（翅のストロークの角度）は約40°と非常に小さくなっている。蚊の飛翔は，後縁渦（羽ばたきによって翅の後方に生じる空気の渦），前縁渦（翅の前側に生じる空気の渦），回転抗力（翅の回転にによって翅の後方に生じる力）という他の昆虫には見られないメカニズムによる空気力を利用して行われているという（Bomphrey *et al.*, 2017）。このように，一見か弱く見える蚊の

飛翔には，かなり高度な技術が隠されているようである。

3-1 蚊の飛翔と移動

　Southwood（1962）は，昆虫の移動を 2 つに分類している。一つは義務的な移動（obligatory migration），もう一つは任意の移動（facultative migration）である。前者は，生まれつき移動することがプログラムされている様式で，後者は環境の変化などが引き金になって行動が変化する様式である。蚊の長距離の移動は，主に風に運ばれることによって行われる。これは蚊が自身のテリトリーを広げたり，子孫が再び故郷に帰ってくる類いの移動ではないだろうとService（1997）は述べているが，*Anopheles sacharovi* や *Anopheles freeborni* のように，あたかも「越冬のために」数 km から数十 km 移動する種も報告されている（Freeborn, 1921; Kligler, 1932; Rosenstiel, 1947）。また，*Ochlerotatus taeniorhynchus*（図 2-35）や *Aedes cataphylla*，*Culex tarsalis* のように，風に乗って運ばれる「目的」を持って数 m から十数 m の高さに上昇する行動を取る蚊もいるようである（Haeger, 1960; Klassen and Hocking, 1964; Bailey *et al.*, 1965）。Johnson（1969）は，昆虫の移動を 3 つのクラスに分類した。Class I は戻ることのない移動で，前述の *Ochlerotatus taeniorhynchus* の移動がこのタイプとされる。Class II は 1 シーズン内に発生源に戻る

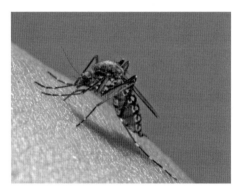

図 2-35　長距離移動すると言われる *Ochlerotatus taeniorhynchus*

ことのできる移動で，3〜6 km 吸血のために移動してその後発生源に戻ってくる *Mansonia perturbans* などがこのタイプとされる（Snow and Pickard, 1957）。Class III は前述した *Anopheles sacharovi* や *Anopheles freeborni* のように，越冬のために移動し，越冬後はまた元の場所に戻ってくるタイプである。我々に身近な蚊の長距離移動の例として，日本脳炎の媒介蚊として知られるコガタアカイエカが挙げられる。Nabeshima *et al.*(2009) は，日本国内で発見される日本脳炎ウイルスが，東南アジア起源のものと東アジア起源のもののミックスしたものであると報告している。コガタアカイエカは，冬期は日本国内の一部で休眠可能ではあるが，国内で越冬しているコガタアカイエカからはこ

れまでウイルスは検出されてない（Nakamura *et al.*, 1968; Buei *et al.*, 1986; Ito *et al.*, 1986）。一方，2009年に佐賀市および南さつま市に設置された飛来昆虫捕獲のための定点トラップに，ウンカ飛来予測日とほぼ同時期に捕集されたコガタアカエイカの中に，日本以外のアジア諸国に分布する集団と一致する個体の存在が明らかにされ，コガタアカイエカが海外から日本に飛来侵入する可能性が示唆された（澤邊，2011）。実際にアジア大陸から飛来したコガタアカイエカの証明はまだされておらず，これを明らかにするのは今後の研究課題である。

多くは受動的で無目的な風に乗った長距離移動とは異なり，近距離の能動的な移動は蚊の生活にとって重要な意味を持ってくる。蚊の近距離移動のターゲットとなるのは，(1) 休息場所，(2) 交尾相手，(3) 吸蜜源，(4) 吸血源，そして (5) 産卵場所である。水田や湖沼といった，広範囲でしかもヒトの居住する場所から離れた場所に発生源を有する蚊種（多くのハマダラカなど）は，上記のターゲットを求めて長距離を移動する必要があるが，発生源がヒトの居住する場所に近い蚊種（例えばネッタイシマカなど）は，長距離を移動する必要がない。蚊の移動距離測定には標識再捕法がよく採用されるが，上記を反映した結果が得られている。

3-2 蚊の飛翔力を測定する

蚊の羽ばたき回数（Wing beat frequency）は，雄の方が雌よりも高く，また気温が高いほど高くなる（Clements, 1999）。さらに，羽ばたき回数は風速にも影響される。ネッタイシマカの雄が交尾のためにスウォーミング（1ヵ所に群れてホバリングして雌の飛来を待つ行動）する場合，風速が時速0～3kmの風では羽ばたき回数の変化は見られないが，時速3～6kmになると羽ばたき回数が15%減少する（517Hzから440Hz）（Belton, 1986）。つまり，スウォーミング中に風が吹いている状態では，蚊は無駄なエネルギーを使わないように羽ばたき回数を減らして風に身を任せるような状態になるのであろう。一方，通常の飛翔時には，蚊の羽ばたきは視覚と風によって刺激される。無風の環境の中にネッタイシマカを固定した状態で，地面の風景（縞模様）を前から後へ動かしても羽ばたき回数に変化は見られないが，後から前に風景を動かすと（蚊にとっては後退している状態），羽ばたき回数は増加する。これに前からの風が加わると，羽ばたき回数の増加はさらに大きくなる（Bässler, 1958）。

　蚊の捕獲器（トラップ）は，蚊のフィールド調査には欠かせない道具であるが，多くのトラップはモーターでファンを回転させることによって，二酸化炭素や光に誘引されて近傍に飛来した蚊を吸引するタイプで，CDCトラップやBG-Sentinelトラップがその代表である。トラップの吸引力はおそらく蚊に後退しているという信号を与え，蚊はこれに逆らおうとするだろうからファンの吸引力はトラップの性能に関わってくるだろう。トラップの性能に関しては，光や色のコントラスト，炭酸ガスといった誘引源に関する検討結果は数多く報告されているのに比較して，最終的な捕集手段である吸引力についての報告は少ない。これは，蚊が微少な昆虫であるために，ある一定以上の吸引力を保てば，トラップに近づいた蚊は100%捕集できるであろうという大前提があるためであると推察する。しかしながら，ファンを回転させるモーターの能力や，バッテリーの消耗の程度によって，吸引力は変化しているはずであり，これはトラップの捕集効率に大きく影響していると思われる。そこで筆者らは，ネッタイシマカ，ヒトスジシマカ，ネッタイイエカの3種の蚊の雌成虫を用いて，ファンの吸引力の変化が蚊の捕集能力にどのように影響しているかについて簡単な実験を行った。

　図2-36に示したような実験装置を組み立てて，ファン（BG-Sentinelに使用

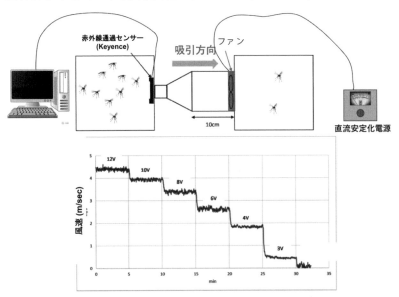

図2-36　風による蚊成虫の吸引を測定する装置
蚊は赤外線通過センサーを通って左のケージから右のケージに吸引される。
ファンによる風速はセンサーの部分で測定した値（川田ら，2022）。

されているものを使用）によって吸引される蚊雌成虫の数を赤外線通過セン
サーによって記録した。ファンの吸引力は，直流安定化言電源で調節した。ネッ
タイシマカ，ヒトスジシマカの場合は，黒いプラステチック板を，ネッタイ
イエカの場合は紫外線ランプをそれぞれ誘引源とした（図2-37, 38）。結果を
図2-39に示したが，捕獲率の時間的変化には3種間に差は見られず，ある一
定の割合で捕獲数が増えて行っていることがわかるが，各風速における総捕
獲数を見ると，ネッタイシマカに比べてヒトスジシマカやネッタイイエカの
捕獲数が少ないことがわかる。次に，図2-40のような装置を組み立てて，ど
の程度の吸引力であれば風に逆らって飛翔可能かをネッタイシマカとヒトス
ジシマカについて比較した。実験は，1頭の雌蚊をまず十分な吸引力で装置の

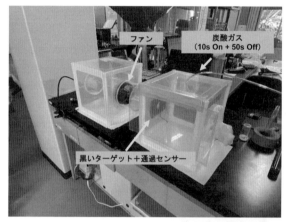

図 2-37　装置を用いたネッタ
イシマカとヒトスジシマカ
の実験例
　赤外線通過センサー部には，
黒いプラスチック板を取り付け
てターゲットとした。放虫する
方のケージには，二酸化炭素を
間欠的（10秒ON，50秒OFF）に
放出した（川田ら，2022）。

図 2-38　装置を用いたネッタイイエカ（日
照時間は昼夜逆転して飼育）の実験例
　A：蚊がトラップされる方のケージには誘引
源として紫外線ランプを設置し，B：実験時は
装置を黒いボックスで覆った。放虫する方の
ケージには，二酸化炭素を間欠的（10秒ON，
50秒OFF）に放出した（川田ら，2022）。

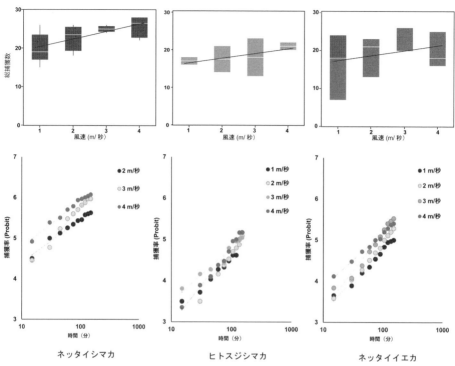

図 2-39　ネッタイシマカ，ヒトスジシマカ，ネッタイイエカの捕獲率の
時間的変化（下図）と総捕獲数（上図）（川田ら，2022）

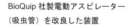

BioQuip 社製電動アスピレーター
（吸虫管）を改良した装置

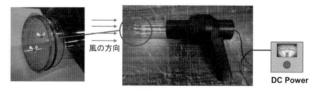

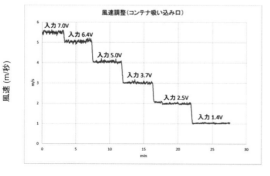

図 2-40　風に逆らって蚊が脱出
できる風速を測定する装置
　BioQuip 社の電動アスピレー
ターを改良して，直流安定化電源
で吸引する風速を変化させた（川
田ら，2022）。

ネット上に固定しておき，直流安定化電源の電圧を徐々に下げていって，風に逆らって脱出できた時の風速を測定した。結果は図 2-41 に示したとおり，ネッタイシマカの脱出風速（3.27 m／秒）がヒトスジシマカの脱出風速（4.14 m／秒）に比べ有意に低いことがわかった（川田ら，2022）。

　蚊の飛翔力に関して実験した報告は極めて少ない。Ahmad *et al.*(2000) は，ウインドトンネルと電子秤に細いワイヤーに繋いだネッタイシマカとネッタイイエカの飛翔速度と飛び立つ際の飛翔力を計測しているが，風に逆らって蚊が飛翔する速度は，ネッタイシマカがネッタイイエカに若干劣るが，飛び立つ時の飛翔力は逆にネッタイシマカが勝ることを報告している。Ahmad *et al.*(2000) の後者の実験は，静置状態の蚊が飛び立つ際の力を測定しており，筆者らの実験とは目的と方法が異なると思われる。筆者らの実験において興味深いのは，ネッタイシマカとヒトスジシマカの飛翔力に有意な違いがあることである。同じ身体の大きさの場合，羽ばたき回数が増加するほど飛翔速度は増加すると思われる（ブロドスキイ, 1997）。したがって，今回の実験結果も羽ばたき回数の違いで説明できそうである。蚊の羽ばたき回数は，マイクロフォン等による記録で解析可能であるが，アナログ的手法による記録は，デジタル解析でサンプリング周波数を変化させると異なる結果を示すことになる。ネッタイシマカ雌とヒトスジシマカ雌の羽ばたき回数は，1,000Hz のサンプリングではオーバーラップするが，サンプリング周波数を 5,000Hz にすると，頻度分布の山が綺麗に 2 つに分かれる（平均の羽ばたき回数は，1,000Hz

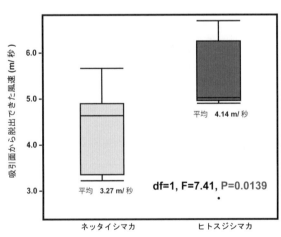

図 2-41　ネッタイシマカとヒトスジシマカが風に逆らって
飛翔可能な風速の比較（川田ら, 2022）

のサンプリングでそれぞれ461Hz，542Hz，5,000Hzでは458Hz，544Hzと大差ないが）（Brogdon, 1994）。赤外線センサーを使用した最近の研究（Kim *et al.*, 2021）では，ネッタイシマカ雌で498.08Hz，ヒトスジシマカ雌で536.16Hzという測定値が示されており，Brogdon（1994）とほぼ同じ結果となっている。Kim *et al.*(2021)によれば，ネッタイイエカ雌成虫の羽ばたき回数は平均456.23となっており，ネッタイシマカとほぼ同等である。また，ヒトスジシマカの羽ばたき回数は，他の多くの蚊種に比べても段違いに大きく，測定されたシマカ属 *Aedes* 中では最も大きいことがわかる（図2-42）。

　本節で明らかになった事実，および第2章－1で述べたヒトスジシマカとネッタイシマカの化学物質に対する反応の違いは，蚊のトラップの捕獲性能に関わる問題，すなわち，フィールドで個体数推定や種構成の推定に使用するトラップの性能によっては，結果に過ちが生じる可能性があると言うことを示唆している。Lühken *et al.*(2014)は，蚊の調査によく使われている4種の

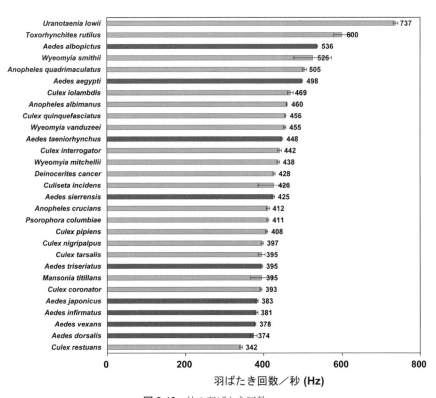

図 2-42　蚊の羽ばたき回数

濃い灰色のバーはシマカ属 *Aedes* を示す。Kim *et al.*（2021）より作図。

トラップ（BG-Sentinel Trap, Encephalitis Vector Survey (EVS) Trap, CDC Trap, Mosquito Magnet Trap）（図 2-43）について蚊の捕獲性能を比較し，捕獲された 4 属の蚊，ハマダラカ属 *Anopheles*，シマカ属 *Aedes*，イエカ属 *Culex*，ハボシカ属 *Culiseta* のいずれにおいても，全てのトラップ間に有意な捕獲性能の違いが見られたことを報告している。誘引源は，BG-Sentinel Trap が二酸化炭素と付属のアンモニア主体の誘引剤，EVS Trap が二酸化炭素（ランプ無し），CDC Trap が二酸化炭素とランプ（豆電球），Mosquito Magnet Trap が二酸化炭素とオクテノールである。捕集方法はいずれもファンによる吸引であるが，ファンの能力はそれぞれに異なり，BG-Sentinel Trap は地面近くの位置で上方向からの吸引，CDC Trap と EVS Trap は，地面から 1.5〜2 m の高さで上方向からの吸引，Mosquito Magnet Trap は地面近くの下方向からの吸引というように様々である。BG-Sentinel Trap はイエカ属，シマカ属，セスジヤブカ属に，CDC Trap はシマカ（特に *Aedes vexans*）に，Mosquito Magnet Trap はハマダラカ属

図 2-43 4 種の蚊捕獲器（Mosquito Trap）

A: Centers for Disease Control miniature light（CDC）トラップ，B: BG-Sentinel トラップ（Bio-Gents, Regensburg, Germany, http://www.biogents.com/），C: Encephalitis Vector Survey（EVS）トラップ（http://www.laboratoriumserangga.com/light-trap/all-weather-led-evs-traps/），D: モスキートマグネットトラップ（MosquitoMagnet, Lititz, Pennsylvania, USA; http://www.mosquitomagnet.com/）。EVS Trap の写真は，Kurucz *et al.*（2019）（https://doi.org/10.1111/jvec.12343）から転用，他の写真は筆者撮影。

とセスジヤブカ属に有効であったが，EVS Trap は他の 3 種のトラップに比べ劣った。ヒトスジシマカは Lühken *et al.*（2014）の報告（ドイツ）では採集できていないようである。このように，トラップの形状やファンによる捕集方法，誘引源の種類によって採集される蚊種が微妙に異なってくる。ファンによる吸引力に対する蚊の飛翔力も採集結果を左右する一因となると思われる。

〔引用文献〕（第 2 章 - 3）

Ahmad A, Rao VR, Krishna PR（2000）On speed and aerodynamic forces of mosquito. *Indian Journal of Experimental Biology*, 38: 766–771.

Bailey SF, Eliason DA, Hoffman BL（1965）Flight and dispersal of the mosquito *Culex tarsalis* Coquillett in the Sacramento Valley of California. *Hilgardia*, 37: 73–113.

Bässler U（1958）Versuche zur orientierung der stechmücken: die schwarmbildung und die bedeutung des Jonstonschen organs. *Zeitschrift für vergleichende Physiologie*, 41: 300–330.

Belton P（1986）Sounds of insects in flight. In: Danthanarayana W（ed）Insect Flight. Proceedings in Life Sciences. Springer, Berlin, Heidelberg, pp. 60–70.

Bomphrey RJ, Nakata T, Phillips N, Walker SM（2017）Smart wing rotation and trailing-edge vortices enable high frequency mosquito flight. *Nature*, 544: 92–95.

Brogdon WG（1994）Measurement of flight tone differences between female *Aedes aegypti* and *A. albopictus*（Diptera: Culicidae）. *Journal of Medical Entomology*, 31: 700–703.

ブロドスキイ AK（1997）昆虫飛翔のメカニズムと進化．小山重郎・小山晴子（訳），築地書店，pp. 199.

Buei K, Nakajima S, Ito S, Nakamura H, Yoshida M, Fujimoto S, Kunida N（1986）Ecological studies on the overwintering of mosquitoes, especially of *Culex tritaeniorhynchus* Giles in Osaka prefecture. 1. Notes on the dry ice- and emergence-trapping in spring at terraced rice field areas, 1967–1975. *Japanese Journal of Sanitary Zoology*, 37: 333–340.

Clements AN（1999）The biology of mosquitoes Vol. 2, 2nd ed. CAB International, New York.

Freeborn SB（1921）The seasonal history of *Anopheles occidentalis* D. & K. in California. *Journal of Economic Entomology*, 14: 415–421.

Haeger JS（1960）Behavior preceding migration in the salt-marsh mosquito, *Aedes taeniorhynchus*（Wiedemann）. *Mosquito News*, 20: 136–147.

Ito S, Buei K, Yoshida M, Nakamura H（1986）Ecological studies on the overwintering of mosquitoes, especially of *Culex tritaeniorhynchus* Giles in Osaka Prefecture. 2. Physiological age composition of overwintered females and population density of adults and larvae in autumn. *Japanese Journal of Sanitary Zoology*, 37: 341–347.

Johnson CG（1969）Migration and dispersal of insects by flight. Methuen, London.

川田　均・浦　治久・森本康愛（2022）蚊は風とともに去るのか？第 74 回日本衛生動物学会大会（京都）．衛生動物，73（Supplement）: 47.

Kim D, DeBriere TJ, Cherukumalli, S, White GS, Burkett-Cadena ND（2021）Infrared light sensors permit rapid recording of wingbeat frequency and bioacoustic species identification of mosquitoes. *Scientific Reports*, 11: 10042.

Klassen W, Hocking B（1964）The influence of a deep river valley system on the dispersal of *Aedes* mosquitos. *Bulletin of Entomological Researches*, 55: 289–304.

Kligler IJ（1932）The movements of *Anopheles* at various seasons of the year with special reference to infected mosquitoes. *Transactions of the Royal Society of Tropical Medicine and Hygiene*, 26: 73–88.

Kurucz N, Minney-Smith CA, Johansen CA（2019）Arbovirus Surveillance Using FTA™ Cards in Modified CO2-baited Encephalitis Virus Surveillance Traps in the Northern Territory, Australia.

Journal of Vector Ecology 44: 187-194.

Lühken R, Pfitzner W, Börstler J, Garms R, Huber K, Schork N, Steinke S, Kiel E, Becker N, Tannich E, Krüger A (2014) Field evaluation of four widely used mosquito traps in Central Europe. *Parasites & Vectors*, 7: 268.

Mashimo Y, Machida R (2017) Embryological evidence substantiates the subcoxal theory on the origin of pleuron in insects. *Scientific Reports*, 7: 12597.

Nabeshima T, Loan HTK, Inoue S, Sumiyoshi M, Haruta Y, Nga PT, Huoung VTQ, Parquet MC, Hasebe F, Morita K (2009) Evidence of frequent introductions of Japanese encephalitis virus from south-east Asia and continental east Asia to Japan. *Journal of General Virology*, 90: 827–832.

Nakamura H, Yoshida M, Ito S (1968) Seasonal change in the wing length of *Culex tritaeniorhynchus* Giles in relation to overwintering of Japanese encephalitis virus. *Japanese Journal of Ecology*, 18: 259–263.

Niwa N, Akimoto-Kato A, Niimi T, Tojo K, Machida R, Hayashi S (2010) Evolutionary origin of the insect wing via integration of two developmental modules. *Evolution & Development*, 12: 168–176.

Rosenstiel RG (1947) Dispersion and feeding habits of *Anopheles freeborni*. *Journal of Economic Entomology*, 40: 795–800.

澤邊京子 (2012) コガタアカイエカの長距離飛翔と越冬生理に関する最近の知見. 第63回日本衛生動物学会大会講演要旨. 衛生動物, 63 (Supplement): 34.

Service MW (1997) Mosquito (Diptera: Culicidae) Dispersal - The long and short of it. *Journal of Medical Entomology*, 34: 579–588.

Snow WE, Pickard E (1957) Correlation of vertical and horizontal flight activity of *Mansonia perturbans* with reference to marked changes in light intensity (Diptera, Culicidae). *Annals of Entomological Society of America*, 50: 306–311.

Southwood TRE (1962) Migration of terrestrial arthropods in relation to habitat. *Biological Review*, 37: 171–214.

Takaku Y, Suzuki H, Ohta I, Ishii D, Muranaka Y, Shimomura M, Hariyama T (2013) A thin polymer membrane, nano-suit, enhancing survival across the continuum between air and high vacuum. *Proceeding of the National Academy of Sciences of the United States of America*, 110: 7631–7635.

4.　蚊を飼い慣らす

　動物吸血性昆虫の実験室内での継代飼育には，動物の血液の定期的な供給が必須である。動物あるいはヒトの生体を使用する方法がこの目的のためには最も簡便であるが，動物の飼育設備が別途必要とされること，その維持にはクリアすべき経費的，環境衛生的問題があること，またヒトや動物を使用する上での倫理的な問題が常につきまとうことに留意しなければならない。さらには近年，英国に端を発する動物福祉（Animal welfare）に対する問題意識が日本国内においても急速に高まりつつあることが大きなハードルとなっている。我が国においては，平成 18 年 6 月に動物の愛護及び管理に関する法律（平成 17 年法律第 68 号）を一部改正する法律が施行され，動物を科学上の利用に供する場合の方法，事後措置等の条項に 3R（Refinement，苦痛軽減；Replacement，代替法利用；Reduction，使用数削減）が明文化された。英国を中心とする諸国では既に上記 3 原則に則った政策のもとに，動物を用いない吸血昆虫の人工吸血がごく普通の手段となっている。

　上記のような背景の中で，筆者らも，動物実験に対するグローバルな動向に対応すべく，人工吸血装置の導入を試みた。本節では，英国 Hemotek 社において市販されている人工吸血装置（Hemotek 5WIB 100）を動物の代わりに使用し，蚊を飼育するにあたって，容易に入手可能かつ蚊の発育に適した市販の実験用動物血液，および吸血用のメンブレンの選択に関して行った実験結果を紹介する。吸血実験には，実験用の蚊種として世界的に最も頻繁に使用されている蚊種としてネッタイシマカを選択した。Hemotek 社が販売している Hemotek Membrane Feeding System（Hemotek Ltd., Blackburn, UK; 以降 HMFS と表記）は，メンブレンをゴムリングで装着できる Meal reservoir（少量の血液を入れることができるアルミニウム製の容器）とこれを装着するヒーター部からなる Feeding Unit と，この Feeding Unit 5 個を同時に接続できる温度コントローラー部とで構成されている（Cosgrove et al., 1994）（図 2-44）。

　HMFS に付属のメンブレン（コラーゲンフィルム）を使用し，血液の選択実験を行った。血液は，実験用血液として当時購入可能であった動物血液 5 種類を実験に供した（表 2-2)。保存血は凝固を抑える為にクエン酸，ブドウ糖，食塩などを溶かした溶液（アルセバー氏液）が元の血液に対して 1：1 で配合された血液，脱繊維血は血液凝固因子のフィブリノーゲンを取り除いた血液，溶血は脱繊維血液を凍結融解し赤血球が破壊された血液である。HMFS

図 2-44　Hemotek Membrane Feeding System
A：血液サンプルとメンブレンを装着した Meal Reservoir 付き Feeding Unit
B：蚊の飼育ケージの上に置かれた 4 つの Feeding Unit と温度調節器

表 2-2　実験に使用した血液

血液	供給元（現在は販売していない）	価格(/ 100ml)	製造後の使用期限
馬保存血	（株）ニッポンバイオテスト研究所	2800 円	4 週間 (2-8 ℃)
牛保存血	（株）ニッポンバイオテスト研究所	9200 円	4 週間 (2-8 ℃)
鶏保存血	（株）ニッポンバイオテスト研究所	6500 円	2 週間 (2-8 ℃)
馬脱繊維血	（株）ニッポンバイオテスト研究所	3800 円	2 週間 (2-8 ℃)
馬溶血	（株）ニッポンバイオテスト研究所	6500 円	1 年 (20 ℃)

の Meal Reservoir に，5 種類の血液を約 3〜4mL 入れ，メンブレンを被せて付属のゴムリングでこれを固定した。これをヒーター部に装着し（図 2-44A），温度コントローラーによってヒーター部の温度を 37.5 ℃に設定した（図 2-44B）。上記の 5 種の血液を入れた Feeding Unit を未吸血雌成虫を放った 5 つのケージの天井部分に設置し，2 時間ケージのネットを介して吸血させた。吸血した成虫についてはその数を記録し，少量の蒸留水を入れて内側に濾紙を巻いた容積 20 mL のガラスバイアルに吸虫管で 1 頭ずつ放ち，ナイロンネットで蓋をして室内に置き産卵させた。産下された卵については，産卵数をカウントし，蒸留水の入った 50 mL のプラスチックカップに卵を移してその後の孵化および羽化を観察した。また，対照実験としてヒト（筆者）の腕を吸血させた雌蚊について，同様に産卵数，孵化数，羽化数の観察を行った。

　吸血雌数は，馬溶血を除いた 4 種の血液間に有意差は見られなかった（図 2-45）。吸血後に産卵した雌数は図 2-46 に示したとおり，鶏保存血と馬保存血が馬脱繊維血に比べて有意に高い値を示した。牛保存血は鶏保存血と馬保存血にはやや劣るものの，統計的には両者と差の無い結果となった。1 雌あた

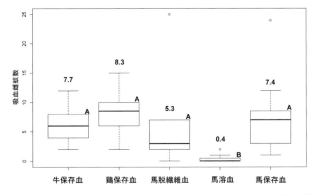

図2-45　Hemotek Membrane Feeding System によるネッタイシマカの吸血雌蚊数の Box Plot 図
　　数字は平均値，異なるアルファベット文字は有意差ありを示す（鶴川・川田，2014）。

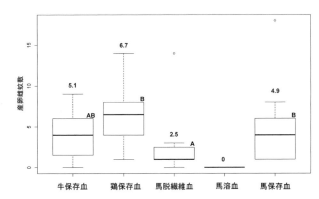

図2-46　Hemotek Membrane Feeding System によるネッタイシマカの産卵雌蚊数の Box Plot 図
　　数字は平均値，異なるアルファベット文字は有意差ありを示す（鶴川・川田，2014）。

り産卵数は，鶏保存血が最も多く，次いで馬脱繊維血，馬保存血，牛保存血の順に産卵数が多かったが，いずれも有意な差はなかった（図2-47）。平均孵化率については馬溶血以外の4種の血液間に有意な差は見られなかった（図2-48）。馬保存血，馬脱繊維血，牛保存血の3種については，孵化幼虫の羽化を観察したが，それぞれ70.3%, 87.3%, 74.4% の高い値を示した。対照実験としてヒトの腕を吸血させた雌蚊15頭の1雌あたり産卵数，平均孵化率，羽化率はそれぞれ92.9, 81.5%, 84.0% であった（鶴川・川田，2014）。

　次に，牛保存血を使用して，メンブレンの選択実験を行った。実験に供したメンブレンを表2-3に示した。4種のメンブレン中，豚腸ケーシングは唯一天然素材であるが，塩漬けにされているため，予め蒸留水で洗って塩抜き

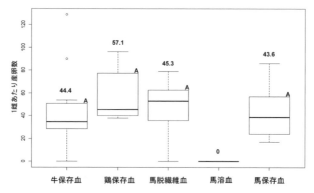

図 2-47　Hemotek Membrane Feeding System によるネッタイシマカの 1 雌あたりの産卵数の Box Plot 図
　　　数字は平均値，異なるアルファベット文字は有意差ありを示す（鶴川・川田，2014）。

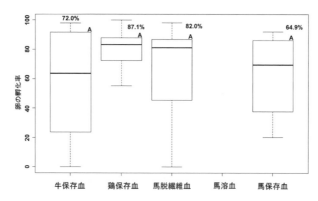

図 2-48　Hemotek Membrane Feeding System によるネッタイシマカの産卵後の孵化率の Box Plot 図
　　　数字は平均値，異なるアルファベット文字は有意差ありを示す（鶴川・川田，2014）。

したものを使用した。各メンブレンを Meal Reservoir の大きさに合うようにカットし，牛保存血を入れた Meal Reservoir にゴムリングで装着した。それぞれの Feeding Unit を，各々ネッタイシマカ未吸血雌成虫 50 頭を放った 5 つのケージの天井部分に設置し，2 時間供試虫にケージのネットを介して吸血させ，吸血雌数の記録，産卵数，孵化数の観察を行った。結果を図 2-49 に示したが，豚腸ケーシングが有意に他のメンブレンを上回る結果となった。同様に，産卵雌数も豚腸ケーシングが他を有意に上回った。HMFS 付属コラーゲンフィルム，パラフィルム，豚腸ケーシングの 3 種の 1 雌あたり産卵数に有意な差はなかったが，平均孵化率は，パラフィルムと豚腸ケーシングが HMFS 付属コラーゲンフィルムを有意に上回った（鶴川・川田，2014）。

表 2-3　実験に使用したメンブレン

メンブレン	供給元	用途	価格
豚腸（塩漬け）[1]	Garden Cook[2]	フランクフルトソーセージ用ケーシング	1180 円 (2 m x 3)
人工コラーゲンケーシング	Ma'am Co., Ltd.[3]	ソーセージ用ケーシング	970 円 (12 m)
パラフィルム®	As One Co., Ltd.[4]	実験用フィルム	-
人工コラーゲン膜	Hemotek Ltd.	HMFSの付属品	1800 円 (1 m x 0.4 m) x 5

[1] http://www.garden-cook.com/products/120002nc.html　　[2] http://www.garden-cook.com/index.html

[3] http://www.ma-am.jp/shop/　　[4] http://www.as-1.co.jp/

　今回の血液選択実験において吸血雌数，1 雌あたり産卵数，孵化率を総合的に評価すると，馬・牛・鶏の保存血，脱繊維血，溶血の 3 種の血液の中では馬の保存血が最も人工吸血に適していると考えられた。3 種の血液の精製法から考えると，保存血が最も生体から採取した血液に近い状態であり，生体から採取した血液に含まれる成分（ATP, ADP など）が脱繊維血や溶血に比べ多く残存していることが好成績の一因と思われる。ただし，保存血はアルセバー氏液によって 2 倍に希釈されているために，ヒト腕からの吸血に比べると 1 雌あたりの産卵数が半減したものと思われる。供試した 3 種の保存血中では，鶏保存血が最も総合的に成績が高く，牛保存血と馬保存血がこれに次ぐ結果

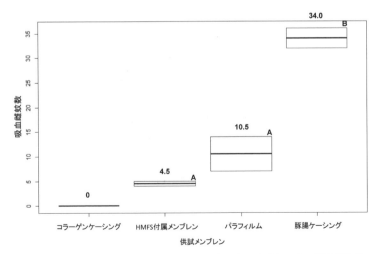

図 2-49　Hemotek Membrane Feeding System によるネッタイシマカの吸血雌蚊数の Box Plot 図
数字は平均値，異なるアルファベット文字は有意差ありを示す（鶴川・川田，2014）。

となった。メーカーの情報によると，保存血の冷蔵保存条件下での使用期限は，鶏保存血で製造後2週間，馬保存血および牛保存血で製造後4週間となっている（表2-2）。さらに鶏保存血は，他の保存血に比べると血液成分の凝固が早い傾向が見られ，2週間以内に使い切るような使用条件でない限り，実際の蚊の飼育や吸血実験においては牛保存血あるいは馬保存血の使用が適していると結論できる。

　過去の人工吸血実験に関する報告を見ると，ヒト血液（Kasap et al., 2003; Mishra et al., 2005; Nasirian and Ladonni, 2006; Phasomkusolsil et al., 2013），豚血液（Hagen and Grunewald, 1990; Cosgrove et al., 1994），牛血液（Kogan, 1990），ウサギ，ヒツジ，モルモットなどの血液（Novak et al., 1991; Tseng, 2003; Phasomkusolsil et al., 2013）を使用した例があるが，いずれも生体から採取した血液を使用している。生体から採取した血液が保存血や脱繊維血，溶血に比べて蚊の生育に適していることは当然であるが，入手方法や保存期間の問題，バイオハザードの危険性など，幾つかの問題点をクリアする必要があり，予算や設備の限られた研究機関では導入が困難であると思われ，今回成績の高かった保存血のように実験用に品質管理（採血動物の健康管理，無菌処理等）されている市販の血液の使用が推奨される。

　Phasomkusolsil et al.(2013) は，ハムスターからの直接吸血，メンブレンを使ったモルモット血液，ヒト血液，ヒツジ血液によるハマダラカ類とネッタイシマカの産卵への影響について調べているが，飽血雌の割合はいずれの血液もハムスターからの直接吸血に比べ差がないのに対し，ヒツジの血液は他の血液に比べて蚊の産卵に適しておらず，産卵数や孵化率が低下することを報告している。今回の実験においても，溶血を除いた他の血液間に吸血雌数の差は見られず，蚊は血液の栄養条件の優劣にかかわらず吸血を行うことが示唆された。溶血は血中の細胞成分が破壊された血液であり，おそらく蚊に対して吸血を促す味覚因子が他の血液に比べて低下しており，これが吸血雌数の低下に関係していると推察される。

　実験に用いたメンブレンは，天然素材（腸）あるいは人工素材（コラーゲン）で作られたソーセージ製造用のケーシング，実験用のパラフィルム，およびHMFSに付属しているコラーゲンメンブレンの4種である。メンブレンの選択実験では，ブタ腸由来の天然ケーシングがHMFSに付属の人工コラーゲンフィルムを大きく上回る成績を示した。過去の報告を見ると，最もよく人工吸血実験に使われているのはパラフィルムであり（Kogan, 1990; Kasap et

al., 2003; Tseng, 2003; Mishra *et al.*,2005; Nasirian *et al.*, 2006），次いでコラーゲ
ンフィルムやナイロンネットが使われている（Cosgrove *et al.*, 1994; Cosgrove
and Wood, 1995）。Novak *et al.*（1991）は，マウスの皮膚，ウズラの皮膚，ヒ
ツジの腸，ラテックス製コンドームの 4 種のメンブレンによる人工吸血実験
を行っているが，マウスとウズラの皮膚が良好な成績を示したことを報告し
ている。著者らの知る限りソーセージ用のケーシングを使用した吸血実験
は Phasomkusolsil *et al.*（2013）によって報告されているのみである。パラフィ
ルム等の人工物は入手の容易さから使われていると推察されるが，今回の実
験により天然由来のケーシングの有用性が明らかとなった。豚腸ケーシング
は価格も安く国内での入手も容易であるために，今後の人工吸血実験に有用
な材料となると思われる。最近，Siria *et al.*（2018）は，人工膜である PTFE
（polytetrafluoroethylene）が人工吸血に有用であることを報告した。このフィ
ルムは，水道のパイプの水漏れ防止に使用されている白いテープとして安価
で販売されており，筆者らの追試によっても良好な結果を示している。

　動物由来の成分を組み合わせて人工血液を作り，吸血嗜好性や飼育実験
を行った結果がいくつか報告されている（Kogan, 1990; Cosgrove and Wood,
1995）。人工血液の成分中，γ-グロブリンは卵の発育開始を促す因子，ヘモグ
ロビンは吸血のための視覚的刺激因子，アルブミンは卵発育に必要なタンパ
ク源，アデノシン三リン酸（ATP）は味覚刺激として添加されている。メンブ
レンを使用した人工吸血の究極の到達点は，このような人工血液を使用した
完全に動物フリーな飼育環境の確立であろう。当然蚊の種類によって血液嗜
好性や栄養要求は異なってくると思われ，個々の蚊種に応じた詳細な条件設
定が必要不可欠であるのは言うまでもない。

〔引用文献〕（第 2 章 - 4）

Cosgrove JB, Wood RJ（1995）Probing and gorging responses of three mosquito species to a membrane feeding system at a range of temperatures. *Journal of American Mosquito Control Association*, 11: 339–342.

Cosgrove JB, Wood RJ, Petrić D, Evans DT, Abbott RH（1994）A convenient mosquito membrane feeding system. *Journal of American Mosquito Control Association*, 10: 43–46.

Hagen HE, Grunewald J（1990）Routine blood-feeding of *Aedes aegypti* via a new membrane. *Journal of American Mosquito Control Association*, 6: 535–536.

Kasap H, Alptekin D, Kasap M, Güzel AI, Lüleyap U（2003）Artificial bloodfeeding of *Anopheles sacharovi* on a membrane apparatus. *Journal of American Mosquito Control Association*, 19: 367–370.

Kogan PH（1990）Substitute blood meal for investigating and maintaining *Aedes aegypti*（Diptera: Culicidae）. *Journal of Medical Entomology*, 27: 709–712.

Mishra K, Kumar Raj D, Hazra RK, Dash AP (2005) A simple, artificial-membrane feeding method for the radio-isotope labelling of *Aedes aegypti* polypeptides in vivo. *Annals of Tropical Medicine and Parasitology*, 99: 803–806.

Nasirian H, Ladonni H (2006) Artificial bloodfeeding of *Anopheles stephensi* on a membrane apparatus with human whole blood. *Journal of American Mosquito Control Association*, 22: 54–56.

Novak MG, Berry WJ, Rowley WA (1991) Comparison of four membranes for artificially bloodfeeding mosquitoes. *Journal of American Mosquito Control Association*, 7: 327–329.

Phasomkusolsil S, Tawong J, Monkanna N, Pantuwatana K, Damdangdee N, Khongtak W, Kertmanee Y, Evans BP, Schuster AL (2013) Maintenance of mosquito vectors: effects of blood source on feeding, survival, fecundity, and egg hatching rates. *Journal of Vector Ecology*, 38: 38–45.

Siria DJ, Batista EPA, Opiyo MA, Melo EF, Sumaye RD, Ngowo HS, Eiras AE, Okumu FO (2018) Evaluation of a simple polytetrafluoroethylene (PTFE)-based membrane for blood-feeding of malaria and dengue fever vectors in the laboratory. *Parasites & Vectors*, 11: 236.

Tseng M (2003) A simple parafilm M-based method for blood-feeding *Aedes aegypti* and *Aedes albopictus* (Diptera: Culicidae). *Journal of Medical Entomology*, 40: 588–589.

鶴川千秋・川田 均 (2014) 人工吸血装置による蚊の吸血実験. 衛生動物, 65: 151–155.

第3章

小の虫を殺して大の虫を助ける

（蚊と闘うための化学兵器 – 殺虫剤）

1. ピレスロイドは世界を救う

1-1 殺虫剤の開発とは

　害虫とは，太古の昔に人類が産まれたときから人類とともに進化してきた，ヒトの生活にとって有害であり，不利益をもたらす生き物のことである。衛生害虫や伝染病の媒介生物は，人類が共同生活を営むようになったことで出現し，農業害虫は人類が田畑を耕し，作物を栽培するようになったことで出現した。穀物害虫や木材害虫は，人類が衣食住を確保するようになったことで顕在化した。現在では，クモ，ムカデ，ヤスデ，アリなどの多くの生き物が，ヒトの生活様式の向上によって嫌われ，不快害虫として分類されるようになった。そして，ヒトの快適さを確保するため，あるいはより理想的な生活環境に改善するために，ヒトは殺虫剤を発明してきたのである。それでは，良い殺虫剤に求められる必要条件や特性は何であろうか？　まず，第一にできるだけ殺虫効果が高いものであることに異論はないだろう。その一方で，値段はできるだけ安い方が良い。つまり，開発・製造コストはできるだけ低い方が良い。殺虫効果の高い殺虫剤は，ヒトに対する毒性も高いかも知れないので，できるだけ低毒性であることが望ましい。また，環境負荷が小さいこと，すなわち環境残留性が低く，環境に対する悪影響が少ないことが望ましい。さらに，魚類，昆虫，藻類などの非標的生物への影響が少ないことも望まれる。新しい殺虫剤を開発する際には，上記のような特徴をすべて兼ね備えた優等生を選抜しなければならない（図3-1）。

　新しい殺虫剤の開発には何が必要なのだろうか？　現在，新しい殺虫剤が発明される確率は10万分の1，つまり優等生的な殺虫剤が1つ発明されるまでに，10万個の無駄な候補化学物質が合成されていることになる。この確率は年々低くなっている。有機塩素系や有機リン系殺虫剤が広く用いられていた70年以

図 3-1　殺虫剤の開発に必要な条件

上前は，新しい殺虫剤はその 100 倍もの確率で発明されていた。現在，新しい殺虫剤を 1 つ開発するのにかかる費用は数億円以上，開発期間は 10 年以上である。この 70 年間で開発費が指数関数的に増加したのは，主に毒性や環境学的なデータ要求が高まったからである。

　毎週，何千もの化学物質が合成され，生物学的スクリーニング（篩い分け）が行われている。殺虫剤のスクリーニングは，非常に基本的かつ不可欠なプロセスであるが，同時に非常に単調で退屈な作業でもある。候補となる化学物質が 1 〜 2 種類に絞られると，次のステップとして実使用場面での効力試験や小規模なフィールド試験，予備的な毒性試験，特許出願，製造コストの試算，製剤化検討などが行われる。このステップに 2 〜 3 年の歳月が費やされる。このステップで要求チェックリストの基準を一つでも満たさない化学品は合格できず捨て去られていく。第二ステップの基準をすべて満たした化学物質のみが次のステップに進むことができる。次は，いよいよ米国環境保護庁（USEPA）などの当局への登録に必要な毒性試験データや大規模なフィールドテストデータからなるデータパッケージの取得に取り掛かる。このステップには最低でも 3〜5 年の期間が必要になる。そして，最終的に全ての開発条件を満たした化合物は，データパッケージを関係当局に提出することになる。データパッケージ提出後，通常は登録や承認までに 1 年以上の審査期間が必要とされる。このように，新しい殺虫剤の開発には膨大な費用と労力がかかる。したがって，殺虫剤の効果を維持し継続的に使用するために，可能な限り効果的かつ慎重に殺虫剤を使用することが，開発者のみならず使用者の義務なのである。

　化学物質は，天然物であるか人工物であるかに関わらず，人間の生活にとって極めて重要な役割を果たしてきた。化学反応の産物である酸素や水，様々な栄養素の恩恵なしに人間の生活は成り立たない。多くの薬や食品，繊維，農薬などが人間生活の維持や進歩のために作られてきている。このような恩恵の一方で，化学物質は環境や生態系を乱すものとして問題視されてもきている。十分に吟味された環境毒性学や薬理学に根ざさない不適切な法制限や風評の流布が，しばしば謂われのない化学物質に対する非難に繋がっている。また，化学物質に関する正しい情報や知識の欠如は，しばしば天然物に対する無根拠な過信や人工の化学物質に対する嫌悪をもたらしている。したがって，正しい化学物質の使用による恩恵を受け続けるためには，化学物質の供給者だけでなく使用者の化学物質に対する生物合理的（biorational）で論理的

なアプローチと理解が必要不可欠となる。

国際団体 Crop Life International の殺虫剤抵抗性対策委員会（Insecticide Resistance Action Committee, IRAC）による殺虫剤の作用機構分類表（抜粋）を表3-1 に示した。作用機構は，大きく分けて，神経や筋肉に作用するもの，生長や発達に作用するもの，呼吸に作用するもの，中腸に作用するもの，そして作用機構が不明あるいは特定できないものに分類される。本著にしばしば登場する殺虫剤は，このうちの神経系に作用するカーバメイト剤，有機リン剤，有機塩素剤（DDT），ピレスロイド剤の 4 剤である。これらの殺虫剤は，1940年代以降現在に至るまでの長期間に亘って，人々の生活を守ってきた古典的な殺虫剤である。なかでもピレスロイド剤は，感染症媒介昆虫の防除や感染の原因となる吸血を阻止するうえで非常に重要な役割を負ってきた。本節では，このピレスロイドの果たしてきた役割，殺虫剤としての特性，そしてその未来について述べたいと思う。

表3-1 殺虫剤の作用機構による分類表（IRAC International 作用機構作業部会, 2022 から抜粋）

主要グループと一時作用部位		サブグループ		主な有効成分
1	アセチルコリンエステラーゼ（AChE）阻害剤 神経作用	1A	カーバメート系	NAC (カルバリル) BPMC (フェノブカルブ) PHC (プロポキスル)　など
		1B	有機リン系	ダイアジノン DDVP (ジクロルボス) MEP (フェニトロチオン) MPP (フェンチオン) マラソン(マラチオン) ピリミホスメチル プロペタムホス テメホス　など
2	GABA作動性塩化物イオン（塩素イオン）チャネルブロッカー 神経作用	2A	環状ジエン有機塩素系	クロルデン, ベンゾエピン(エンドスルファン)
		2B	フェニルピラゾール系 （フィプロール系）	フィプロニル　など
3	ナトリウムチャネルモジュレーター 神経作用	3A	ピレスロイド系, ピレトリン系	アレスリン メトフルトリン シフルトリン シハロトリン シペルメトリン シフェノトリン デルタメトリン エトフェンプロックス フェンプロパトリン ペルメトリン フェノトリン プラレトリン ピレトリン トランスフルトリン　など
		3B	DDT, メトキシクロル	DDT メトキシクロル
4	ニコチン性アセチルコリン受容体（nAChR）競合的モジュレーター 神経作用	4A	ネオニコチノイド系	アセタミプリド クロチアニジン ジノテフラン　など
		4B	ニコチン	硫酸ニコチン(ニコチン)
		4C	スルホキシミン系	スルホキサフロル
		4D	ブテノライド系	フルピラジフロン
		4E	メソイオン系	トリフルメゾピリム
		4F	ピリジリデン系	フルピリミン
5	ニコチン性アセチルコリン受容体（nAChR）アロステリックモジュレーター　－部位I－ 神経作用		スピノシン系	スピネトラム, スピノサド

表 3-1　（続き）殺虫剤の作用機構による分類表（IRAC International 作用機構作業部会, 2022 から抜粋）

	主要グループと一時作用部位		サブグループ	主な有効成分
6	グルタミン酸作動性塩化物イオン（塩素イオン）チャネル（GluCl）アロステリックモジュレーター 神経および筋肉作用		アベルメクチン系, ミルベマイシン系	アバメクチン エマメクチン ミルベメクチン など
7	幼若ホルモン類似剤 生育調節	7A	幼若ホルモン類縁体	メトプレン ヒドロプレン
		7B	フェノキシカルブ	フェノキシカルブ
		7C	ピリプロキシフェン	ピリプロキシフェン
8	その他の非特異的（マルチサイト）阻害剤	8A	ハロゲン化アルキル	臭化メチル（メチルブロマイド）, その他のハロゲン化アルキル類
		8B	クロルピクリン	クロルピクリン
		8C	フルオライド系	弗化アルミニウムナトリウム フッ化スルフリル
		8D	ホウ酸塩	ホウ酸 など
		8E	吐酒石	吐酒石
		8F	メチルイソチオシアネートジェネレーター	ダゾメット, カーバム
9	弦音器官 TRPV チャネルモジュレーター 神経作用	9B	ピリジン, アゾメチン誘導体	ピメトロジン, ピリフルキナゾン
		9D	ピロペン系	アフィドピロペン
10	CHS1に作用するダニ類成長阻害剤 生育阻害	10A	クロフェンテジン, ジフロビダジン, ヘキシチアゾクス	クロフェンテジン ジフロビダジン　など ヘキシチアゾクス
		10B	エトキサゾール	エトキサゾール
11	微生物由来昆虫中腸内膜破壊剤	11A	Bacillus thuringiensis と生産殺虫タンパク質	B.t. subsp. israelensis B.t. subsp. aizawai B.t. subsp. kurstaki B.t. subsp. tenebrionis
		11B	Bacillus sphaericus	Bacillus sphaericus
12	ミトコンドリア ATP 合成酵素阻害剤 エネルギー代謝	12A	ジアフェンチウロン	ジアフェンチウロン
		12B	有機スズ系殺ダニ剤	アゾシクロチン　など
		12C	プロパルギット	BPPS（プロパルギット）
		12D	テトラジホン	テトラジホン
13	プロトン勾配を撹乱する酸化的リン酸化脱共役剤 エネルギー代謝		ピロール, ジニトロフェノール, スルフルラミド	クロルフェナピル, スルフルラミド　など
14	ニコチン性アセチルコリン受容体（nAChR）チャネルブロッカー 神経作用		ネライストキシン類縁体	カルタップ塩酸塩, チオシクラム　など
15	CHS1 に作用するキチン生合成阻害剤 生育阻害		ベンゾイル尿素系	クロルフルアズロン ヘキサフルムロン ジフルベンズロン ルフェヌロン ノバルロン テフルベンズロン トリフルムロン　　など
16	キチン生合成阻害剤　タイプ1 生育阻害		ブプロフェジン	ブプロフェジン
17	脱皮阻害剤 ハエ目昆虫 生育阻害		シロマジン	シロマジン
18	脱皮ホルモン（エクダイソン）受容体アゴニスト 生育阻害		ジアシル-ヒドラジン系	テブフェノジド など
19	オクトパミン受容体アゴニスト 神経作用		アミトラズ	アミトラズ
20	ミトコンドリア電子伝達系複合体III阻害剤−Qoサイト エネルギー代謝	20A	ヒドラメチルノン	ヒドラメチルノン
		20B	アセキノシル	アセキノシル
		20C	フルアクリピリム	フルアクリピリム
		20D	ビフェナゼート	ビフェナゼート
21	ミトコンドリア電子伝達系複合体 I 阻害剤(METI) エネルギー代謝	21A	METI 剤	ピリダベン, テブフェンピラドなど
		21B	ロテノン	デリス(ロテノン)
22	電位依存性ナトリウムチャネルブロッカー 神経作用	22A	オキサジアジン	インドキサカルブ
		22B	セミカルバゾン	メタフルミゾン

表 3-1　(続き)殺虫剤の作用機構による分類表(IRAC International 作用機構作業部会，2022 から抜粋)

	主要グループと一時作用部位		サブグループ	主な有効成分
23	アセチル CoA カルボキシラーゼ阻害剤 脂質合成，生育調節		テトロン酸およびテトラミン酸誘導体	スピロジクロフェン, スピロメシフェンなど
24	ミトコンドリア電子伝達系複合体IV阻害剤 エネルギー代謝	24A ホスフィン系		リン化アルミニウム, リン化カルシウム, リン化水素, リン化亜鉛
		24B シアニド		青酸（シアン化カルシウム・シアン化ナトリウム）
25	ミトコンドリア電子伝達系複合体II阻害剤 エネルギー代謝	25A β-ケトニトリル誘導体		シエノピラフェン, シフルメトフェン
		25B カルボキサニリド系		ビフルブミド
28	リアノジン受容体モジュレーター 神経および筋肉作用		ジアミド系	クロラントラニリプロール, シアントラニリプロール, フルベンジアミド など
29	弦音器官モジュレーター 標的部位未特定 神経作用		フロニカミド	フロニカミド
30	GABA作動性塩化物イオンチャネルアロステリックモジュレーター 神経作用		メタジアミド系, イソオキサゾリン系	ブロフラニリド, フルキサメタミド, イソシクロセラム
31	バキュロウイルス		顆粒病ウイルス（GVs），核多角体病ウイルス（NPVs）	コドリンガGV, オオタバコガNPVなど
32	ニコチン性アセチルコリン受容体（nAChR）アロステリックモジュレーター　-部位II- 神経作用		GS-オメガ/カッパ HXTX- Hv1aペプチド	GS-オメガ/カッパHXTX-Hv1aペプチド
33	カルシウム活性化カリウムチャネル（KCa2）モジュレーター 神経作用		アシノナピル	アシノナピル
34	ミトコンドリア電子伝達系複合体III阻害剤 – Qiサイト エネルギー代謝		フロメトキン	フロメトキン
UN	作用機構が不明あるいは不明確な剤		アザジラクチン	アザジラクチン
			ベンゾキシメート	ベンゾメート(ベンゾキシメート)
			ブロモプロピレート	フェニソブロモレート(ブロモプロピレート)
			キノメチオナート	キノキサリン系(キノメチオナート)
			ジコホル	ケルセン(ジコホル)
			石灰硫黄合剤	石灰硫黄合剤
			マンゼブ	マンゼブ
			ピリダリル	ピリダリル
			硫黄	硫黄
UNB	作用機構が不明あるいは不明確な細菌(非Bt)			バークホルデリア属菌 ボルバキア・ピピエンティス(Zap)
UNE	作用機構が不明あるいは不明確な合成物質, 抽出物あるいは未精製油を含む植物性エキス			ニームオイルなど
UNF	作用機構が不明あるいは不明確な真菌			メタリジウム・アニソプリア株など
UNM	作用機構が不明あるいは不明確な非特異的な物理的撹乱剤			珪藻土, マシン油
UNP	作用機構が不明あるいは不明確なペプチド			
UNV	作用機構が不明あるいは不明確なウイルス(非バキュロウイルス)			

1-2 ピレスロイドの発見

　天然物由来の農薬の開発は，化学物質の環境に対する影響を天然物質のレベルまで必要最低限に抑える上で極めて biorational なアプローチと考えられる（勿論，天然物だからといって手放しでこれを信用することは危険であるが）。天然のシロバナクショケギク（ジョチュウギク）成分の発見とそれに続く合成ピレスロイドの数々の成功は，農薬開発の歴史の中でも最もエポックメイキングな出来事の一つであった。ジョチュウギクは，オーストラリア（タスマニア），東アフリカ（タンザニア，ルワンダ，ケニア），中国などで栽培

されている。日本では，大日本除虫菊(株)の創始者である上山英一郎が 1886
年にジョチュウギクの種を導入したことから歴史が始まる。上山は，瀬戸内
地方（和歌山県，広島県，香川県）や北海道などで除虫菊の栽培を奨励し，
第二次大戦前には日本から世界各国に輸出されるまでに発展した※。天然ジョ
チュウギク成分は現在でも天然由来の殺虫成分として多くの国で使用されて
いる。ジョチュウギク成分の 70% 近くを占める主成分であるピレトリン I と
ピレトリン II の化学構造が解明されたのは 1944 年のことである（LaForge and
Barthel, 1944）（図 3-2）。その後，ジョチュウギク成分の主な殺虫成分である
ピレトリンの構造を模したアレスリン（Schechter *et al.*, 1949）（図 3-3）が合成
され，現在に至る 80 年間に亘って合成ピレスロイドは殺虫剤の主流となって
いく（Matsuo, 2019）。

　アレスリンは，いまだに毒性や使用上の問題なしに蚊の吸血を抑止する殺
虫剤として使用され続けている。ピレスロイドによる蚊の刺咬被害の抑止は，
ピレスロイドの恒温動物に対する毒性の低さと蚊に対する高い忌避活性や致
死活性を biorational に利用した秀逸なアイデアである。合成ピレスロイドを
使用した最もポピュラーで歴史の長い製剤は蚊取り線香であり，蚊取りマッ
ト，リキッド製剤がこれに続く。アレスリン，ピレトリン，プラレトリンな
どのピレスロイドがこれらの蚊取り剤に使用されている（図 3-3）。近年，こ
れらのピレスロイドに比較して蒸気圧が高い新しいタイプのピレスロイドが
蚊取り剤分野に新時代をもたらした。メトフルトリンやトランスフルトリン
（図 3-3）はこの新しいタイプの代表的な化合物である。

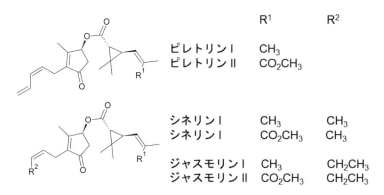

	R^1	R^2
ピレトリン I	CH_3	
ピレトリン II	CO_2CH_3	
シネリン I	CH_3	CH_3
シネリン I	CO_2CH_3	CH_3
ジャスモリン I	CH_3	CH_2CH_3
ジャスモリン II	CO_2CH_3	CH_2CH_3

図 3-2　ジョチュウギクの殺虫成分

※　https://www.kincho.co.jp/tama/kiku/kiku.html，参照日 2022 年 8 月 25 日

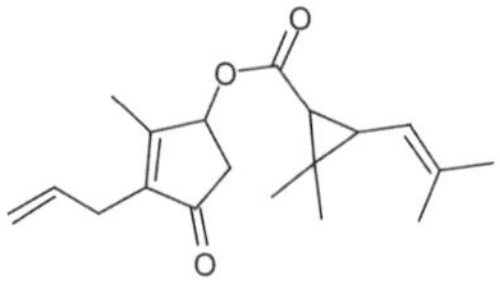

アレスリン

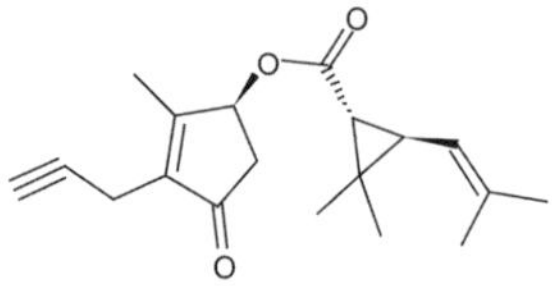

プラレトリン

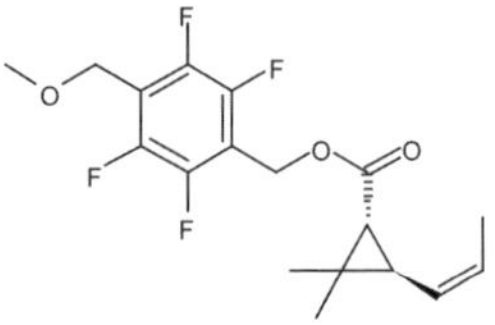

メトフルトリン

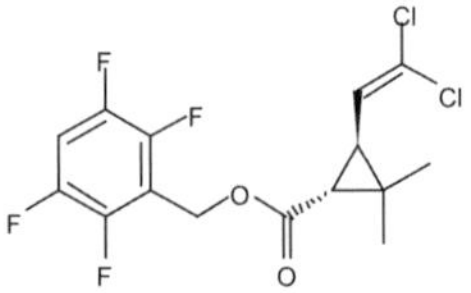

トランスフルトリン

図 3-3 空間忌避剤として使用されるピレスロイド

1-3 ピレスロイドの特性

　ピレスロイドは，哺乳類に対して高い安全性を有するとともに，昆虫に対しては高いノックダウン活性を示すことが知られている。ノックダウンとは，即効性のある麻痺作用で昆虫が飛翔不能あるいは歩行不能になった状態を言う。ピレスロイドは，神経の軸索膜に存在するナトリウムチャンネルに作用して，正常であれば神経パルスが発生してから不活性化して閉じるべきナトリウムチャンネルを阻害して，チャンネルを開いた状態に保持することによって効果を発現する（図 3-4）（松田・濱田，1993）。ピレスロイドには，致死活性に比べてノックダウン活性が高いものと，ノックダウン活性は高くないが致死活性の高いものとに大別される（図 3-5）。前者のピレスロイドはノックダウン剤（knockdown agent）呼ばれ，図 3-2, 3 に示したアレスリン，ピレトリン，プラレトリンやフタルスリン，イミプロトリンなどがこれに属する。後者のピレスロイドはキル剤（killing agent）と呼ばれ，図 3-6 に示したエトフェンプロクス，ペルメトリン，デルタメトリン，λ－サイハロスリン，シペルメト

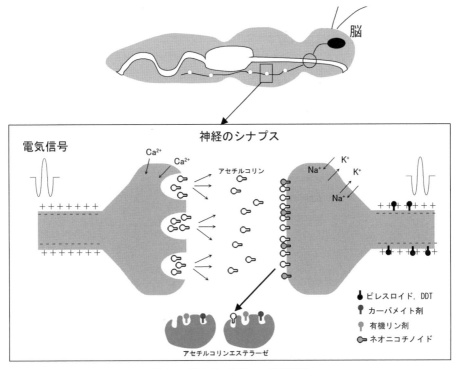

図 3-4　殺虫剤の神経への作用機作
ピレスロイドや DDT は神経軸索に存在する電位感受性ナトリウムチャンネルに作用して
チャンネルを開放状態にする。有機リン剤とカーバメイト剤は，神経伝達物質としてシナプ
ス後膜に結合したアセチルコリンを代謝するアセチルコリンエステラーゼに作用してこれを
不活性化する。ネオニコチノイドは，アセチルコリンと同様に作用し，シナプス後膜に存在
するアセチルコリンの受容体に結合して神経細胞の興奮状態の回復を抑止する。

リンなどの他，シフェノトリン，シフルトリンなどがこれに属する。キル剤
と呼ばれるピレスロイドの多くは，フェノキシベンジルアルコールまたはそ
の類縁アルコール部位を有する。

　ノックダウン剤に属する幾つかの「第1世代」のピレスロイドは，いわゆる「空
間忌避剤」として長年にわたって成功を収めてきた。「空間忌避」による防虫
効果は害虫の致死を目的としないために，害虫の個体群に対する選択圧が低
く，ピレスロイドに対する抵抗性発達の速度が抑えられると考えられる。メ
トフルトリンは上記のノックダウン剤のグループに属するが，従来のノック
ダウン剤には見られないユニークな特性を持っている（Ujihara *et al.*, 2004; 松
尾ら，2005）。その最も主たる特徴は，アレスリンの2倍以上，ペルメトリン
の100倍以上の高い蒸気圧で，この高い蒸気圧によりメトフルトリンは大き

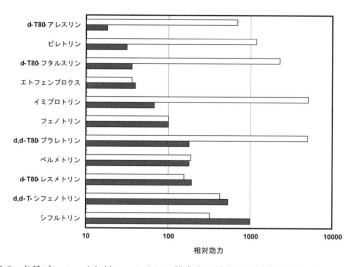

図 3-5 各種ピレスロイド剤のアカイエカ雌成虫に対する油剤噴霧による相対効力比
□：致死効果による相対効力比（フェノトリンの LD_{50} = 0.0075%），■：ノックダウン効力による相対効力比（KT_{50} = 5 分となるフェノトリンの濃度 = 0.33 %）（川田，1999）。

な加熱エネルギーなしに蒸散させることができる。もう一つの特徴は，アレスリンの 30〜80 倍にも達する高い殺虫効力である（Argueta *et al*., 2004）。メトフルトリンのこの 2 つの特徴は，低コストで長期間の効力を持続させることができ，しかも蒸散のための外部エネルギーを必要としない新しい蚊防除剤の開発を可能にした。吊り下げ式の常温揮散デバイスやファン式蚊取りという新しいデバイスである。

　一方，フェノキシベンジルアルコール分子の発明は，光分解に対して安定なピレスロイド群の発達を促進させ，農業用途をはじめとするピレスロイドの屋外使用を可能にした。これらの「第 2 世代」ピレスロイドは，農業用途のみならずマラリア媒介蚊防除用の残留散布（Indoor Residual Spray, IRS），超微量（Ultra Low Volume, ULV）散布や長期残効型殺虫剤含浸蚊帳（Long Lasting Insecticidal Net, LLIN）などのベクターコントロール用途に使用されている。しかしながら，殺虫効力とともに光安定性の高いピレスロイドは，同時に対象害虫の高いピレスロイド抵抗性発達の原因となっている。光安定性の高い「第 2 世代」のピレスロイドは，アルコール部分の α－シアノ基の有無によってタイプ I（α－シアノ基を含まない；ペルメトリン，エトフェンプロクスなど）とタイプ II（α－シアノ基を含む；デルタメトリン，λ－サイハロスリン，シペルメトリンなど）に分類される（図 3-6）。

「オリセットネット（Olyset Net）」は，タイプ I のピレスロイドに属するペルメトリンがプラスチック樹脂繊維に練り込まれたマラリア防除用の蚊帳である。オリセットネットは，タイプ II ピレスロイドであるデルタメトリンを有効成分として含有する「パーマネット（PermaNet）」と並んで最もポピュラーで有効な LLIN のひとつである。Siegert *et al.*（2009）は，オリセットネットが蚊のランディングを（忌避によって）阻害するために，結果的に致死効果が低いこと，一方パー

ペルメトリン

エトフェンプロクス

デルタメトリン

λ サイハロスリン

シペルメトリン

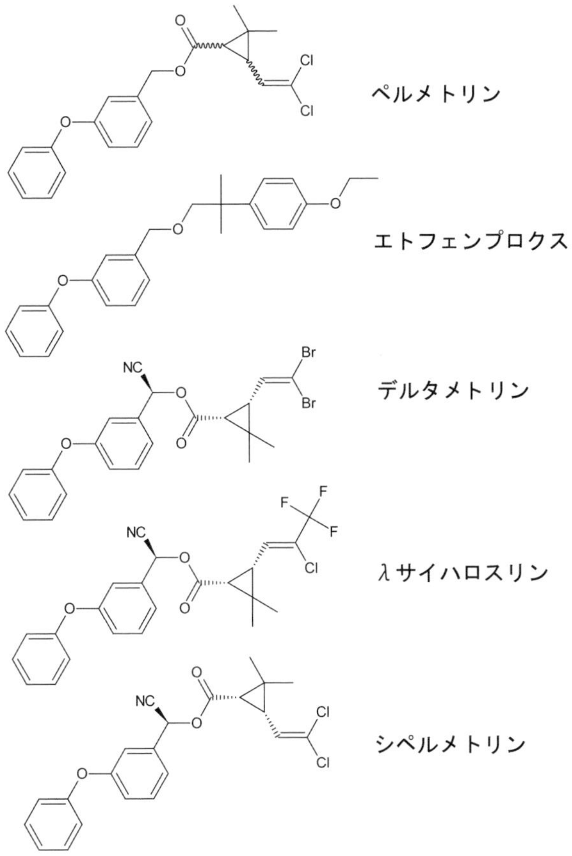

図 3-6　第 2 世代ピレスロイド

マネットは同条件において蚊のランディングを妨げないために高い致死効果を示すことを報告している。これは，致死効果と忌避効果の功罪を考える上で興味深い現象である。すなわち，高い致死効果と低い忌避性を有するピレスロイドは蚊の個体群を減少させるためには最も有効であるが，一方でこのような高い致死効果は高いピレスロイド抵抗性を急速に発達させる恐れがある。これに対して，ペルメトリンの蚊に対する忌避性は，ヒトと蚊の接触機会を低下させ，吸血の成功率を低下させる。さらに，タイプ II のピレスロイドに比べると相対的に致死力が低いことによって抵抗性の発達が遅れる可能性も考えられる。事実，オリセットネットとパーマネットは，実用場面においては同等の吸血阻止率を示すという結果が報告されている（Dabire *et al.*, 2006）。フェノキシベンジルアルコール分子を有さない第 1 世代やタイプ I に

属するピレスロイドの忌避性をポジティブに活用することは，蚊を殺さずとも吸血させなければ十分であるという考え方と，できるだけ抵抗性の発達を遅くするという目的を達成する上で biorational であり，これをうまく利用すれば，持続可能で効果的なベクターコントロールを実現させることが可能になるかも知れない。この可能性については，第 5 章で詳しく述べる。

1-4 ピレスロイドを継ぐもの

　殺虫剤処理蚊帳（ITN）は，1990 年代に集中的に研究され，多くのフィールドでの効果確認試験の結果，「ITN はマラリアによる子供の死者を 5 分の 1 に減らすことができる」と結論された（Lengeler, 2004）。ITN や長期残効型殺虫剤含浸蚊帳（LLIN）に使用される殺虫剤の 100% がピレスロイドであり，全世界でこの用途に使用されたピレスロイドは 2010 年（626 トン）から 2019 年（827 トン）へと漸増している（WHO, 2021）。2010 年以前までピレスロイド系殺虫剤は，アフリカやアジアでいまだに大量に使用されている DDT（有機塩素系殺虫剤）を除けば，屋内残留散布（Indoor Residual Spray, IRS）用途で感染症媒介昆虫対策（ベクターコントロール）に使用される殺虫剤の 4 割近くを占めるまでになっていた（Kawada, 2009）。ところが，2010 年付近を境に，この勢いに陰りが見え出している。IRS 用の有機塩素系殺虫剤（DDT）は，明らかに減少の一途を辿ってはいるが，今でもなお最も使用量が多い。有機塩素系殺虫剤の減少に伴って，カーバメイト系殺虫剤と有機リン系殺虫剤の使用量が増えている傾向があるが，いずれもある時期を境に減少している。一方，ピレスロイド剤は，2011 年の 255 トンをピークに漸減しており，2019 年には 67 トンにまで減少している。空間散布用の殺虫剤としては，有機リン剤が過去 10 年間の間に大幅に増加しているが，他の殺虫剤に増加傾向は見られず，特にピレスロイドは 2014 年の 135 トンをピークに減少傾向にある（WHO, 2021）（図 3-7）。ピレスロイドに見られるこの漸減傾向の原因のひとつは，有機リン系殺虫剤やカーバメイト系殺虫剤に比較してピレスロイド系殺虫剤は散布コストが高いことであると思われるが，主要因は後に述べる（第 4 章）感染症媒介昆虫の抵抗性発達なのではないかと想像している。LLIN へのピレスロイド使用量は漸増はしているが，先に述べた第 2 世代タイプ II のピレスロイドを使用する限り，IRS や空間散布剤と同様な抵抗性問題は避けられないし，現実に既に問題化している。これは，これから 10 年後の感染症対策を考えると極めて深刻な問題である。

　家庭用に使用されるピレスロイドは，抵抗性問題はさほど深刻ではなく，今後もしばらくは安泰であると思うが，公衆防疫用途やベクターコントロール用途のピレスロイドの黄金時代は既に去ってしまった感がある。唯一明るい話題は，図 3-7 に見られる新しい殺虫剤（ネオニコチノイド系殺虫剤）の出現である。イミダクロプリドは，日本バイエルアグロケム社が初めて開発に

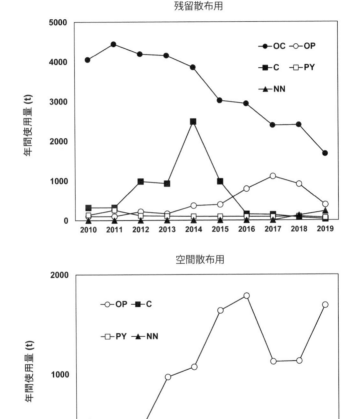

図 3-7　屋内残留散布（IRS）用および空間散布（Space Spray）用に使用された殺虫剤
有効成分量の年次変化

OC：有機塩素系殺虫剤（Organochloride），OP：有機リン系殺虫剤（Organophosphate），C：カーバメイト系殺虫剤（Carbamate），PY：ピレスロイド系殺虫剤（Pyrethroid），NN：ネオニコチノイド系殺虫剤（Neo-nicotinoid）（WHO, 2021）。

成功したネオニコチノイド系殺虫剤であり，従来の殺虫剤とは異なる新しい作用機作を持つ（図 3-4）（利部，1996）。その後，多くのネオニコチノイド系殺虫剤が開発された。クロチアニジンは住友化学(株)が開発したネオニコチノイドであるが（采女ら，2006），これが「スミシールド」という商標で IRS 用に開発された（大橋・庄野，2015; Agossa *et al.*, 2018; Oxborough *et al.*, 2019）。この剤が IRS の屋台骨を支える救世主となるか否かについては今後の経緯を注視しなければならないが，DDT やピレスロイドに代わる新しい IRS 用の武器として期待したい。

〔引用文献〕(第 3 章－1)

Agossa FR, Padonou GG, Koukpo CZ, Zola-Sahossi J, Azondekon R, Akuoko OK, Ahoga J, N'dombidje B, Akinro B, Fassinou AJYH, Sezonlin M, Akogbeto MC (2018) Efficacy of a novel mode of action of an indoor residual spraying product, SumiShield® 50WG against susceptible and resistant populations of *Anopheles gambiae* (s.l.) in Benin, West Africa. *Parasites & Vectors*, 11: 293.

Argueta TBO, Kawada H, Sugano M, Kubota S, Shono Y, Tsushima K, Takagi M (2004) Comparative insecticidal efficacy of a new pyrethroid, metofluthrin, against colonies of Asian *Culex quinquefasciatus* and *Culex pipiens pallens*. *Medical Entomology and Zoology*, 55: 289–294.

Dabire RK, Diabate A, Baldet T, Paré-Toé L, Guiguemde RT, Ouédraogo JB, Skovmand O (2006) Personal protection of long lasting insecticide-treated nets in areas of *Anopheles gambiae* s.s. resistance to pyrethroids. *Malaria Journal*, 5: 12.

IRAC International 作用機構作業部会 (2022) IRAC 作用機構分類体系. https://www.jcpa.or.jp/assets/file/labo/mechanism/2022/mechanism_irac02.pdf.

利部伸三 (1996) ネオニコチノイド系化合物の合成と殺虫活性に関する研究. 日本農薬学会誌, 21: 231–239.

川田　均 (1999) 殺虫・防虫剤の種類と特徴. 「環境管理技術体系　ねずみ・害虫の衛生管理」, フジ・テクノシステム pp. 222–237.

Kawada H (2009) An inconvenient truth of pyrethroid - Does it have a promising future? -. In: Clark J, Bloomquist JR, Kawada H [ed.] Advances in Human Vector Control (ACS Symposium Book 1014) American Chemical Society, New York. pp. 171–190.

LaForge RB, Barthel WF (1944) Constituents of pyrethrum flowers. XVI. Heterogeneous nature of pyrethrolone. *Journal of Organic Chemistry*, 9: 242–249.

Lengeler C (2004) Insecticide treated bed nets and curtains for preventing malaria (review). *Cochrane Database Systematic Reviews*, CD000363.

松尾憲忠・氏原一哉・庄野美徳・岩崎智則・菅野雅代・吉山寅仙・宇和川　賢 (2005) 新規ピレスロイド系殺虫剤メトフルトリン（SumiOne, エミネンス）の開発. 住友化学 2005-II, pp. 4–16.

松田一彦・濱田昌之 (1993) ピレスロイドの作用機構. 近畿大学農学部紀要, 26: 39–45.

Matsuo N (2019). Discovery and development of pyrethroid insecticides. *Proceedings of the Japan Academy, Series B*, 95: 378–400.

大橋和典・庄野美徳 (2015) 昆虫媒介性感染症対策への取り組みと研究開発　－マラリア、デング熱を中心として－. 住友化学 2015, pp. 4–14.

Oxborough R, Seyoum A, Yihdego Y, Dabiré R, Gnanguenon V, Wat'senga F, Agossa F, Yohannes G, Coleman S, Samdi L, Diop A, Faye O, Magesa S, Manjurano A, Okia M, Alyko E, Masendu H, Baber I, Sovi A, Dengela D (2019) Susceptibility testing of *Anopheles* malaria vectors with the neonicotinoid insecticide clothianidin; results from 16 African countries, in preparation for indoor residual spraying with new insecticide formulations. *Malaria Journal*, 18: 264.

Schechter MS, Green N, LaForge FB (1949) Constituents of pyrethrum flowers XIII. Cinerolone and the synthesis of related cyclopentenolones. *Journal of American Chemical Society*, 71: 3165–3173.

Siegert PY, Walker E, Miller JR (2009) Differential behavioral responses of *Anopheles gambiae* (Diptera: Culicidae) modulate mortality caused by pyrethroid-treated bednets. *Journal of Economic Entomology*, 102: 2061–2071.

Ujihara K, Mori T, Iwasaki T, Sugano M, Shono Y, Matsuo N (2004) Metofluthrin: A potent new synthetic pyrethroid with high vapor activity against mosquitoes. *Bioscience Biotechnology and Biochemistry*, 68: 170–174.

采女英樹・高延雅人・赤山敦夫・横田篤宣・水田浩司 (2006) 新規殺虫剤クロチアニジンの創製と開発. 住友化学 2006-II, pp. 20–33.

World Health Organization (2021) Global insecticide use for vector-borne disease control: A 10-year assessment (2010–2019). 6th ed. World Health Organization, Geneva.

2. 昆虫幼若ホルモン様物質ピリプロキシフェンの誕生

　昆虫体内のアラタ体より分泌される幼若ホルモン（Juvenile Hormone, JH）は，前胸腺より分泌される脱皮ホルモン（Ecdysone）と共に作用し，昆虫の変態を司る働きを持つ（図 3-8）。昆虫は幼虫から蛹，あるいは幼虫から成虫への劇的な変態が行われる終齢幼虫期に最も JH に対する感受性が強くなり，この時期に過剰の JH を与えると，蛹死，変態異常，過剰脱皮等の羽化阻害現象がみられる。この JH の作用を殺虫剤用途に開発するために，幼若ホルモン様物質（JHM）の合成研究や殺虫剤への応用研究が数多くなされてきた（Bowers *et al.*, 1965; 1966; Henrick *et al.*, 1973; 1976; Bowers and Nishida, 1980; Dorn *et al.*, 1981）。これらの研究によって見出された化合物の多くは，環境中での安定性の低さや，高い製造コスト，そして殺虫剤としての効力が不十分であったことなどの問題から実用までは至っていない。それらの中で実用に供された JHM としては，メトプレンやハイドロプレン（Henrick *et al.*, 1973, 1976），フェノキシカーブ（Dorn *et al.*, 1981）が代表的なものである。メトプレンはハエ，蚊等の双翅目昆虫やノミ類に高い効果を示し，「アルトシッド」（ハエ，カ剤）あるいは「プレコール」（ノミ剤）の商標のもとに上市されている（図 3-9）。これら 2 種の JHM がもっぱら衛生害虫防除の分野に適用されてきた最大の理由は，このような天然 JH の構造的模倣物（テルペン系化合物）の外界での安定性が低く，農業用の分野まで適用できなかったことである。フェノキシカーブは，蚊，ゴキブリ，貯穀害虫，アリなどの他，カイガラムシやキジラミにも有効で，農業用の分野にも JHM が適用された数少ない例である。

　一方，JHM と並んで昆虫成長制御剤（Insect Growth Regulator, IGR）の範疇に含まれる化合物群として，ジフルベンズロ

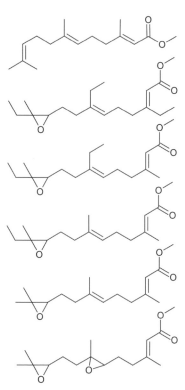

図 3-8　天然に存在する幼若ホルモン（Juvenile Hormone, JH）

ン（Wellinga *et al.*, 1973）などのベンゾイルフェニルウレア型化合物が代表的なキチン形成阻害剤（Chitin Synthesis Inhibitor, CSI）がある。CSIは昆虫の脱皮の際の新しいクチクラの合成を阻害し死に至らしめる作用を特徴としており，JHMとは全く異なった作用性を有する。その他に，作用機作には不明な点があるがハエ目の脱皮阻害剤としてシ

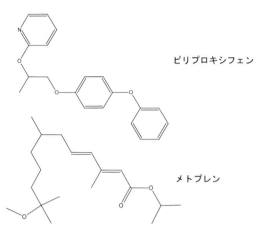

ピリプロキシフェン

メトプレン

図3-9　幼若ホルモン様物質，ピリプロキシフェンとメトプレン

ロマジン（Hart *et al.*, 1982），脱皮ホルモンのアゴニストとしてテブフェノジド（Smagghe and Degheele, 1994）を代表とするジアシル−ヒドラジン系の化合物が挙げられる。この様な新しい作用性を持った化合物は，従来の殺虫剤に対する昆虫の抵抗性の発達，農薬による環境破壊等の問題が深刻化する現代においてはWilliams（1967）の提唱した「第3世代」の殺虫剤として注目されており，現在も多くの研究者によって開発が行われている。

　以上の様な背景の中で，Ohsumi *et al.*（1985）はメトプレンとは著しく構造の異なるオキシムエーテル系化合物がJH活性を示すことを見出し，その後のスクリーニングの結果，Hatakoshi *et al.*（1987）は，4−フェノキシフェノキシ構造を有するピリジルエーテル化合物ピリプロキシフェン（4-phenoxyphenyl（*RS*)-2-(2-pyridyloxy)propyl ether）（図3-9）がイエバエ，アカイエカ幼虫に対し極めて高い羽化阻害活性を示すことを見出した。ピリプロキシフェンはメトプレン等のテルペン系化合物に比較して極めて活性が高く，外界での安定性に優れていることを大きな特徴としている（Kawada *et al.*, 1987）。また，本化合物はアブラムシ，カイガラムシ，オンシツコナジラミ等の農業害虫に対しても高い活性を示す（波多腰・中山，1987; 波多腰ら，1997）。

　従来の昆虫の神経系に作用する有機リン系，カーバメイト系，ピレスロイドのような殺虫剤は，害虫の発育ステージにかかわりなく殺虫活性を示すが，昆虫成長制御剤は害虫の各発育ステージに応じて種々の活性を発現することが特徴である。また，その効果は従来の殺虫剤に比べて遅効的である。したがっ

て，昆虫成長制御剤を害虫防除に応用するためには，最も効果が出やすい時期と処理方法を考慮する必要がある。ピリプロキシフェンは，まず国内の防疫分野で，蚊やハエ幼虫の防除剤として開発され，1989年に原体および0.5%粒剤の厚労省管轄の薬事法製造承認を得て，「スミラブ」粒剤として上市された。また，動物薬分野でも1990年に農水省管轄の登録を取得し，畜舎や鶏舎でのハエ防除薬としての使用が可能になった。米国では1995年にUSEPA登録を取得し，「Nylar」の商品名で，乳剤，噴霧剤として上市された。一方，農業分野においても，棉や野菜のコナジラミ，ミナミキイロアザミウマ，カンキツのカイガラムシ，ナシのキジラミ，果樹のハマキ，カイガラムシを対象に上市されている。

2-1 ピリプロキシフェンの作用特性

ピリプロキシフェンは幼若ホルモン活性を特長とするために，害虫の体内に本来の幼若ホルモンが存在する時は作用を示さない。昆虫は脱皮，変態を繰り返しながら卵から成虫へ発育していくが，極めて短い期間ながら体内から幼若ホルモンが消失する期間があり，鱗翅目昆虫の場合，卵の初期，終齢幼虫の中・後期，蛹の時期に幼若ホルモンは検出されなくなる。したがって，ピリプロキシフェンの作用する時期は害虫の発育ステージに依存する。ピリプロキシフェンの作用としては，(I) 卵に対する孵化阻害（殺卵作用），(II) 幼虫に対する変態阻害，(III) 蛹に対する羽化阻害，生殖阻害，(IV) 成虫に対する生殖阻害（雌の場合，産下卵数の減少，産下卵の孵化率の低下）等が認められている（図3-10）。ピリプロキシフェンはネッタイシマカ幼虫の成虫原基（Imaginal bud，幼虫に存在する成虫になる部分）の空胞化と発育阻害を引き起こし，ミトコンドリアの破壊や細胞質オルガネラの構造不良といった組織破壊ももたらす（Syafruddin *et al.*, 1990）。また，終齢幼虫期にピリプロキシフェン0.005 ppb（50%致死薬量< LC_{50} >の8分の1の濃度）に48時間浸漬した *Anopheles balabacensis* の成虫は，精子と卵の生産が大幅に低下し，吸血や交尾能力も減少した（Iwanaga and Kanda, 1988）。ネッタイシマカ幼虫を亜致死量のピリプロキシフェンに暴露すると，成虫の出現は48.7%減少し，生存虫が産んだ卵の孵化は通常より36.8%低く，また39.9%の卵が未受精であった（Loh and Yap, 1989）。

ピリプロキシフェンの感染症媒介蚊に対する殺幼虫効果については，多くの室内試験が行われている（表3-2）。ピリプロキシフェンの IC_{50}（50%羽化

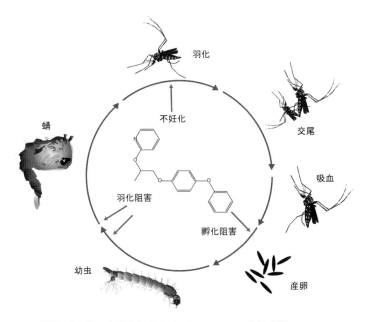

図 3-10 蚊の生活史とピリプロキシフェンの作用時期
従来の殺虫剤と異なり作用が発現する時期は限られている。

阻害濃度）は蚊種によって異なるが（0.00042 ppb から 0.11 ppb），ピリプロキ
シフェンと他の殺虫剤（有機塩素系，有機リン系，カーバメイト系）との交
差抵抗性は認められなかった（Schaefer *et al.*, 1988; Kawada *et al.*, 1993a）。ピリ
プロキシフェンは全般にハマダラカ属 *Anopheles* に対して高い活性を示すよう
である。

2-2 ピリプロキシフェンの蚊幼虫駆除剤としての実用効果

ピリプロキシフェンのフィールドにおける感染症媒介蚊幼虫に対する防除
効果について表 3-3 にまとめた。幼若ホルモン様物質（JHM）をフィールド
に処理した場合は，現場の蚊幼虫が最も影響を受けやすい段階である，終齢
後期あるいは蛹の初期にまで成熟する期間活性を保持しなければならない
（Kawada *et al.*, 1987）。したがって，JHM 自体の化学的安定性に加えて，微量
かつ十分な量の有効成分を水中に放出して残効性を高めるコントロール・リ
リース（徐放）製剤が必要になってくる（Kawada *et al.*, 1987, 2006）（図 3-11,
12）。ピリプロキシフェンの 0.5% 粒剤（0.5 G）は，候補となったいくつかの
製剤の中で最も安定した活性を示した（Mulla *et al.*, 1986; Kawada *et al.*, 1987）。

表3-2　蚊幼虫に対するピリプロキシフェンの羽化阻害効果

種	羽化阻害効果	出典
Aedes taeniorhynchus	LC_{50} = 0.010 ppb, LC_{95} = 0.052 ppb	Schaefer et al. (1988)
Ae. aegypti	IC_{50} = 0.0039 ppb	Henrick (1995)
Ae. aegypti	IC_{50} = 0.023 ppb	Hatakoshi et al. (1987)
Ae. aegypti	IC_{50} = 0.056 ppb	Itoh et al. (1994)
Ae. aegypti	IC_{50} = 0.011 ppb	Itoh et al. (1994)
Ae. albopictus	IC_{50} = 0.11 ppb	Ali et al. (1995)
Anopheles albimanus	IC_{50} = 0.016 ppb	Kawada et al. (1993a)
An. albimanus (有機リン剤抵抗性)	IC_{50} = 0.00042 ppb	Kawada et al. (1993a)
An. balabacensis	LC_{50} = 0.04 ppb, LC_{95} = 88.13 ppb	Iwanaga & Kanda (1988)
An. gambiae	IC_{50} = 0.025 ppb	Kawada et al. (1993a)
An. gambiae (ICIPE)	IC_{50} = 0.00050 ppb	Kawada et al. (Unpublished)
An. gambiae (ディルドリン抵抗性)	IC_{50} = 0.0098 ppb	Kawada et al. (1993a)
An. gambiae (DDT抵抗性)	IC_{50} = 0.0040 ppb	Kawada et al. (1993a)
An. gambiae (ピレスロイド抵抗性)	IC_{50} = 0.0098 - 0.037 ppb	Kawada et al. (Unpublished)
An. arabiensis (ICIPE)	IC_{50} = 0.0060 ppb	Kawada et al. (Unpublished)
An. arabiensis (ピレスロイド抵抗性)	IC_{50} = 0.027 ppb	Kawada et al. (Unpublished)
An. funestus s.s. (ピレスロイド抵抗性)	IC_{50} = 0.014 ppb	Kawada et al. (Unpublished)
An. farauti	IC_{50} = 0.0017 ppb	Kawada et al. (1993a)
An. stephensi	IC_{50} = 0.043 ppb	Hatakoshi et al. (1987)
An. stephensi (マラチオン抵抗性)	IC_{50} = 0.025 ppb	Kawada et al. (1993)
Culex pipiens pallens	IC_{50} = 0.0046 ppb	Hatakoshi et al. (1987)
C. pipiens pallens (有機リン剤抵抗性)	IC_{50} = 0.016 ppb	Kawada et al. (1987)
C. pipiens molestus (有機リン剤抵抗性)	IC_{50} = 0.029 ppb	川田ら (1994)
C. quinquefasciatus	LC_{50} = 0.04 ppb, LC_{90} = 0.4 ppb	Mulla et al. (1986)
C. quinquefasciatus	LC_{50} = 0.018 ppb, LC_{95} = 0.16 ppb	Schaefer et al. (1988)
C. quinquefasciatus (有機リン剤抵抗性)	LC_{50} = 0.022 ppb, LC_{95} = 0.42 ppb	Schaefer et al. (1988)
C. tarsalis	LC_{50} = 0.021 ppb, LC_{95} = 0.25 ppb	Schaefer et al. (1988)
C. tarsalis (有機リン剤抵抗性)	LC_{50} = 0.052 ppb, LC_{95} = 0.65 ppb	Schaefer et al. (1988)

Okazawa *et al.* (1991) は，ソロモン諸島の丘陵地域に生息する *Anopheles punctulatus* 幼虫の発生源（降雨と乾燥によって，出現と消失を繰り返す小さな水溜まり）に対し，ピリプロキシフェン粒剤を 0.1 ppm で処理したところ，発生源の乾燥状態が50日間継続した後にも活性を示したことを報告している。合成樹脂徐放性製剤に配合されたピリプロキシフェンは，水瓶の中の水を入れ替えてもネッタイシマカの幼虫に対して長期間活性を維持した（Ito, 1993; 大橋・庄野, 2015）。

　粒剤や合成樹脂製剤は，散布者が接近可能な比較的小規模な散布場面に向いており，特別な機器を必要としないで手軽に散布が可能である。また流水

表 3-3　フィールドにおけるピリプロキシフェンの蚊幼虫防除効果

蚊種	製剤	処理薬量 （有効成分量として）	羽化阻害効果 （残効性）	出典
Aedes melanimon	0.5% 粒剤	0.005 - 0.01 lb/acre	80 - 81% ／4日間	Mulla et al. (1986)
Ae. nigromaculis	0.5% 粒剤	0.0025 - 0.005 lb/acre	66 - 79% ／4日間	Mulla et al. (1986)
Ae. nigromaculis *Ae. melanimon*	10% 乳剤	0.0011 - 0.0056 kg/ha	73 - 100% ／48時間後	Schaefer et al. (1988)
Ae. aegypti	0.5% 粒剤	0.025 - 0.05 ppm	82 - 100%	Adames & Rovira (1993)
Anopheles minimus *An. maculatus*	0.5% 粒剤	24時間流水量に対して1ppm	4週間以上	Kerdpibule (1989)
An. farauti	1% 乳剤	0.1 ppm	3ヶ月以上	Suzuki et al. (1989)
An. punctulatus	0.5% 粒剤	0.01 - 0.1 ppm	0. 1ppmで5ヶ月以上, 0. 02-0. 05ppmで3ヶ月以上	Okazawa et al. (1991)
An. albimanus	0.5% 粒剤	0.025 - 0.05 ppm	82 - 100%	Adames & Rovira (1993)
An. subpictus *An. nigerrimus*	10% 乳剤	0.1 ppm	71日間以上	Hemingway et al. (1988)
Culex tarsalis	0.5% 粒剤	0.005 - 0.025 lb/acre	85 - 100%／7日間	Mulla et al. (1986)
C. pipiens pallens	0.5% 粒剤	0.05 - 0.1 ppm	5–6週間以上	Kamimura & Arakawa (1991)
C. pipiens pallens	0.5% 錠剤	0.03 - 0.1 ppm	100% ／10日間	Ishii et al. (1990)
C. pipiens molestus	0.5% 水溶性粒剤	0.01 ppm	1ヶ月以上	Kawada et al. (1994)
C. tritaeniorhynchus	0.5% 粒剤	0.01 ppm	3週間以上	Kamimura & Arakawa (1991)
C. tritaeniorhynchus	0.5% 粒剤	-	> 90%	Thongrungiat & Kanda (1991)
C. peus	0.5% 粒剤	0.025 - 0.05 lb/acre	63 - 66%／2日間	Mulla & Darwazeh (1988)
Culex spp.	0.5% 粒剤	0.1 kg/ha	28−66日	Mulligan & Schaefer (1990)
C. quinquefasciatus	10% 乳剤	0.1 ppm	雨期には4週間、乾期には11週間	Chavasse et al. (1995)
C. quinquefasciatus	0.5% 粒剤	0.025 - 0.05 ppm	82 - 100%	Adames & Rovira (1993)

中においては一括処理することにより，有効成分を水中に徐放させて下流に
まで効果を及ぼすことが可能であり，都市河川に発生するユスリカ幼虫の防
除に広く使用されている。しかしながら，粒剤は散布者の手の届かない発生
源，広大な湿地帯や沼地などにおける散布には向いていない。このような場
所には動力噴霧器の使用できる乳剤や水溶性粒剤が適している（Hemingway
et al., 1988; Suzuki *et al.*, 1989; 川田ら，1994; Chavasse *et al.*, 1995）。水深，植生，
流速やその他の生息環境パラメータも昆虫成長制御剤（IGR）の現場での有
効性に影響を及ぼす。水深が深い場所では，ピリプロキシフェン粒剤を散布
しても，水面近くの幼虫には影響が少なくなる。これは，粒剤からの有効成
分の徐放効果に加えて，ピリプロキシフェンが底質の土壌等に吸着されやす
いからである（Kawada *et al.*, 1987）。汚染された水では，きれいな水の数倍か
ら20倍以上のピリプロキシフェン投与量を必要とする（Mulla, 1995）。一方，
Mulligan and Schaefer（1990）は，汚染された発生源でもピリプロキシフェンの
長期の残効が見られたと報告している。Schaefer *et al.*（1991）は，有機物上で
のピリプロキシフェンの半減期を7.5日と報告しているが，有機物の存在とピ
リプロキシフェンの残効性には関係があるのかも知れない。Ohashi（2017）は，

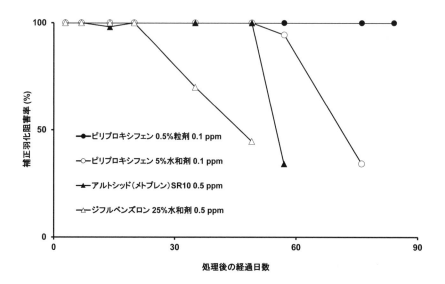

図 3-11　アカイエカ幼虫に対する各種 IGR 製剤の羽化阻害効果の推移（防火用水における実地試験）（Kawada *et al.*, 1987）。

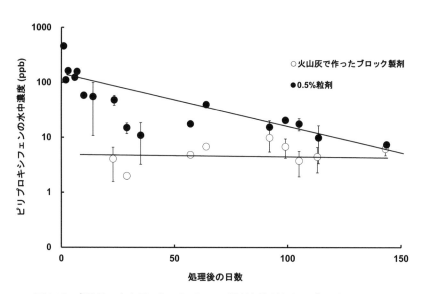

図 3-12　多孔性の火山灰で作ったブロック製剤と粒剤からのピリプロキシフェンの水中溶出度の推移

ブロック製剤はゼロ次放出（一定時間に放出される薬量が一定）を可能にしている（Kawada *et al.*, 2006）。

水中でのピリプロキシフェンの高い残効性は，① 落ち葉などの有機物にピリプロキシフェンが吸着し，② その後有機物から徐々に水中に放出され，あるいは ③ 幼虫がピリプロキシフェンの吸着した有機物を摂取することで発現されると結論している。

2-3 ピリプロキシフェンの新たな可能性

（1）Autodissemination（自己伝播）によるネッタイシマカ防除

　幼若ホルモン様物質の特性の一つである殺虫活性の欠如による遅効性は，これを殺虫剤として使用する上での問題点の一つではあるが，この特性を利用した新しい試みがある。この試みの発端となったのは，東南アジアや中米などで問題となっているネッタイシマカを媒介蚊とするデング熱対策である。ネッタイシマカは親人類性があって，ヒトが居住する家やその周辺に生息している。特に，水道が発達していない地域では，飲用水やその他の目的のために，井戸や川から汲んできた水を瓶などに汲み置いているが，家屋の周辺のこのような水瓶がネッタイシマカの重要な発生源となっている。発生源は水瓶ばかりではなく，貯水タンクや便所，その他家屋の周辺にある雨水の溜まる小容器など，数え出すとキリがなく，殺虫剤散布も難しいのである。発生源にはネッタイシマカの雌成虫が産卵に来るわけであるが，この雌成虫にピリプロキシフェンを付着させ産卵場所まで運ばせて，そこに発生する幼虫の羽化を阻害してしまおうというのが Autodissemination による防除法の考え方である（図 3-13）。

　そこで，まずは実験室での小スケールでの実験を行って，ピリプロキシフェンを雌蚊に付着させる工夫を行った（Kawada *et al.*, 1993b; Itoh *et al.*, 1994）。ネッタイシマカばかりではなく，これを幼虫期に捕食する天敵であるオオカ（*Toxorhynchites*）の雌成虫が産卵時にピリプロキシフェンを発生源に伝播できないかというアイデアも浮かんだが，これはオオカの幼虫のピリプロキシフェン感受性がネッタイシマカのそれよりも大幅に低いという結果を出しただけで，それ以降は頓挫している（Kawada *et al.*, 1993b）。タイのバンコクの家屋において，ピリプロキシフェンをナタネ油に溶かした油剤を PET フィルムの表面に処理した産卵トラップ（Ovi-Trap）を室内に設置し，有意な羽化阻害を得ることに成功した（Itoh, 1995）。

　Autodissemination という言葉が文献に使われ出したのは 1978 年以降と思われる。訳すると「自己伝播」とでも言えば良いであろうか？　元々は，病原

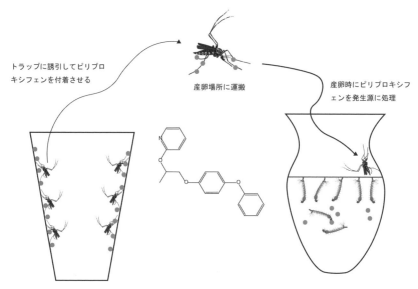

図 3-13 ピリプロキシフェンによる Autodissemination の概念図

菌や *Bacillus thuringiensis*（BT）を鱗翅目昆虫などの農業害虫に運ばせて，これを殺そうという考え方である。この言葉が蚊の防除に使われ出したのは，恐らく Scholte *et al.*（2004）の論文が最初ではないだろうか？　この論文では，*Metarhizium* という昆虫寄生菌をガンビエハマダラカ *Anopheles gambiae* の雄成虫に付着させて，これと交尾した雌成虫を殺そうとする試みがなされている。Autodissemination という言葉は使われていないが，Itoh *et al.*（1994）の実験を初めて実験室で追試したのは Sihuincha *et al.*（2005）である。著者らは，吸血後のネッタイシマカ雌成虫を 0.003 g / ㎡ で処理したピリプロキシフェンに接触させ，産卵場所での幼虫の羽化を 80% 程度抑え，さらに産卵された卵の孵化率も 70〜90% 低下することを報告している。著者らのグループは，さらにペルーの Iquitos におけるフィールドテストで，42〜98% の羽化阻害効果を得た（Devine *et al.*, 2009）。

　Google Scholar で検索すると，2008 年まではゼロであったピリプロキシフェンの Autodissemination に関する論文が，Devine *et al.*（2009）の報告を皮切りに急増しており，現在では 300 報以上ヒットする。これは感染症媒介蚊防除手法の一大ブームと言えるだろう。ほとんどの論文がネッタイシマカを対象としているが，ヒトスジシマカやハマダラカに用途を拡大している例も見られる。ピリプロキシフェンによる Autodissemination がこれほど注目されている

のは，ピリプロキシフェンが ① 殺虫作用を持たないこと，② 成虫の産卵には影響を与えないこと，③ ごく低薬量で羽化阻害効果を発揮すること，そして ④ ターゲットとなるネッタイシマカやヒトスジシマカの発生源が水量の小さな場所であることである。製品も幾つか販売され出したようであるが，今後この新しい手法がデング熱コントロールの主力となるかどうかについての見極めには，デング熱患者の減少やデング熱抗体価の減少に基づいたフィールド試験が必要となってくるであろう。

(2) ピリプロキシフェン含浸蚊帳によるハマダラカの不妊化の試み

　ピリプロキシフェンをマラリア対策用の蚊帳に含浸させて，接触したハマダラカを不妊化させる試みについて幾つかの報告がある（Aiku *et al.* 2006; Ohashi *et al.*, 2012; 大橋・庄野, 2015）。Ohashi *et al.*（2012）は，ガンビエハマダラカ *Anopheles gambiae* の雌成虫を吸血の前後にピリプロキシフェン処理したネット（3.5 mg / ㎡）に暴露したところ，100% の不妊化が得られることを，またピリプロキシフェンへの曝露により，成虫の寿命が用量依存的に低下することを報告している。同様に Harris *et al.*（2013）は，ピリプロキシフェン（3 mg / ㎡）曝露の 1 日前に吸血した *Anopheles arabiensis* は不妊化されるが，他の処理（吸血の 3 日前，1 日後，3 日後に暴露）では大きな影響がないことを報告している。ピリプロキシフェンを用いた蚊の不妊化技術は，ピレスロイド抵抗性のマラリア媒介蚊の防除に有効な手段の一つとなるかも知れない。そこで筆者らは，ケニア西部のマラリア浸淫地域において，2 種類のピリプロキシフェン含浸蚊帳（1% ピリプロキシフェン含浸蚊帳，および 1% ピリプロキシフェン＋ 2% ペルメトリン含浸蚊帳）を用いてピレスロイド抵抗性の *Anopheles gambiae* s.s. 野生個体群への影響について検討を行った（Kawada *et al.*, 2014a）。フィールドとして選定したケニア西部 Nyanza 州 Suba 地区は，ケニアにおけるマラリアの高感染地域のひとつとされている。第 4 章で詳しく述べるが，この地域の主なマラリア媒介蚊は，*Anopheles gambiae* s.s., *Anopheles arabiensis*, *Anopheles funestus* s.s. であるが，これらの 3 種はいずれもピレスロイドに対する抵抗性を発達させている（Kawada *et al.*, 2011）。試験場所として選定した Ragwe 村では *Anopheles gambiae* s.s. が優勢であり（Futami *et al.*, 2014），*kdr* 変異（L1014S）を 94.8% 有する抵抗性集団であった。

　ハマダラカの密度が比較的高い 15 軒の家屋を選択し，介入前に使用していたベッドネットを取りはずして，新しいオリセットネット（Olyset），1% ピ

リプロキシフェン＋2％ペルメトリン含浸蚊帳（オリセット・デュオ，Duo），1％ピリプロキシフェン含浸蚊帳（PPF）の3種のネットをそれぞれ5軒の家屋に設置した。蚊の採集は，朝（7:00〜9:00）に各家屋を訪れて，家屋内の壁等で休息しているハマダラカ雌成虫を電動吸虫管（C-cell aspirator, BioQuip Products, CA, USA）で吸引することにより行った。吸血していた雌蚊を個々に少量の水（1〜2 mL）と湿らせたろ紙を 20 mL 入れたガラス瓶に放ち，産卵または死亡が起こるまで毎日観察を行った。Ohashi et al.（2012）は，ピリプロキシフェンに曝露された Anopheles gambiae s.s. 雌成虫の平均寿命が 5.6 日以下であったと報告している。一方，吸血した蚊の多くは，通常吸血後4日以内に産卵し，産卵後に死亡することもある。そこで，本試験では野外で採血した雌が 3 日以内に死亡した場合をピリプロキシフェンの影響による死亡と判断した。

　Olyset，Duo，PPF 処理それぞれの家屋で採取した Anopheles gambiae s.s. 雌成虫の数に有意差は認められなかった。Olyset および Duo を処理した家屋では，有意差はないものの吸血雌蚊数の減少が認められたが，PPF 処理家屋では有意な増加が認められた（$P < 0.0001$）。PPF 処理家屋において，吸血蚊の総数に対する 3 日以内に死亡した吸血蚊の総数の差は有意（$P = 0.00041$）だったが，Olyset および Duo 処理家屋では有意ではなかった。また，吸血蚊の総数と未吸血蚊の総数は，蚊帳の介入前後で Duo（$P = 0.0057$）および PPF（$P < 0.0001$）で有意差が認められたが，Olyset 処理家屋では有意差が認められなかった。

　介入前と介入後の家屋における採集雌蚊の産卵数の差は有意であり（$P = 0.0008$），Duo（$P = 0.0083$）および PPF（$P < 0.0001$）処理家屋介入前に比べて介入後の有意な産卵数減少が認められた（図 3-14）。産卵された卵の孵化率には，いずれの介入でも有意な差はなかった（図 3-14）。産卵数と孵化率から計算された次世代の幼虫数は，Olyset 処理家屋では介入前と介入後の有意な差は見られなかったが，Duo（$P = 0.0195$）および PPF（$P < 0.0001$）処理家屋では，有意な減少が見られた（図 3-14）。

　調査地域の Anopheles gambiae s.s. 個体群は，この地域の他のマラリア媒介蚊である Anopheles arabiensis や Anopheles funestus s.s. と比較して，ピレスロイドに対する忌避性が低いことが報告されており（Kawada et al., 2014b），この個体群は殺虫剤含浸蚊帳（LLIN）の使用とは無関係に，主に夜中に吸血活性が高くなる（Kawada et al., 2014c）。したがって，本調査では蚊の蚊帳への接触頻度や総接触時間は測定していないが，ほぼすべての吸血雌が吸血前後に

蚊帳に接触していたと仮定できる。PPF を使用した家屋では，採集された蚊の数が増加し，また，PPF 蚊帳の内部に多くの吸血蚊が休んでいるのが観察されたが，Olyset と Duo の内部からは吸血蚊は採集されなかった。このことから，Olyset と Duo に含浸されているペルメトリンは少なからず蚊の蚊帳への侵入を減少させる役割を担っていることがわかる。本調査では，居住者の就寝時間に制限は加えていないために，深夜に蚊帳の外に出たり，不完全な蚊帳の張り方で就寝した場合に，ペルメトリン処理をしていない PPF 蚊帳内に蚊が侵入するチャンスがあったものと思われる。

　Duo および PPF 処理家屋では，介入後吸血した雌の死亡率が増加し，産卵率の低下が見られたが，この現象はピリプロキシフェンが吸血蚊に対して負の影響を与えることを実証している。さらに，Duo および PPF 処理家屋では，

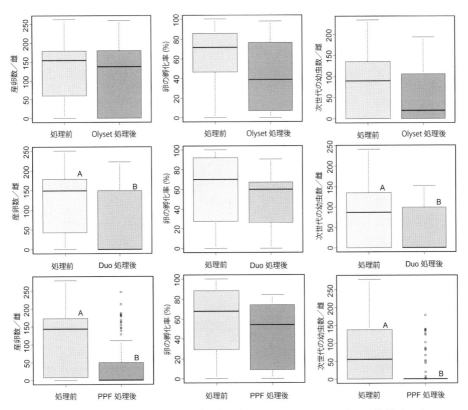

図 3-14　オリセット蚊帳（Olysett），ピリプロキシフェン＋ペルメトリン蚊帳（Duo），ピリプロキシフェン蚊帳処理家屋におけるガンビエハマダラカ *Anopheles gambiae* s.s. 雌成虫に対する産卵抑制効果と次世代に対する抑制効果（ケニア西部でのフィールド試験）（Kawada *et al.*, 2014a）

介入後吸血した雌蚊の産卵率が減少していた。Kawada *et al.*（1992）は，イエバエの雌に不妊を引き起こすピリプロキシフェンの最小投与量が，雌あたり 5 µg であると報告している。本調査に使用した Duo や PPF の表面に短時間接触した蚊が拾い上げるピリプロキシフェンの量は不明であるが，ピリプロキシフェンに暴露されて繁殖力が低下したネッタイシマカからは 1 雌当たり 0.05 ～0.49 µg のピリプロキシフェンが検出されており（Itoh *et al.*, 1994），おそらくはこのような範囲内である可能性があると考えられる。

　マラリア媒介蚊のピレスロイド抵抗性問題は深刻であり，LLIN の有効成分として ピリプロキシフェンを選択する場合，ピレスロイド系殺虫剤との交差抵抗性がないことが重要になってくる。ピリプロキシフェンは，DDT，ディルドリン，有機リン剤，カーバメイト剤などに抵抗性を有するハマダラカの幼虫剤として有効であることが報告されており，またこれらの殺虫剤に対する交差抵抗性がないことが示唆されている（Kawada *et al.*, 1993a）。しかし，ピレスロイド抵抗性とピリプロキシフェンの有効性に関する研究は，現在のところほとんど報告されていない。Kasai *et al.*（2007）は，日本のアカイエカ群において，ジフルベンズロン，ピリプロキシフェンなどの昆虫成長制御剤（Insect Growth Regulator, IGR）とエトフェンプロクスの交差抵抗性の存在を示唆している。蚊のピリプロキシフェンに対する抵抗性についての報告は少ないが，ピレスロイドの酸化代謝に関わる代謝因子 P450 がピリプロキシフェンの代謝にも関係していることから（Yunta *et al.*, 2016），交差抵抗性に関する何らかの因果関係はあるようである。今後の研究が待たれる。

　本調査では，ペルメトリンとピリプロキシフェンを併用した場合の影響も明らかになった。ピリプロキシフェンのみを蚊帳に使用した場合（PPF），蚊帳に接触した蚊が数日後に死亡するとしても，一方でマラリア原虫を持った蚊に刺されるリスクは増加する可能性がある。既に述べたように，ペルメトリンには蚊を忌避させる作用があり，蚊が蚊帳の表面に接触する機会を減らしている可能性がある。したがって，ペルメトリンとピリプロキシフェンの併用には矛盾が存在する。本調査では，ペルメトリンとピリプロキシフェンが併用された Duo が，産卵する雌の数と産卵数を減らし，結果的に次世代の減少をもたらす効果があることが実証された。忌避剤としてのペルメトリンと接触で効果を発現するピリプロキシフェンの組み合わせが今回のように有効であったのは，対象とした *Anopheles gambiae* s.s. のペルメトリンに対する忌避性が低下していることが一因かも知れない。Duo の有効性は Ngufor *et al.*（2014）によっても確かめられているが，90％以上の *kdr* 因子（おそらく L1014F）を有する *Anopheles gambiae* s.s. の不妊効果は高かったが，同じくピレスロイド抵抗性のネッタイイエカ（抵抗性因子は言及されていないが，ピレスロイド，カーバメイト，有機リン剤に抵抗性となっている）に対しては不妊効果を示さなかったという。このように，ピレスロイドを併用することによる蚊の忌避とピリプロキシフェンの有効性の関係，蚊種の違いによる抵抗性因子とピリプロキシフェンの有効性の関係については今後深く追求する必要があると思われる。*Anopheles arabiensis* や *Anopheles funestus* s.s. など，他のピレスロイド抵抗性蚊の個体群に関するさらなる研究が望まれる。

2-4 まとめ

　本節において，筆者はピリプロキシフェンの感染症媒介蚊に対する作用性，殺虫剤としての基本的な性能を評価し，さらにはその製剤化にともなう問題点，そして実用場面における問題点について明らかにした。また，殺虫剤抵抗性の因子として注目されている神経の低感受性因子（*kdr* 遺伝子）を有する蚊に対してピリプロキシフェンが有効に作用するという事実は本剤がピレスロイド抵抗性の対策剤となる可能性を示唆している。将来の殺虫剤あるいは農薬には，高い効力はもちろんのこと，それ以外の特性として，できるだけ低コストで開発が行えること，環境や標的外生物に影響が低いこと，抵抗性の発達スピードが遅いこと，といった課題がますます強く要求されるようになるであろう。Williams（1967）は JHM を上記の特性を兼ね具えた理想の殺虫剤となることを予言したが，Vinson and Plapp（1974）によってこれを否定する実験結果が公表されて以来，この予言が間違っていたことを多くの人々が認識するに至った。「第 3 世代」の殺虫剤としての JHM の地位はこうして現在揺らぎつつあるのは否定できないが，それでもなお JHM のもつ低毒性，環境に対する影響の低さ，第 2 世代の殺虫剤（ピレスロイド，カーバメイト，有機リン剤など）とは異なった作用性等の特性は高く評価すべきである。したがって，この理想の殺虫剤をいかに効果的に，しかもそれ自身の寿命を縮めないように害虫の防除プログラムに組み込むかが残された課題であろう。例えば，抵抗性の発達を最小限にとどめるような処理方法や製剤の開発，有効な協力剤の探索，他の作用性をもつ殺虫剤との混用やローテーション使用等に関する研究が今後益々必要とされるであろう。

〔引用文献〕（第 3 章 - 2）

Adames E, Rovira J (1993) Evaluation of the juvenile growth regulator pyriproxyfen (S-31183) against three species of mosquitoes in Panama. *Journal of American Mosquito Control Association*, 9: 452–453.

Aiku AO, Yates A, Rowland M (2006) Laboratory evaluation of pyriproxyfen treated bednets on mosquito fertility and fecundity. A preliminary study. *West African Journal of Medicine*, 25: 22–6.

Ali A, Nayar JK, Xue R-D (1995) Comparative toxicity of selected larvicides and insect growth regulators to a Florida laboratory population of *Aedes albopictus*. *Journal of American Mosquito Control Association*, 11: 72–76.

Bowers WS, Nishida R (1980) Potent juvenile hormone mimics from sweet basil. *Science*, 209: 1030–1032.

Bowers WS, Thompson MJ, Uebel EC (1965) Juvenile and gonadotropic activity of 10, 11 epoxy farnesoic acid methyl ester. *Life Science*, 4: 2323–2331.

Bowers WS, Fales HM, Thompson MJ, Uebel EC (1966) Juvenile hormone: Identification of an active compound from Balsam fir. *Science*, 154: 1020–1021.

Chavasse DC, Lines JD, Ichimori K, Majara AR, Minjas JN, Marijani J (1995) Mosquito control in Dar Es Salaam. II. Impact of expanded polystyrene beads and pyriproxyfen treatment of breeding sites on *Culex quinquefasciatus* densities. *Medical and Veterinary Entomology*, 9: 147–154.

Devine DJ, Pereab EZ, Killeen GF, Stancile JD, Clark SJ, Morrison AC (2009) Using adult mosquitoes to transfer insecticides to *Aedes aegypti* larval habitats. *Proceedings of the National Academy of Sciences*, 106: 11530–11534.

Dorn S, Frischkeeht MS, Martinez V, Zurfluch R, Fischer R (1981) A novel non-neurotoxic insecticide with a broad activity spectrum. *Zeitschrift für Pflanzenkrankheiten und Pflanzenschutz*, 88: 269–275.

Futami K, Dida GO, Sonye G, Lutiali PA, Mwania MS, Wagalla S, Lumumba J, Kongere JO, Njenga SM, Minakawa N (2014) Impacts of insecticide treated bed nets on *Anopheles gambiae* s.l. populations in Mbita district and Suba district, Western Kenya. *Parasites & Vectors*, 7: 63.

Harris C, Lwetoijera DW, Dongus S, Matowo NS, Lorenz LM, Devine GJ, Majambere S (2013) Sterilizing effects of pyriproxyfen on *Anopheles arabiensis* and its potential use in malaria control. *Parasites & Vectors*, 6: 144.

Hart RJ, Cavey WA, Ryan KJ, Strong MB, Moore B, Thomas PL, Boray JC, von Orelli M (1982) CGA-72662 - A new sheep blowfly insecticide. *Australian Veterinary Journal*, 59: 104–109.

Hatakoshi M, Nakayama I, Riddiford LM (1987) Penetration and stability of juvenile hormone analogues in *Manduca sexta* L. (Lepidoptera: Sphingidae). *Applied Entomology and Zoology*, 22: 641–644.

波多腰信・中山　勇 (1987) 幼若ホルモン活性物質－最近の研究－. 植物防疫, 41: 339–347.

波多腰信・岸田　博・川田　均・大内　晴・磯部直彦・萩野　哲 (1997) 昆虫成長制御剤ピリプロキシフェンの開発. 住友化学 1997-1, pp. 4–20.

Hemingway J, Bonning BC, Jayawardena KGI, Weerasinghe IS, Herath PRJ, Oouchi H (1988) Possible selective advantage of *Anopheles* spp. (Diptera: Culicidae) with the oxidase- and acetylcholinesterase-based insecticide resistance genes after exposure to organophosphates or an insect growth regulator in Sri Lankan rice fields. *Bulletin of Entomological Researches*, 78: 471–478.

Henrick, CA, Staal GB, Sidaal JB (1973) Alkyl-3,7,11-trimethyl-2,4-dodecadienoates, a new class of potent insect growth regulators with juvenile hormone activity. *Journal of Agricultural and Food Chemistry*, 21: 354–359.

Henrick CA, Willy WE, Staal GB (1976) Insect juvenile hormone activity of alkyl (2E,4E)-3, 7,11-trimethyl-2,4-dodecadienoates. Variations in the ester function and the carbon chain. *Journal of Agricultural and Food Chemistry*, 24: 207–218.

Itoh T (1993) Control of DF/DHF vector, *Aedes* mosquito, with insecticides. *Tropical Medicine*, 35: 259–267.

Itoh T (1995) Utilization of blood fed females of *Aedes aegypti* as a vehicle for the transfer of the insect growth regulator, pyriproxyfen, to larval habitats. *Tropical Medicine*, 36: 243–248.

Itoh T, Kawada H, Abe Y, Eshita Y, Rongsriyam Y, Igarashi A (1994) Utilization of blood-fed females of *Aedes aegypti* as a vehicle for the transfer of the insect growth regulator pyriproxyfen to larval habitats. *Journal of American Mosquito Control Association*,10: 344–347.

Iwanaga K, Kanda T (1988) The effects of a juvenile hormone active oxime ether compound on the metamorphosis and reproduction of an Anopheline vector, *Anopheles balabacensis*. *Applied Entomology and Zoology*, 23: 186–193.

Kamimura K, Arakawa R (1991) Field evaluation of an insect growth regulator, pyriproxyfen, against *Culex pipiens pallens* and *Culex tritaeniorhynchus*. *Japanese Journal of Sanitary* Zoology, 42: 249–254.

Kasai S, Shono T, Komagata O, Tsuda Y, Kobayashi M, Motoki M, Kashima I, Tanikawa T, Yoshida M, Tanaka I, Shinjo G, Hashimoto T, Ishikawa T, Takahashi T, Higa Y, Tomita T (2007) Insecticide resistance in potential vector mosquitoes for West Nile virus in Japan. *Journal of Medical Entomology*, 44: 822–829.

Kawada H, Dohara K, Shinjo G (1987) Laboratory and field evaluation of an insect growth regulator, 4-phenoxyphenyl (*RS*)-2-(2-pyridyloxy) propyl ether as a mosquito larvicide. *Japanese Journal of Sanitary Zoology*, 39: 339–346.

Kawada H, Senbo S, Abe Y (1992) Effects of pyriproxyfen on the reproduction of the housefly, *Musca domestica*, and the German cockroach, *Blattella germanica*. *Japanese Journal of Sanitary Zoology*, 43:169–175.

Kawada H, Shono Y, Itoh T, Abe Y (1993a) Laboratory evaluation of and insect growth regulators against several species of Anopheline mosquitoes. *Japanese Journal of Sanitary Zoology*, 44: 349–353.

Kawada H, Itoh T, Abe Y, Horio M (1993b) Can mosquito be a carrier of larvicides? In: Proceedings of the 1st International Congress on Insect Pests in the Urban Environment, Cambridge, UK, pp. 497.

川田　均・小浜卓司・安部八洲男 (1994) 昆虫成長制御剤ピリプロキシフェン水溶性粒剤のチカイエカおよびアカイエカに対する防除効果. 日本環境動物昆虫学会誌, 6: 68–77.

Kawada H, Saita S, Shimabukuro K, Hirano M, Koga M, Iwashita T, Takagi M (2006) Effectiveness in controlling mosquitoes with EcoBio-Block® S - a novel integrated water purifying concrete block formulation combined with the insect growth regulator pyriproxyfen. *Journal of American Mosquito Control Association*, 22: 451–456.

Kawada H, Dida GO, Ohashi K, Komagata O, Kasai S, Tomita T, Sonye G, Maekawa Y, Mwatele C, Njenga SM, Mwandawiro C, Minakawa N, Takagi M (2011) Multimodal pyrethroid resistance in malaria vectors, *Anopheles gambiae* s.s., *Anopheles arabiensis*, and *Anopheles funestus* s.s. in western Kenya. *PLoS One*, 6: e22574.

Kawada H, Dida GO, Ohashi K, Kawashima E, Sonye G, Njenga SM, Mwandawiro C, Minakawa N (2014a) A small-scale field trial of pyriproxyfen-impregnated bed nets against pyrethroid-resistant *Anopheles gambiae* s.s. in western Kenya. *PLoS One*, 9: e111195.

Kawada H, Ohashi K, Dida GO, Sonye G, Njenga SM, Mwandawiro C, Minakawa N (2014b) Insecticidal and repellent activities of pyrethroids to the three major pyrethroid-resistant malaria vectors in western Kenya. *Parasites & Vectors*, 7: 208.

Kawada H, Ohashi K, Dida GO, Sonye G, Njenga SM, Mwandawiro C, Minakawa N (2014c) Preventive effect of permethrin-impregnated long-lasting insecticidal nets on the blood feeding of three major pyrethroid-resistant malaria vectors in western Kenya. *Parasites & Vectors*, 7: 383.

Kerdpibule V (1989) A field test of 2-[1-methyl-2-(4-phenoxyphenoxy)ethoxy] pyridine against principal vectors of malaria in a foot-hill area in Thailand. *Japan American Journal of Tropical Medicine and Hygiene*, 17: 175–183.

Loh PY, Yap HH (1989) Laboratory studies on the efficacy and sublethal effects of an insect growth regulator, pyriproxyfen (S-31183) against *Aedes aegypti*. *Tropical Biomedicine*, 6: 7–12.

Mulla MS (1995) The future of insect growth regulators in vector control. *Journal of American Mosquito Control Association*, 11: 269–273.

Mulla MS, Darwazeh HA (1988) Efficacy of new insect growth regulators against mosquito larvae in dairy waste water lagoons. *Journal of American Mosquito Control Association*, 4: 322–325.

Mulla MS, Darwazeh HM, Kennedy B, Dawson DM (1986) Evaluation of new insect growth regulators against mosquitoes with notes on nontarget organisms. *Journal of American Mosquito Control Association*, 2: 314–320.

Mulligan III FS, Schaefer CH (1990) Efficacy of a juvenile hormone mimic, pyriproxyfen (S-31183), for mosquito control in dairy wastewater lagoons. *Journal of American Mosquito Control Association*, 6: 89–92.

Ngufor C, N'Guessan R, Fagbohoun J, Odjo A, Malone D, Akogbeto M, Rowland M (2014) Olyset Duo® (a pyriproxyfen and permethrin mixture net): An experimental hut trial against pyrethroid resistant *Anopheles gambiae* and *Culex quinquefasciatus* in Southern Benin. *PLoS One*, 9: e93603.

大橋和典・庄野美徳 (2015) 昆虫媒介性感染症対策への取り組みと研究開発 ―マラリア，デ ング熱を中心として―. 住友化学 2015, pp. 4–14.

Ohashi K (2017) Control of mosquito larvae in catch basins using pyriproxyfen and the mechanism underlying residual efficacy. *Medical Entomology and Zoology*, 68: 127–135.

Ohashi K, Nakada K, Ishiwatari T, Miyaguchi J, Shono Y, Lucas JR, Mito N (2012) Efficacy of pyriproxyfen-treated nets in sterilizing and shortening the longevity of *Anopheles gambiae* (Diptera: Culicidae). *Journal of Medical Entomology*, 49: 1052–1058.

Ohsumi T, Hatakoshi M, Kishida H, Matsuo N, Nakayama I, Itaya N (1985) Oxime ethers: New potent insect growth regulators. *Agricultural and Biological Chemistry*, 49: 3197–3202.

Okazawa T, Bakote'e B, Suzuki H, Kawada H, Kere N (1991) Field evaluation of an insect growth regulator, pyriproxyfen, against *Anopheles punctulatus* on north Guadalcanal, Solomon islands. *Journal of American Mosquito Control Association*, 7: 604–607.

Schaefer CH, Miura T, Dupras Jr EF, Mulligan III, FS, Wilder WH (1988) Efficacy, nontarget effects, and chemical persistence of S-31183, a promising mosquito (Diptera: Culicidae) control agent. *Journal of Economic Entomology*, 81: 1648–1655.

Schaefer CH, Dupras Jr EF, Mulligan III FS (1991) Studies on the environmental persistence of S-31183 (pyriproxyfen): Adsorption onto organic matter and potential for leaching through soil. *Ecotoxicology and Environmental Safety*, 21: 207–214.

Scholte E-J, Knols BG, Takken W (2004) Autodissemination of the entomopathogenic fungus *Metarhizium anisopliae* amongst adults of the malaria vector *Anopheles gambiae* s.s. *Malaria Journal*, 3: 45.

Sihuincha MS, Zamora-Perea E, Orellana-Rios W, Stancil JD, Pez-Sifuentes VL, Vidal-Ore C, Devine GJ (2005) Potential use of pyriproxyfen for control of *Aedes aegypti* (Diptera: Culicidae) in Iquitos, Perú. *Journal of Medical Entomology*, 42: 620–630.

Smagghe G, Degheele D (1994) Action of a novel nonsteroidal ecdysteroid mimic, tebufenozide (RH-5992), on insects of different orders. *Pesticide Science*, 42: 85–92.

Suzuki H, Okazawa T, Kere N, Kawada H (1989) Field evaluation of a new insect growth regulator, pyriproxyfen, against *Anopheles farauti*, the main vector of malaria in the Solomon Islands. *Japanese Journal of Sanitary Zoology*, 40: 253–257.

Syafruddin, Arakawa R, Kamimura K, Kawamoto F (1990) Histopathological effects of an insect growth regulator, 4-phenoxyphenyl (*RS*)-2-(2-pyridyloxy)propyl ether (pyriproxyfen), on the larvae of *Aedes aegypti*. *Japanese Journal of Sanitary Zoology*, 41: 15–22.

Thongrungiat S, Kanda T (1991) Efficacy of pyriproxyfen for the control of *Culex tritaeniorhynchus* at an open rice field in Bang Len, Nakhon Pathom province, Thailand. *Tropical Biomedicine*, 8: 113–116.

Vinson SB, Plapp FW (1974) Third generation pesticides. Potential for the development of resistance by insects. *Journal of Agricultural and Food Chemistry*, 22: 356–360.

Wellinga K, Mulder R, van Daalen JJ (1973) Synthesis and laboratory evaluation of 1-(2,6-disubstituted benzoyl)-3-phenylureas, a new class of insecticides. II. Influence of the acyl moiety on insecticidal activity. *Journal of Agricultural and Food Chemistry*, 21: 993–998.

Williams CM (1967) Third-generation pesticides. *Scientific American*, 217: 13–17.

Yunta C, Grisales N, Nász S, Hemmings K, Pignatelli P, Voice M, Ranson H, Paine MJI (2016) Pyriproxyfen is metabolized by P450s associated with pyrethroid resistance in *An. gambiae*. *Insect Biochemistry and Molecular Biology*, 78: 50–57.

3. 殺虫剤をマイクロカプセル化する

　近年，農薬や殺虫剤の安全性に対する規制が厳しくなり，また殺虫剤の性能に対するレベルアップ指向が高まるのに伴って，新しい殺虫成分を開発するためのコストは増加する一方で，その確率はますます低くなっているのは前述したとおりである。このような現状の中で，既存の殺虫成分の欠点をカバーしさらに長所を高めるような製剤技術の開発は，今後の殺虫剤開発における一つの有益な戦略である。衛生害虫防除を目的とする殺虫剤の動向をみると，その処理方法は超微量（Ultra Low Volume, ULV）処理や空間散布のような 3 次元的処理から，残留散布のような 2 次元的処理へ，さらにはクラック&クレバス処理のような 1 次元的処理，ベイト剤に代表される 0 次元的処理へと移行している（川田・伊藤，1994）。

　残留散布処理は，空間処理に比べると薬剤の無駄がなく，目的とする処理面以外への汚染が少ないのが利点であるが，空間処理に比べ施工時間がかかることと，処理面の影響による効力低下という問題を抱えている。液剤は当然のことながら木部やコンクリート，漆喰といった吸収面に処理すると速やかに吸収されてしまい，同時に殺虫効力も吸収の度合いに比例して低下する（Chadwick, 1985）。このような処理面の材質以外にも処理面の温度や pH ，塗料の存在などによって薬剤の効力は影響を受ける。Rust and Reierson（1988）はピレスロイド剤のゴキブリに対する殺虫作用が処理面に付着した油分によって低下することを報告している。Chadwick（1985）は乳剤や油剤に比べて水和剤が表面に残留し易く残効性も長いことを示しているが，処理面の水和剤基質（鉱物粉など）による汚染の問題が残る（図 3-15）。

　殺虫剤を微小なカプセルに閉じこめるマイクロカプセル（MC）剤は，その特殊な製剤形態のために他剤とは異なった作用特性を有する。さらに MC 剤は処理面の性状に影響を受け難く，しかも有効成分をカプセル中に閉じこめてしまうために殺虫剤の安定性や安全性を向上させることができる。散布者の薬剤被曝量が乳剤等に比べて小さくなるのもメリットの 1 つである。通常，MC 剤は直径が数ミクロンから数百ミクロンの微小球である。筆者らが主に採用した界面重合法といわれる製法では，水 / 油界面における重合反応により合成高分子膜を形成させることで MC 剤が製造される。MC の膜厚は界面重合反応に使用する水溶性及び油溶性モノマーの量によって調節することができ，粒子径は分散液中の油分によって形成される油滴の粒径によって決定される。

水和剤　1g／㎡　　　　　　　　マイクロカプセル　1g／㎡

図 3-15　水和剤とマイクロカプセル剤の処理面
（フェニトロチオン水和剤と MC 剤を散布した化粧板面）

MC 粒子はある程度の分布幅を持っているために，粒子径はコールターカウンターで計算された平均粒径で表わされる。ゴキブリやシロアリ防除用に製造されたフェニトロチオン MC 剤のラット及びマウスに対する LD$_{50}$ 値は経口投与で 20,000 mg／kg 以上，経皮投与で 5,000 mg／kg 以上であり，MC 化することによってフェニトロチオンの毒性をさらに軽減させることがわかる。このような毒性の軽減は有効成分が MC 膜内に完全被覆されていることに起因している。またカプセル膜は実用散布条件においても破壊されることはなく，散布時におけるフェニトロチオンの気中濃度は検出限界（42 μg／m^3）付近あるいはこれ以下となる。さらに噴霧ミストの粒径は約 155 μm に達する巨大なものであり，吸入による影響もほとんどなくなる（辻ら，1989）。

3-1 ゴキブリ防除用 MC 剤の開発

フェニトロチオン（商品名「スミチオン」）は，広い殺虫スペクトラムを持ち，農業害虫・林業害虫ばかりでなくハエ・カ・ゴキブリなどの衛生害虫防除用としても古くから使用されている汎用性の高い有機リン剤である。本化合物はゴキブリ防除用の残留散布剤として頻繁に使用されてきたが，比較的環境中で消失しやすいために長期の残効性を期待することはできなかった。シフェノトリン（商品名「ゴキラート」）は，フェノトリン（商品名「スミスリン」）のアルコール部分にシアノ基を付加することにより，より高い殺虫性能を実現させたピレスロイド剤であるが（Itaya *et al.*, 1983），同系統のピレスロイドであるシペルメトリン等に比較するとやはり残効性に劣る欠点を有し

ていた。筆者らは，これらの化合物を MC 化することによって長期間の残効性を付与した 2 製剤を開発するに至った（「ゴキブリ用スミチオンマイクロカプセル」および「Gokilaht 10MC」）（Ohtsubo *et al.*, 1987; Tsuda *et al.*, 1987; 川田，1989, 1995; Kawada *et al.*, 1990, 1993）。ゴキブリ用の MC 剤開発の初期段階における最適製剤のスクリーニングの過程で，筆者らはフェニトロチオン MC 剤のゴキブリに対する主な効力発現機構が，ゴキブリによる踏みつぶし効果（Trampling effect）であることを見出した。その効果は，MC 剤の強度のパラメータとして提唱された D / T 値（カプセルの粒径 D と膜厚 T の比）により制御される。すなわち D / T 値が小さくなるに従ってゴキブリの踏みつぶしによるカプセルの破壊が小さくなり，その結果残効性が向上することを示した（Ohtsubo *et al.*, 1987; Tsuda, *et al.*,1987）。乳剤等の製剤が効力の持続性に欠ける最も大きな原因として，これらの製剤が吸収性の面において比較的速やかに吸収されてしまうこと，および化合物が分解・揮散等により消失することに加えて，ゴキブリ虫体による過剰な薬剤の持ち去りが第三の大きな原因であるが（Kawada *et al.*, 1990），殺虫剤を MC 化することにより薬剤の処理面への吸収や分解・揮散を抑制するばかりでなく，カプセルの D / T 値を最適化することにより，ゴキブリ虫体による持ち去り量を最適な量に調節し得ることを見出した。さらに，Kawada *et al.*（1990）は，ゴキブリによる踏みつぶし効果に次ぐ主な効力発現機構として，カプセル粒子の経口的な摂取による食毒効果があることを，蛍光顕微鏡やオートラジオグラムを用いた観察によって証明した（図 3-16）。すなわち，ゴキブリが MC 処理面に接触することにより，微小な MC 粒子がゴキブリの跗節等に付着し（図 3-17），これがゴキブリのグルーミング行動により経口的に体内に取り込まれ，そ嚢の中でカプセルが破壊されて殺虫効力が発現するという作用経路である。このことは Sakurai *et al.*（1982）がダイアジノン MC 剤の効力発現機構として提唱したものと基本的に同じものである。

　筆者らは，フェニトロチオン MC に続いて，有機リン剤とは殺虫作用の異なるピレスロイド化合物を含有する MC 剤のゴキブリ防除用途への開発も行ったが，その段階で両製剤の効力特性について比較検討を行った。その結果，シフェノトリンを含有した MC 剤（Gokilaht 10MC）のチャバネゴキブリに対する残効性を加味した最適な D / T 値がフェニトロチオン MC のそれに比べて大きくなる（破壊されやすくなる）ことを見出した。この現象はピレスロイドと有機リン剤の殺虫作用の相違によっている。すなわち有機リン剤は

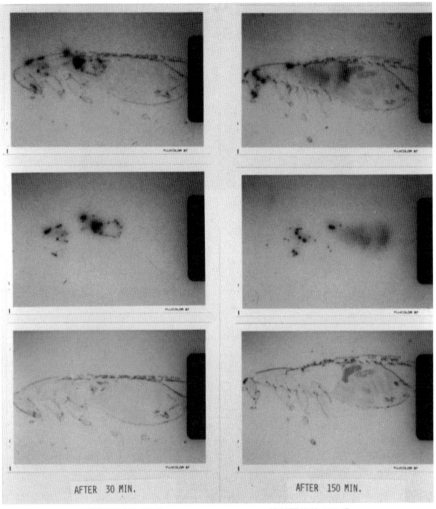

接触開始後 30 分　　　　　　　　　　　接触開始後 150 分

図 3-16　フェニトロチオン MC 処理面に接触後のチャバネゴキブリそ嚢および胃の中に取り込まれた MC 粒子と MC 外に遊離したフェニトロチオン原体
上段：下段と中段の写真を合成した物。黒い雲状の物が MC から遊離したフェニトロチオン。中段：オートラジオグラムによる同位体で標識したフェニトロチオン像。下段：ミクロトームによる断面写真（Kawada *et al.*, 1990; 川田，1995）。

　殺虫作用が不可逆的であり少量の成分への継続的な接触により殺虫効果が現れるのに対して，ピレスロイドはある一定量以上の薬量に対する比較的短時間の接触が必要であることに起因していることを実験的に示した（Kawada *et al.*, 1993）（図 3-18）。有効成分の特性によって MC 粒子の設計が決定されると

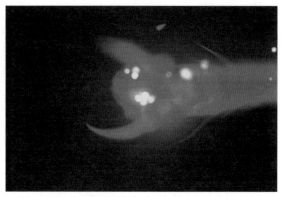

図3-17 チャバネゴキブリの跗節部分に付着したマイクロカプセル粒子

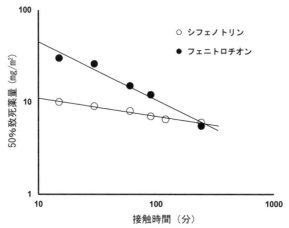

図3-18 シフェノトリン（ピレスロイド）とフェニトロチオン（有機リン剤）の
チャバネゴキブリに対する接触による致死効果
フェニトロチオンは接触時間が長くなるほど低薬量で効果を発現するが，シフェノトリンは接触時間に関わらず必要とされる薬量の差が小さくなる（Kawada *et al.*, 1993）。

いう現象は，本研究によって初めて明らかにされた事実であり，今後のマイクロカプセル化殺虫剤の開発において有益な情報となると思われる。

3-2 マラリア媒介蚊防除用残留噴霧剤の開発

　屋内残留散布（Indoor Residual Spray, IRS）は，マラリア媒介蚊防除の有効な方法として現在も様々な地域で採用されている。1940年代の中期より，DDTに代表される有機塩素系化合物が残留散布用の殺虫剤として使用されてきた。環境に対する残留性の問題でDDTの使用は現在では禁止されているが，

感染症媒介昆虫に対する卓越した効力と価格の安さから，WHO は例外的にインドやアフリカ諸国での有機塩素系薬剤の使用を認めており，現在でも大量の DDT が使用されている。しかし，これらの感染症に悩まされている国々でも，有機塩素系薬剤を屋内で使用することに対する批判が急速に高まっている上，DDT に対する蚊の生理的・行動的な抵抗性が発達している地域では，これがもはや有効な剤とは言えなくなってきているのが現状である。本来マラリア媒介蚊防除を目的とした残留散布とは，吸血後のハマダラカが壁面で休止する行動を利用したものであるため，昆虫に対する接触忌避性を有するピレスロイド剤はこのような目的には適していないと筆者は考えている。また散布コストをできるだけ下げることも重要なポイントになる。このような理由から，薬剤コストの比較的低い有機リン剤やカーバメイト剤が DDT に代わるものとして有望視される。

　現在，IRS 用途の製剤には乳剤，フロアブル剤，水溶性粒剤，水和剤が主に使用されているが（表 3-4），一般的に，乳剤，フロアブル剤，水溶性粒剤は有効成分の処理面への浸透性を抑制する製剤ではない。一方，水和剤は処理面上に製剤の担体が付着し，有効成分の処理面への浸透がある程度抑制できるが，それでも処理面が土壁などの吸収面である場合壁材への吸着によって殺虫効果が低下し，散布頻度を多くする必要がありコスト高となる。さらに，壁面の汚れや殺虫剤特有の臭いによって散布を拒否されるケースがあるという問題がある。上記の問題点を克服するために，筆者らはゴキブリ防除用 MC 剤に次いで，ハエ・蚊などの飛翔性害虫，中でもマラリアの媒介蚊であるハマダラカの防除を目的としたフェニトロチオン MC 剤を開発することにした。その結果，従来の破壊型の MC とは膜の性状が異なり，有効成分がカプセル膜を通して徐々に浸透する分散型の MC が設計できることを見出した。

表 3-4　フェニトロチオン製剤処理後の有効成分分解率と蒸散率（Kawada *et al.*, 1995）

製剤	1ヶ月後				6ヶ月後			
	開放状態で保存	密閉状態で保存	分解率[1)	蒸散率[2)	開放状態で保存	密閉状態で保存	分解率[1)	蒸散率[2)
MC剤	97.7	100.0	0.0	2.3	66.7	100.0	0.0	33.3
水和剤	87.3	100.0	0.0	12.7	45.8	85.6	14.4	39.8
乳剤	82.0	100.0	0.0	18.0	34.2	88.8	11.2	54.6

[1) 分解率 (%) = 100 - 密閉状態での残存率 (%)
[2) 蒸散率 (%) = 密閉状態での残存率 (%) - 開放状態での残存率 (%)

　フェニトロチオンを含有した分散型 MC 剤は，蚊の成虫に対して従来の水和剤を 2 倍以上も上回る持続効果を示すばかりでなく（図 3-19），処理面の汚れも水和剤に比べ目立たなくなると言うメリットを持っている（Kawada *et al.*, 1994, 1995）（図 3-15）。また分散型の MC にすることによって，フェニトロチオンに特有な殺虫効果である "Air borne" 効果，すなわち蚊が直接処理面に接触することなく致死する効果もある程度付与できることが明らかになった（Kawada *et al.*, 1994）。従来より有機リン剤は，土壁などの吸収面において効果が低下することが経験的にわかっていたが（Bruce-Chwatt, 1985），この原因が壁材中での分解なのか，あるいは壁材への吸着なのかについては不明確であった。この分散型 MC 剤の開発研究の過程で，筆者らは土壁に処理されたフェニトロチオンが，難吸収面（化粧板面）や易吸収面（ベニヤ板面）に処理されたフェニトロチオンに比べむしろ安定して存在しているという事実を見出し，土壁面での効力低下の原因が有効成分の分解ではなく壁材への吸着であることを証明するとともに，MC 化することによってこの吸着を軽減できることを明らかにした（Kawada *et al.*, 1994）。さらに，比較的吸収性の低い処理面においては，フェニトロチオンの揮散と分解が効力低下の原因となるが，MC 化はこのいずれをも抑制することがわかった（Kawada *et al.*, 1995）（表 3-4）。

　以上のように，飛翔害虫防除用フェニトロチオン MC 剤は優れた性能を有していたが，残念ながらマラリア防除用に上市されることはなかった。これは，実験室での性能がフィールド試験で十分に発揮できなかったことによるもの

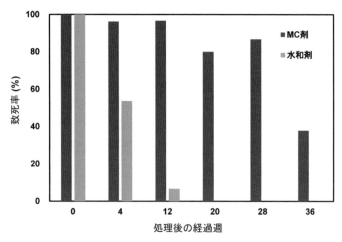

図 3-19　フェニトロチオン MC 剤と水和剤の土壁面における残効性の比較
（*Anopheles albimanus* 雌成虫による 10 分間コンタクト）（Kawada *et al.*, 1994）

表 3-5　WHO が推奨するマラリア残留散布用殺虫製剤

製剤	殺虫剤の種別	薬量 (g/m^2)	作用機構	有効期間（月）
DDT水和剤	有機塩素	1–2	接触	>6
マラチオン水和剤	有機リン	2	接触	2–3
フェニトロチオン水和剤	有機リン	2	接触＋揮散	3–6
ピリミフォス－メチル水和剤・乳剤	有機リン	1–2	接触＋揮散	2–3
ピリミフォス－メチル　マイクロカプセル剤	有機リン	1	接触＋揮散	4–6
ベンジオカーブ水和剤	カーバメイト	0.1–0.4	接触＋揮散	2–6
プロポキサー水和剤	カーバメイト	1–2	接触＋揮散	3–6
α-サイパーメスリン水和剤・懸濁剤	ピレスロイド	0.02–0.03	接触	4–6
α-サイパーメスリン水溶性粒剤	ピレスロイド	0.02–0.03	接触	< 4
ビフェントリン水和剤	ピレスロイド	0.025–0.050	接触	3–6
シフルトリン水和剤	ピレスロイド	0.02–0.05	接触	3–6
デルタメスリン水和剤・水溶性粒剤	ピレスロイド	0.020–0.025	接触	3–6
デルタメスリン懸濁剤	ピレスロイド	0.020–0.025	接触	6
エトフェンプロクス水和剤	ピレスロイド	0.1–0.3	接触	3–6
λサイハロスリン水和剤・マイクロカプセル剤	ピレスロイド	0.02–0.03	接触	3–6

出典　https://apps.who.int/iris/bitstream/handle/10665/177242/9789241508940_eng.pdf?sequence=1&isAllowed=y

である。筆者は，通常 IRS 製剤の評価に用いられる WHO コーンによる効果判定（処理壁面に WHO コーンを貼り付けて，中にハマダラカを放って接触させる方法）が，MC 剤の性能評価には不向きであったのではないかと考えている。すなわち，WHO コーンの操作中に処理面をディスターブしてしまい，MC を破壊あるいは剥離させてしまったのではないかと思っている。今となっては後の祭りであるが，悔やまれてならない。現在，IRS 用の MC 剤として，ピリミフォス－メチル（有機リン剤）（Tchicaya *et al.*, 2014）と λ－サイハロスリン（ピレスロイド）（Luo *et al.*, 2018）の製剤が WHO 推奨製剤としてリストされている（表 3-5）。しかしながら，DDT の水和剤が 6 ヵ月以上の残効を保証しているのに対し，これらの MC 剤の残効は 6 ヵ月以下となっており DDT の残効性にまで追いついていない。MC 剤のカプセル設計技術は今後もまだまだ発展しうる伸び代を残していると信じたい。

〔引用文献〕（第3章 - 3）

Bruce-Chwatt LJ (1985) Essential malariology. John Wiley and Sons, New York. pp. 452.

Chadwick PR (1985) Surfaces and other factors modifying the effectiveness of pyrethroids against insects in public health. *Pesticide Science*, 16: 383–391.

Itaya S, Matsuo N, Okuno Y, Yoshioka H (1983) Evolution of pyrethroids containing 3-phenoxybenzyl group. *Nippon Nougeikagaku Kaishi*, 57: 1147–1153.

川田　均 (1989) スミチオンマイクロカプセル．ＵＬＶ研究, 6: 27–31.

川田　均 (1995) マイクロカプセル化殺虫剤の作用機構に関する研究．環動昆, 7: 37–48.

川田　均・伊藤高明 (1994) ゴキブリ防除における殺虫剤について．家屋害虫, 16: 18–24.

Kawada H, Makita M, Tsuda S, Ohtsubo T, Shinjo G, Tsuji K (1990) Efficacy and the way of action of fenitrothion microcapsules for cockroach control. Japanese *Journal of Environmenral Entomology and Zoology*, 2: 6–13.

Kawada H, Ohtsubo T, Tsuda S, Abe Y, Tsuji K (1993) Insecticidal characteristics of cyphenothrin microcapsule for cockroach control. *Japanese Journal of Environmenral Entomology and Zoology*, 5: 65–72.

Kawada H, Ogawa M, Itoh T, Abe Y, Tsuji K (1994) Laboratory evaluation of fenitrothion microcapsules as a new residual spraying formulation for mosquito control. *Journal of American Mosquito Control Association*, 10: 385–389.

Kawada H, Ogawa M, Itoh T, Abe Y (1995) Biological and physiological properties of fenitrothion microcapsules as a residual spraying formulation for mosquito control. *Journal of American Mosquito Control Association*, 11: 441–447.

Luo J, Jing T, Zhang D, Zhang X, Li B, Liu F (2018) Two-stage controlled release system possesses excellent initial and long-term efficacy. *Colloids and Surfaces B: Biointerfaces*, 169: 404–410.

Ohtsubo T, Tsuda S, Kawada H, Manabe Y, Kishibuchi N, Shinjo G, Tsuji K (1987) Studies on fenitrothion microcapsule 2. Formulation factors of the fenitrothion microcapsule influencing the residual efficacy against the german cockroach. *Journal of Pesticide Science*, 12: 43–47.

Rust MK, Reierson DA (1988) Performance of pyrethroids against German cockroaches *Blattella germanica* (L.) (Dictyoptera: Blattellidae). *Bulletin of Society of Vector Ecology*, 13: 343–349.

Sakurai M, Kurotani M, Sasaki S, Umino T, Ikeshoji T (1982) Characteristic effects of the microencapsulated diazinon against the German cockroach, *Blattella germanica* L. *Japanese Journal of Sanitary Zoology*, 3: 301–307.

Tchicaya ES, Nsanzabana C, Smith TA, Donzé J, de Hipsl ML, Tano Y, Müller P, Briët OJ, Utzinger J, Koudou BG (2014) Micro-encapsulated pirimiphos-methyl shows high insecticidal efficacy and long residual activity against pyrethroid-resistant malaria vectors in central Côte d' Ivoire. *Malaria Journal*, 13: 332.

辻　孝三・新庄五朗・伊藤高明・津田重典・高橋尚裕 (1989) スミチオン®マイクロカプセル．住友化学 1989-I, pp. 4–25.

Tsuda S, Ohtsubo T, Kawada H, Manabe Y, Kishibuchi N, Shinjo G, Tsuji K (1987) A way of action of the fenitrothion microcapsule as a residual cockroach control formulation. *Journal of Pesticide Science*, 12: 23–27.

第4章

虎穴に入らずんば虎子を得ず

（書を持ってフィールドに出よう）

1. 世界のネッタイシマカとヒトスジシマカの 殺虫剤抵抗性を知る

　疾病媒介蚊駆除の歴史の中で最も重要な出来事は，1948年にノーベル化学賞を受賞したポール・ミュラー博士によるジクロロ-ジフェニル-トリクロロエタン（DDT）の発明であろう。DDTの長期残効性と優れた殺虫効果を利用した屋内残留噴霧（Indoor Residual Spray, IRS）は，マラリア媒介蚊（ハマダラカ）防除に大きな貢献をした。しかし，DDTの使用開始より数年後にはハマダラカの抵抗性が報告され，1960年代のマラリア発生率増加の原因となった（Bruce-Chwatt, 1985）。DDTによるマラリア撲滅プログラムの失敗により，世界保健機関（World Health Organization, WHO）はその方針をマラリア根絶からプライマリヘルスケアおよびピレスロイド殺虫剤処理蚊帳（Insecticide Treated Net, ITN）の使用によるマラリアコントロールに変更した。

　今日，ピレスロイド殺虫剤がベクターコントロールを目的とした主要な殺虫製剤や製品の有効成分として活躍していることは既に述べた（第3章）。フェノキシベンジルアルコール基の発見は，主に農業用途における屋外使用を目的とした光安定性ピレスロイドの開発を加速した（Matsuo, 2019）。これらの「第2世代」ピレスロイドは，疾病媒介動物防除（ベクターコントロール）剤としても世界中で使用されている。ベクターコントロールに使用されるピレスロイドのうち，99%がα-シペルメトリン，ビフェントリン，シフルトリン，シペルメトリン，デルタメトリン，エトフェンプロックス，λ-シハロトリン，ペルメトリンなどの光安定ピレスロイドによって占められている（WHO, 2021）。しかし，高い光安定性と殺虫性能は，一方では害虫集団におけるピレスロイド抵抗性の発達を加速する危険性を孕んでいる。ピレスロイドに匹敵するような効果的な代替殺虫成分が乏しい現在において，ピレスロイド抵抗性はベクターコントロールプログラムにとって大きな問題となっている。

　残留性有機汚染物質（Persistent Organic Pollutants, POPs）の使用制限に関するストックホルム条約の下で，世界におけるDDTの使用および製造は，熱帯地域でのベクターコントロール用途を例外として全面的に禁止された。しかし，DDTのグローバルな使用はストックホルム条約が発効してからも実質的には変わっていない。インドはDDTの主要な（全世界の使用量の80%以上）使用国であり，アフリカ地域ではIRSプログラムの拡大に伴い2008年ま

でDDTの使用が急激に増加した（van den Berg *et al.* 2012）。DDT抵抗性は，その遺伝子が存続するための適応コスト（fitness cost）が小さいために抵抗性遺伝子が非選択下においても減少しにくい（Kliot and Ghanim, 2012）。さらにDDTは，ピレスロイドと共通の代謝経路（グルタチオン-S-トランスフェラーゼによる）と標的部位（電位感受性ナトリウムチャンネル，Voltage-Sensitive Sodium Channel, VSSC）を有することなどから，疾病媒介蚊のピレスロイドに対する交差抵抗性を発達させる可能性を有している。したがって，DDT抵抗性はDDTの最も有望な代替手段であるピレスロイドの使用にも影響を与えた可能性がある。

　黄熱病，デング熱，チクングニア熱，ジカ熱などのウイルス性疾患の重要なベクターであるネッタイシマカ *Aedes aegypti* の起源はアフリカ大陸と考えられている。祖先種である森林タイプの *Aedes aegypti formosus* から派生し，人為的環境に適応した都市タイプの亜種 *Aedes aegypti aegypti* は，人間の居住地周辺に生息地を拡大し，人間の移動と共に世界各地に分散した。1940年代〜1950年代の有機塩素系殺虫剤による世界的な撲滅プログラムは，疾病媒介蚊に高い選択圧力を引き起こし，殺虫剤抵抗性のネッタイシマカの分布を拡大させた。本種のDDT抵抗性は，1950年代にカリブ海諸国で初めて報告され，DDTが使用されなくなった現在でも維持されている。一方ヒトスジシマカは，熱帯地域だけでなく，日本，ヨーロッパ，アメリカ，オーストラリアなどの温帯地域にも生息する（Powers and Logue, 2007）。過去70年間に亘って日本ではデング熱の大規模な流行は起こっておらず，チクングニア熱の発生も報告されていないが，将来本種をベクターとしたこれらのウイルス性疾患が流行する可能性は否定できない。本種のDDT抵抗性は，日本では一般的であるように見えるが，ピレスロイド，有機リン剤，カーバメイトなどに対する抵抗性はまだ問題化していない。

　過去30年以上の間に，世界的な中古タイヤの流通が疾病媒介蚊の分布を拡大している事実は注目に値する。これに主要な役割を果たしたのがヒトスジシマカである（Reiter, 1998）。本種は，中古タイヤの流通によって，1983年までには米国の西海岸に到達し，1986年までに米国とブラジルに広く分布するようになったと考えられている（Hawley, 1988; Moore, 1999）。その後，本種は南アメリカおよび中央アメリカ，南アフリカおよび西アフリカ，オセアニアおよびヨーロッパまで分布を拡大した（Paupy *et al.*, 2009）。中古タイヤの取引は世界中で行われており，アフリカ大陸では南アフリカ，ケニア，ウガンダ，

ニジェール，ナイジェリア，ガーナを含む多くの国の間に複雑な商業ネットワークがある（Reiter and Sprenger, 1987）。親人類性のより高いネッタイシマカの世界的な侵略の歴史は，ヒトスジシマカのそれよりも長かったであろう。人間の活動に関連した疾病媒介蚊の世界規模の移動は，殺虫剤抵抗性遺伝子の移入をももたらす可能性がある。

本節では，主にアジア・アフリカ諸国におけるネッタイシマカとヒトスジシマカのピレスロイドに対する抵抗性について，中でも VSSC のポイントミューテーションによるピレスロイド抵抗性の分布や DDT 抵抗性との関連性について，筆者らのフィールド調査結果を中心に考察を行う。

1-1 ピレスロイド抵抗性とは

昆虫のピレスロイド抵抗性には，代謝解毒酵素の増大や殺虫剤の皮膚透過性の低下，そして殺虫剤が標的とする部位の感受性低下の主に 3 つの要因が関与しているが，中でも標的部位の感受性低下が最も重要な抵抗性の要因となっている。ピレスロイドは,昆虫の電位感受性ナトリウムチャンネル（Voltage-Sensitive Sodium Channel, VSSC）を標的にしているが，このチャンネルを構成するタンパクにおけるアミノ酸置換は，ノックダウン抵抗性（*knockdown resistance, kdr*）ミューテーションとして知られている。イエカ類（*Culex*）およびハマダラカ類（*Anopheles*）においては，VSSC ドメイン II のセグメント 6 にある 1014L のロイシン（L）がフェニルアラニン（F）またはセリン（S）

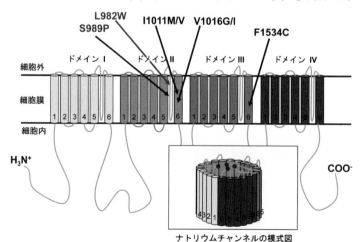

図 4-1 ネッタイシマカに報告されている電位感受性ナトリウムチャンネルの主な点変異
ナトリウムチャンネルは模式図に示したように，4 つのドメインが環状になって形成される。

のいずれかに置き換わるミューテーションが知られている（Martinez-Torres *et al.*, 1998, 1999; Enayati *et al.*, 2003）。ネッタイシマカにおいて報告されている主な VSSC のミューテーションを図 4-1 に示した。

Brengues *et al.*（2003）および Saavedra-Rodriguez *et al.*（2007）は，ネッタイシマカの VSSC ドメイン II のセグメント 6 にいくつかのミューテーションを報告した。その後，Yanola *et al.*（2008, 2011）は，DDT とペルメトリン抵抗性ネッタイシマカのドメイン III セグメント 6 に新規のミューテーション F1534C を発見した。F1534C は，南アジア，東南アジア，中南米，中東など，全世界に分布している（Kawada *et al.*, 2009b, 2014, 2016, 2020; Harris *et al.*, 2010; Seixas *et al.*, 2013; Linss *et al.*, 2014; Alvarez *et al.* 2015; Ishak *et al.*, 2015; Kushwah *et al.*, 2015; Li *et al.*, 2015; Maestre-Serrano *et al.*, 2019; Pang *et al.*, 2015; Plernsub *et al.*, 2016a, 2016b; Sayono *et al.*, 2016; Al Nazawi *et al.*, 2017; Hamid *et al.*, 2017a, 2017b, 2018; Fernando *et al.*, 2018; Chung *et al.*, 2019; Marcombe *et al.*, 2019; Pinto *et al.*, 2019; Ryan *et al.*, 2019; Saha *et al.*, 2019; Sombié *et al.*, 2019; Zardkoohi *et al.*, 2019; Djiappi-Tchamen *et al.*, 2021）（図 4-2）。

1016V におけるミューテーションも世界中で報告されているが，同じ遺伝子座の 2 つの異なるタイプのミューテーションが独立して分布している。バリン（V）からグリシン（G）への置換（V1016G）は，主に東南アジアに分布

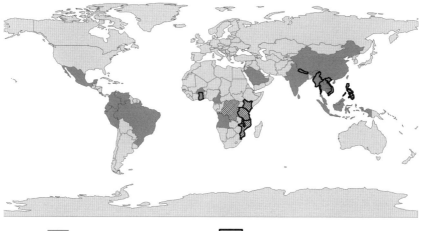

▨	F1534Cが検出された国	▨	長崎大学の調査でF1534Cが検出された国
▨	F1534Cが検出されなかった国	▨	長崎大学の調査でF1534Cが検出されなかった国

図 4-2　ネッタイシマカの電位感受性ナトリウムチャンネルの変異（F1534C）の有無が報告された国

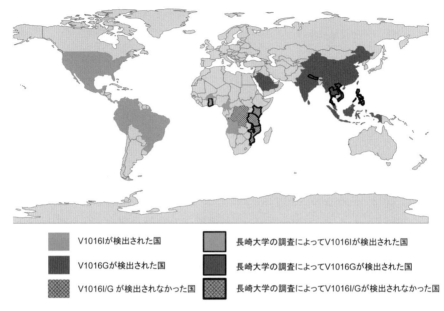

V1016Iが検出された国　　　　　　　　長崎大学の調査によってV1016Iが検出された国

V1016Gが検出された国　　　　　　　　長崎大学の調査によってV1016Gが検出された国

V1016I/G が検出されなかった国　　　　長崎大学の調査によってV1016I/Gが検出されなかった国

図4-3　ネッタイシマカの電位感受性ナトリウムチャンネルの変異（V1016G と V1016I）の有無が報告された国

しており（Rajatileka *et al.*, 2008; Stenhouse *et al.*, 2013; Kawada *et al.*, 2014; Ishak *et al.*, 2015; Li *et al.*, 2015; Pang *et al.*, 2015; Plernsub *et al.*, 2016a, 2016b; Sayono *et al.*, 2016; Al Nazawi *et al.*, 2017; Hamid *et al.* 2017a, 2017b, 2018; Fernando *et al.*, 2018; Chung *et al.*, 2019; Marcombe *et al.*, 2019; Saha *et al.*, 2019; Zhou *et al.*, 2019），バリン（V）からイソロイシン（I）への置換（V1016I）は，南アメリカおよび中央アメリカで一般的である（Saavedra-Rodriguez *et al.*, 2007; Maestre-Serrano *et al.*, 2019; Martins *et al.*, 2009a; Siller *et al.*, 2011; Marcombe *et al.*, 2012; Linss *et al.*, 2014; Alvarez *et al.*, 2015; Pinto *et al.*, 2019; Ryan *et al.*, 2019; Zardkoohi *et al.*, 2019）（図4-3）。例外的に，カメルーンのネッタイシマカにV1016G と V1016I の両方のミューテーションが報告されているが，東南アジアと中南米両方の地域からの移入があったのかも知れない（Djiappi-Tchamen *et al.*, 2021）。

1-2 幼虫を用いた簡易ノックダウン試験の考案

　本節においては，蚊のピレスロイドに対する感受性を簡便に調査する方法として，*d*-T80 アレスリンを用いた幼虫の簡易ノックダウンテストの結果を多

く紹介している。この方法は，野外で最も大量に採集が容易な幼虫を使用して，特殊な試験機器を使用することなく，採集したその日に蚊のピレスロイド感受性を測定する方法として1994年に考案された方法である。当初の目的は，日本各地のアカイエカやヒトスジシマカ個体群が家庭用の蚊取り線香などの蚊取り製剤に抵抗性を発達させているか否かを調査することであった。このために，東京医科歯科大学の林　晃史博士（故人）をリーダーとして，アース製薬(株)，フマキラー(株)，住友化学(株)，大正製薬(株)，ヤシマ産業(株)の5社がメンバーとして参加した研究会を発足させ，日本国内の蚊の感受性調査を開始した。目的の趣旨上，使用するピレスロイドは当時蚊取り製剤に広く使用されていた d-T_{80} アレスリン（商品名「ピナミン・フォルテ」，住友化学(株)）を用いることとし，感受性の評価方法としては，致死ではなくノックダウンを観察することとした。この調査結果については，林（2005）が詳細に報告している。

　筆者らは，2006年より開始したベトナム等におけるシマカの種分布と殺虫剤感受性調査を実施するに当たって，この方法を一部改変して採用することとした。すなわち，幼虫のノックダウンを数値化するために，d-T_{80} アレスリン水希釈液0.1 ppmおよび0.4 ppmにおける幼虫のノックダウン時間を6段階にスコア化し（ノックダウン時間5分未満をスコア1，5分以上10分未満をスコア2; 10分以上15分未満をスコア3，15分以上20分未満をスコア4，20分以上30分未満をスコア5，30分以上をスコア6とした），この2濃度におけるスコアを掛け合わせた数値を感受性インデックスとした。すなわち，インデックス1（スコア1×スコア1）は最も感受性が高く，インデックス36（スコア6×スコア6）は最も感受性が低いことを示す（図4-4, 5）。本方法は，あくまでもピレスロイドの蚊に対するノックダウン活性を評価するものであり，他の作用機作を有する殺虫剤の評価には適用できないばかりでなく，ピレスロイドにおいてもVSSC以外の抵抗性因子（代謝抵抗性因子など）を評価することは目的としていない。

　筆者らが本方法を採用した理由は，①幼虫採集が大量の供試サンプルを採集するためには最も簡便かつ効率の良い方法であること，②野外調査を行いながら滞在先のホテル等で簡単に実施できる試験方法であること，③ノックダウン時間の計測は，VSSCミューテーションの調査の傍証として妥当であること，④VSSCミューテーションは，成虫，幼虫ともに有する抵抗性因子であることから，幼虫による試験結果から成虫の感受性を容易に類推できる

図4-4　蚊の幼虫を用いた簡易ノックダウンバイオ
アッセイの試験風景（ベトナム）

ことである。上記④の妥当性については，林（2005）にも実験的に示されている。図4-6にベトナムで採集されたネッタイシマカ幼虫の d-T80 アレスリンに対する感受性インデックスと成虫の d-T80 アレスリン 0.3%（W/W）含有線香製剤による 50% ノックダウン時間（KT50）の相関性を示した（Kawada et $al.$, 2009a）。

試験方法

1. 供試薬剤: d-T_{80} アレスリン

2. 薬剤濃度: 0.1 ppm, 0.4 ppm

3. 供試蚊: ネッタイシマカ・ヒトスジシマカ・ネッタイイエカ

4. 方法: 終齢幼虫を薬剤希釈液に放ち，一定時間経過後のノックダウンを観察，下記の感受性インデックスを求める

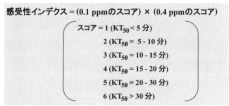

感受性インデクス = (0.1 ppmのスコア) × (0.4 ppmのスコア)

$$\begin{cases} スコア = 1\,(KT_{50} < 5\,分) \\ 2\,(KT_{50} = 5\text{-}10\,分) \\ 3\,(KT_{50} = 10\text{-}15\,分) \\ 4\,(KT_{50} = 15\text{-}20\,分) \\ 5\,(KT_{50} = 20\text{-}30\,分) \\ 6\,(KT_{50} > 30\,分) \end{cases}$$

図4-5　蚊幼虫の簡易ノックダウンアッセイ方法

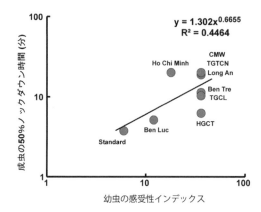

図4-6　ベトナムの数ヵ所で採集したネッタイシマカの幼虫感受性インデックスと成虫の 50% ノックダウン時間（KT50）の相関

各プロットは蚊のコロニーを採集した場所を示す（TGCL と TGTCN は Tien Giang Prov., HGCT は Hau Giang Prov., CMW は Ca Mau Prov.）。SMK は，標準的な感受性を示す系統）。成虫の KT50 は，0.3% (w/w) の d-T80- アレスリンを含む蚊取り線香をガラス室（70 × 70 × 70 cm）で 0.5 g 燃焼するノックダウン試験（0.5 g 定量燻煙法）で算出した（Kawada et $al.$, 2009a）。

1-3 ベトナムにおけるシマカ類の
　　ピレスロイド抵抗性の全国調査

　ネッタイシマカは1915年にベトナムで最初に記録されて以来（Stanton, 1920），北部を除くほとんどの都市に分布している。ネッタイシマカは最も重要な疾病媒介蚊の1つであり，殺虫剤抵抗性に関しても多くの研究が，特にアジアおよび中南米諸国において報告されているが，ベトナムにおける殺虫剤抵抗性に関する報告は多くない（Huber *et al.*, 2003; Vu *et al.*, 2004）。筆者らは，この2種のシマカのベトナムにおける種分布とピレスロイド抵抗性の分布を調べるために，2種の主要な発生源の1つである中古タイヤを幼虫採集の対象として，2006年から2008年にかけて全国的な調査を行った。中古タイヤは，ベトナムの主要道路沿いに広く一般的に分布しているため，本調査には恰好のターゲットであった。

（1）ベトナムにおけるネッタイシマカおよびヒトスジシマカの地理的分布

　幼虫の採集は，①北部高地（標高172〜506 m），②北部平野地帯，③東部沿岸地帯，④中央高地（標高103〜1563 m），および⑤南部デルタ地帯の5つの地域において実施した。ベトナムの北部地域においてはヒトスジシマカが優勢であったが，南下するに従って徐々にこの比率は低下し，南部地域ではネッタイシマカが優勢となり，南部の東海岸地域では，採集されたシマカ幼虫のほぼ100%がネッタイシマカであった。一方，高地ではヒトスジシマカの比率が増加し，2つの種の水平および垂直分布における特徴が浮き彫りにされた（Kawada *et al.*, 2009a; Higa *et al.*, 2010）（図4-7）。

図4-7　2006年〜2008年にかけて行った調査で，ベトナムの道路沿いの使用済みタイヤから採集したネッタイシマカとヒトスジシマカ幼虫の種構成（Kawada *et al.*, 2009a; Higa *et al.*, 2010）

143

(2) ベトナムにおけるネッタイシマカ，ヒトスジシマカ，
ネッタイイエカの殺虫剤感受性の地理的分布

　採集した幼虫は，肉眼による同定の後に d-T80 アレスリンを用いた簡易ノックダウン試験に供し，ピレスロイドに対する感受性を調べたが，感受性の低下はネッタイシマカにおいて最も顕著であった（図4-8）。また本種の d-T80 アレスリンに対する感受性は，ベトナムの北部地域（＞北緯 13°）よりも南部地域（＜北緯 13°）で有意に低いことが分かった。これに対し，ヒトスジシマカとネッタイイエカではこのような傾向は見られなかった。ネッタイシマカの感受性インデックスと，マラリア媒介蚊防除のために使用されたピレスロイドの総使用量（1998 年～2002 年）の間には有意な相関が観察されたが，ヒトスジシマカとネッタイイエカにおいてはこのような相関は見られなかった（Kawada *et al*., 2009a）。Vu *et al*.（2004）は，ベトナムのネッタイシマカに対する WHO の標準バイオアッセイによって，ベトナム北部および中部の多くの場所においてはピレスロイド感受性が高いのに対して，南部および中央高地では感受性が低いことを報告しており，このピレスロイド感受性の地域差は，南部および中央高地における農薬の使用と，マラリアおよびデング熱媒介蚊防除用のピレスロイドの長期的かつ広範な使用によるものであると結論

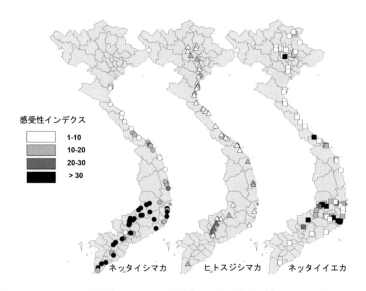

図4-8　ベトナムで使用済みタイヤから採集した蚊の幼虫（ネッタイシマカ，ヒトスジシマカ，ネッタイイエカ）の感受性インデックス分布（Kawada *et al*., 2009a）

付けた。

　ピレスロイドは，ベトナムにおける国家マラリア対策プログラムの一環として使用された屋内残留散布やベッドネット用の薬剤として広く使用されている（Verlé et al., 1999; Hung et al., 2002; Nam et al., 2005）。マラリア媒介蚊対策のためのピレスロイドの使用は，ターゲットではないネッタイシマカのピレスロイド抵抗性を発達させる重要な要因の一つであった可能性がある。ベトナムの中央高地では，森林マラリアが風土病として慢性的に流行しており（Erhart et al., 2004, 2005; Thang et al., 2008），これに対してデング熱およびデング出血熱の症例はこの地域では深刻ではない（Nguyen, 1994）。その結果，高地でのデング熱ベクター防除のためのピレスロイド使用量は他の地域よりも少なくなっている。これに対して，マラリア媒介蚊防除のためのピレスロイドおよび DDT 散布は，同時にネッタイシマカの繁殖および休息の場所である家屋の内部および周辺に沿って集中的に行われたと思われ，これがネッタイシマカに対しても強い選択圧を加えることになる一方で，親人類性がネッタイシマカほど高くなく生態の異なるヒトスジシマカ（Hawley, 1988; Edman et al., 1997; Ishak et al., 1997; Higa et al., 2001; Tsuda et al. 2006）に対しては高い選択圧とはならなかったことが推察される。アジアのネッタイシマカおよびヒトスジシマカにおけるピレスロイド抵抗性を比較した幾つかの報告があるが，これらの研究のほとんどが，筆者らのベトナムでの調査結果同様，ヒトスジシマカに比べて高いネッタイシマカの抵抗性を報告している（Ping et al., 2001; Ponlawat et al., 2005; Jirakanjanakit et al., 2007; Pethuan et al., 2007）。

（3）ネッタイシマカの電位感受性ナトリウムチャンネル （Voltage-Sensitive Sodium Channel, VSSC）における ポイントミューテーションの地理的分布

　ベトナムのネッタイシマカにおける VSSC のミューテーションの存在については，筆者らの報告（Kawada et al., 2009b）以前には，1 つのコロニー（Long Hoa 系統）（Enayati et al., 2003）を除き行われていなかった。筆者らがベトナムの 70 ヵ所から採集した 756 個体の幼虫のうち，ベトナムの中央部東海岸に位置する Quang Ngai 省 Binh Son 地区の 1 ヵ所で，V1016G ヘテロ接合個体が 2 個体だけ発見された（図 4-9）。その後の調査で，Ho CHi Minh 近郊の Tien Giang 省および Hau Giang 省において採集されたピレスロイド抵抗性のネッタイシマカから V1016G がそれぞれ 2.5〜4.3% および 21.3% 検出されたことを

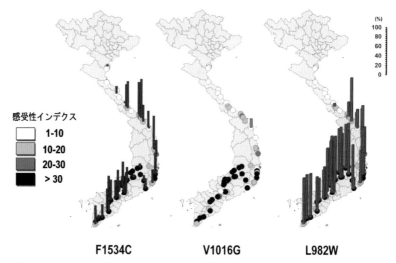

図 4-9　ベトナムの使用済みタイヤから採集したネッタイシマカにおける F1534C,
V1016G, L982W ミューテーションの分布
　棒グラフは 1 つの採集地点で採集されたサンプルにおける変異の遺伝子頻度を示す。各円
内の色は幼虫の感受性インデックスを示す（Kawada *et al.*, 2009b; Kawada *et al.*, 2022）。

付記しておく（Kawada *et al.*, 2022）。これに対し，ドメイン III の F1534C は
広く分布しており（70 ヵ所中 53 ヵ所で検出），757 個体の幼虫のうち 269 個
体がこのミューテーションを有していた（35.5%）（Kawada *et al.*, 2009b）。論
文では，このミューテーション（F1534C）は，当時の Yanola *et al.*（2008）の
記載に従って F1296C と記載している。F1534C の頻度は，ベトナムの中央高
地および北部で低かったが，Dong Ha，Hue，Da Nang，Tam Ky，Quang Ngai,
Quy Nhon，Nha Trang などの都市に隣接する地域で高くなる傾向にあった
（図 4-9）。F1534C の全体的な遺伝子頻度は 21.6%，ホモ接合個体頻度は 7.4%
で，Da Nang 市近郊の採集地で最高値（遺伝子頻度 87.5%，ホモ接合個体頻度
75.0%）を記録した。しかしながら，この論文を発表した時点では F1534C の
頻度分布とネッタイシマカのピレスロイド抵抗性には，有意な相関性が見出
せなかった。特に中央高地においては，明らかなピレスロイド低感受性が見
出されたのにもかかわらず，F1534C が分布していないことが不可解な問題と
して残った。
　この疑問は，調査より 10 年以上経った現在に至ってようやく解決されるこ
とになった。近年になって Kasai *et al.*（2022）によって注目された VSSC ミュー
テーションである L982W がその解決の糸口である。筆者らはこの L982W に

注目し，過去の採集サンプルの DNA について再解析を行ったところ，この
ミューテーションが F1534C よりも高頻度でベトナム全土に存在していたこと
を突き止めた（図 4-9）。L982W の頻度分布はベトナム南部に集中しており，
F1534C が検出されなかった中央高地においても高頻度で検出された（Kasai
et al. 2022, Kawada *et al.*, 2022）。先に述べた感受性インデックスと遺伝子頻度
との相関を分析したところ，F1534C では有意な相関が認められなかったの
に対し，L982W では有意な相関性を認めた（図 4-10）。Kasai *et al.*（2022）は，
L982W と F1534C の 2 つのミューテーションを併せ持つことによって，ネッ
タイシマカのペルメトリンに対する抵抗性が 1,000 倍以上にまで上昇すること
を示した。筆者らの 2006 年から 2008 年の調査では，このダブルミューテー
ションは 2 個体しか発見されなかったが，Kasai *et al.*（2022）の最近の調査では，
この率が大きく上昇している。また，L982W はカンボジアにまで広がってい
ることが示されており，非常に憂慮される事態となっている。

　ベトナム南部では，光安定性の高い第 2 世代ピレスロイドの広範な使用が
一般的である。1995 年に DDT の使用が禁止される以前は，マラリア対策の
ための DDT による屋内残留散布も一般的だった。ベトナムでは，1993 年と
1994 年にマラリア媒介蚊に対する残留散布処理に 24 トンの DDT が使用され，
ピレスロイド（λ-シハロトリンと α-シペルメトリン）による残留散布（および，
場合によってはデルタメトリンおよびペルメトリン含浸 LLIN の配布）が，他
のアジア諸国と比較して大量に使用された記録がある（Nam *et al.*, 2005; WHO,

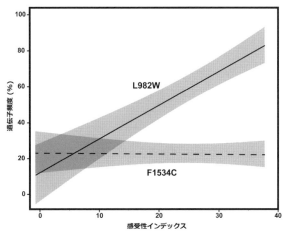

図 4-10　ベトナムで発見された VSSC ミューテーション（F1534C, L982W）と
感受性インデックスとの相関（Kawada *et al.*, 2022）。

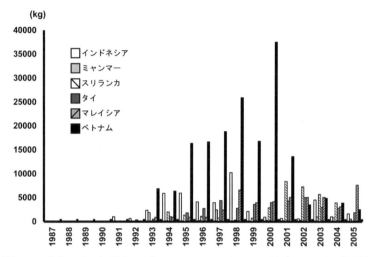

図 4-11 東南アジア主要国におけるマラリアコントロール用ピレスロイド使用量の変化（WHO, 2007 より作図）

2007）（図 4-11）。マラリア媒介蚊防除のための DDT とピレスロイドの使用は，人間の居住家屋の内外に集中的に行われたと思われるが，これは同時にネッタイシマカの生息場所でもある。ベトナムのネッタイシマカのピレスロイド抵抗性発達には，上記の事情が関与している可能性が大きい。一方，ヒトスジシマカにはこのような選択圧がかからなかったために，ピレスロイド抵抗性はさほど問題とならないと思われるが，近年 Kasai *et al.*（2019）によって，Hanoi 近郊で採集したヒトスジシマカに高いピレスロイド抵抗性と，ヒトスジシマカでは世界初となる V1016G ミューテーションが発見されており，ピレスロイド抵抗性発達の脅威が本種にも起こりつつあることが危惧される。

1-4 ミャンマー，Yangon 市のネッタイシマカの DDT およびピレスロイド抵抗性

　ミャンマーにおけるデング出血熱（DHF）は，1969 年に初めて記録されて以来 14 州中 12 州に広がっており，1970 年から 1991 年の間に 3,243 人の死者を含む 83,381 人の症例が報告されている（Aung *et al.*, 1996）。経済の発展と伝統的な貯水慣行（家屋周辺の水瓶等）により媒介蚊の発生源が増加し，DHF 症例は 2005 年の 5,621 から 2006 年の 11,049 に急増した（Oo *et al.*, 2011）。2015 年には 42,913 にまで達し（Oo *et al.*, 2017），これをピークに症例は減少傾向にあるが，それでも 2019 年の 8 月の時点で症例は 10,000 を越え

ている※1。ミャンマーの DHF 媒介蚊管理のための殺虫剤の使用に関する情報は乏しく，殺虫剤抵抗性に関する研究はほとんど報告されていない。1988〜2005 年に，510 トンの有機塩素系殺虫剤，360 kg の有機リン系殺虫剤，8,157 kg のピレスロイド系殺虫剤がミャンマーのマラリア対策に使用されたが，この同じ期間にデング熱媒介蚊防除に使用されたのは 1.2 トンの有機リン系殺虫剤のみであった。2003 年に使用が禁止されるまでに，ミャンマーでは DDT を含む大量の有機塩素系殺虫剤が使用されていた。ネズミノミ *Xenopsylla cheopsis* のコントロールに DDT が日常的に使用され，Yangon 市内のネズミノミは DDT 抵抗性を獲得したが，ネッタイシマカには抵抗性は検出されなかったことが報告されている（Thaung *et al.*, 1975）。

（1）Yangon 市におけるネッタイシマカの殺虫剤感受性

　筆者らは，2013 年に Yangon 市内のネッタイシマカの幼虫採集（図 4-12A）と，幼虫を使用した簡易ノックダウンテストを実施した（Kawada *et al.*, 2014）。その結果，驚くべきことに，North Dagon 地区 1 ヵ所（感受性インデックス =30）を除き，全ての採集ヵ所（55 ヵ所中 54 ヵ所）において最も高い抵抗性を示唆する感受性インデックス 36 が記録された（図 4-12B）。また，42 ヵ所の採集場所において *d*-T80 アレスリン 0.4 ppm で 30 分後のノックダウンが 0%，12 ヵ所で 10〜30% という極めて低い値を示した。ヒトスジシマカは，Dagon 地区と Than Lyin 地区の 2 ヵ所でのみ採集されたが，感受性インデックスは高くはなく，ピレスロイドに対する抵抗性は確認されなかった。7 つの地区で採集されたネッタイシマカ幼虫から得られた未吸血雌成虫に対して DDT（4% 含浸紙），ペルメトリン（0.75% 含浸紙）およびデルタメトリン（0.05% 含浸紙）に対する感受性を調べたところ（WHO チューブテスト，1 時間接触），全ての場所でペルメトリンおよび DDT に対する非常に高い抵抗性が確認された（死亡率 0%〜10% 未満）。デルタメトリンによる死亡率は高かったが 100% には達せず，やはり抵抗性が疑われた（川田ら，2014）。因みに，WHO によって規定されたシマカのペルメトリン抵抗性判定のための含浸紙の薬量は 0.75% の 3 分の 1 の 0.25% であり※2，この薬量でも致死率が 10% に満たないことから，

　※1　https://myanmarjapon.com/newsdigest/2019/08/21-18347.php，参照日 2022 年 9 月 23 日，「デング熱の感染者が1 万人を超える、死者は48 人に」，ミャンマー最新ニュース
　※2　https://apps.who.int/iris/bitstream/handle/10665/204588/WHO_ZIKV_VC_16.1_eng.pdf?sequence=2，参照日 2022 年 9 月 23 日，Monitoring and managing insecticide resistance in Aedes mosquito populations. Interim guidance for entomologists

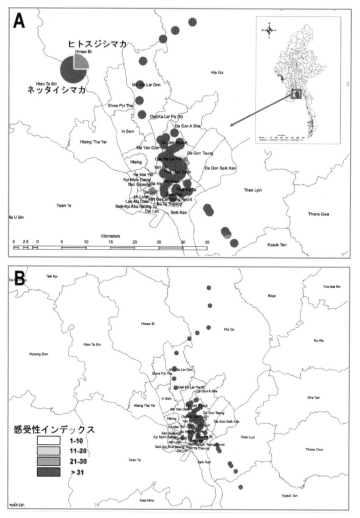

図 4-12 Yangon市内で採集されたネッタイシマカとヒトスジシマカの分布（A）とネッタイシマカ幼虫の感受性インデックス（B）（Kawada *et al.*, 2014）

Yangonのネッタイシマカにおけるペルメトリン抵抗性の異常な高さが推測される（図 4-13）。

(2) Yangon市のネッタイシマカの VSSC における トリプルミューテーションの発見

　Yangon市内で採集されたネッタイシマカからは VSSC ミューテーション

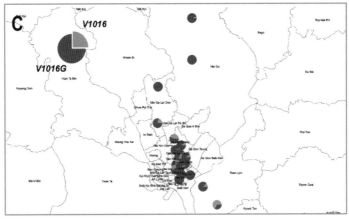

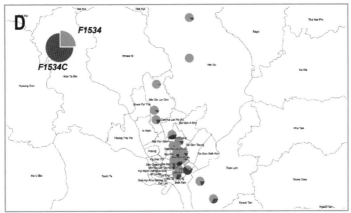

図 4-12　VSSC ミューテーション V1016G（C），F1534C（D）の分布（Kawada *et al.*, 2014）

V1016G が検出された。V1016G の全体的な頻度は 84.4%，ホモ接合個体頻度は 80.7% と非常に高かった。同様に，V1016G と同時に出現することの多い S989P も検出され，全体的な遺伝子頻度は 78.8%，ホモ接合個体頻度は 64.2% であった（図 4-12C）。さらに，低頻度ながら F1534C のホモ接合個体とヘテロ接合個体が検出された（F1534C の全体的な頻度とホモ接合個体頻度はそれぞれ 21.2% と 5.0%）（図 4-12D）。ヒトスジシマカの採集個体数は少なかったが，シーケンスを行った 20 個体の幼虫には上記のポイントミューテーションは検出されなかった。

　興味深いことに，上記の 3 種のポイントミューテーションには 3 つの共有パターンが観察された。すなわち，V1016G / F1534C の共有，V1016G / S989P

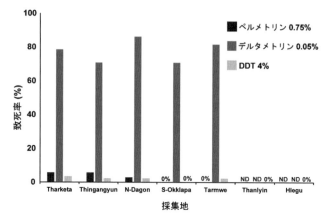

図4-13 Yangon市内7ヵ所で採集したネッタイシマカ雌成虫のWHO tube testによる感受性

0%は致死率0%を，NDは試験未実施を示す（川田ら，2014）

の共有，およびV1016G／F1534C／S989Pの共有である。さらに，3つのミューテーション（V1016G／F1534C／S989P）のホモ接合個体を共有する個体が，シーケンスされた204個体のうち2個体（0.98%）で検出された（Kawada *et al.*, 2014）。S989Pは常にV1016Gとリンクしているが，V1016GはS989Pの非存在下でもしばしば発見される（Srisawat *et al.*, 2010）。ミャンマーでの高頻度でのV1016GおよびS989Pの共有は前者のケースである。Srisawat *et al.* (2010) は，V1016GとS989Pの共有がネッタイシマカのデルタメトリンに対する抵抗性を強化することを示したが，ピレスロイド感受性に対するS989P単独の効果を測定することができなかったため，この2つのミューテーションがどのように抵抗性に関連していたかを直接証明することはできなかった。これに対して，Du *et al.* (2013) は，V1016GとS989Pの共有は相加的でも相乗的でもないことを報告している。

F1534Cの抵抗性が発現されるホモ接合個体は，デルタメトリンに対しては感受性が高いことが報告されている（Stenhouse *et al.*, 2013）。F1534Cは，ペルメトリンなどのタイプI ピレスロイド（フェノキシベンジルアルコールのα位にシアノ基を有しない）に対する感受性を低下させる役割を果たすが，L1014F（またはL1014S）およびV1016Gは，デルタメトリンなどのタイプII ピレスロイド（α位にシアノ基を有する）に対するVSSCの低感受性に重要な役割を果たしている（Du *et al.*, 2013）。Hirata *et al.* (2014) はアフリカツメガエルの卵母細胞でいくつかのタイプのVSSCミューテーションを発現

し，S989P + V1016G および F1534C がそれぞれペルメトリンに対するナトリウムチャンネルの感受性を 100 分の 1 および 25 分の 1 に低下させるのに対し，S989P + V1016G + F1534C のトリプルミューテーションはこの感受性を 1,100 分の 1 に低下させることを報告している。同様に S989P + V1016G のダブルミューテーションは，デルタメトリンに対するナトリウムチャンネル感受性を 10 分の 1 に低下させ，F1534C は単独では感受性低下を示さなかったのに対し，S989P + V1016G + F1534C のトリプルミューテーションによる感受性低下は 90 分の 1 に達した。

　ミャンマーにおいて V1016G + F1534C のホモ接合共有個体（2.9%）および V1016G + F1534C + S989P のホモ接合共有個体（0.98%）が少数ながら検出されたことは特筆に値する。ミャンマーではピレスロイド系殺虫剤が 1992 年にマラリア対策に使用されたのを皮切りに，その後恒常的に使用されており，使用量は年間 500 kg を超える。このピレスロイドの集中的な使用は，ネッタイシマカの抵抗性を発達させる強い選択圧となったと思われる。Yangon 市のネッタイシマカ個体群におけるピレスロイドや DDT に対する感受性と，VSSC のポイントミューテーション頻度の様式（V1016G 頻度 > F1534C 頻度）は，過去のベクターコントロールプログラムにおけるピレスロイド使用の履歴を反映しているのかも知れない。すなわち，はじめに DDT またはタイプ I ピレスロイドの使用により F1534C が選択され，その後タイプ II ピレスロイドの使用により V1016G が選択されたというシナリオが考えられる。S989P, V1016G および F1534C の 3 種のミューテーションを共有する個体の増加は，先に述べた L982W と F1534C のダブルミューテーション（Kasai *et al.*, 2022）と共にデング熱のベクターコントロールプログラムにおいて最悪のシナリオを提供する可能性がある。

1-5 ネパールにおけるネッタイシマカとヒトスジシマカの　　　ピレスロイド抵抗性，およびネパールへの　　　ネッタイシマカの侵入に関する遺伝学的推論

　ネパールの蚊に関する最初の本格的な調査は Darsie and Pradhan（1990）によって実施されたが，興味深いことにこの報告にはヒトスジシマカの記載はあるが（Peters and Dewar（1956）に既に記載あり），ネッタイシマカの記載は無い。ネパールにおけるネッタイシマカの最初の記載は 2009 年に行われている（Gautam *et al.*, 2009）。したがって，本種は少なくとも 1990 年以前にはネ

パールに広範囲に分布していなかったものと思われる。2004 年に Chiwan 地区で働いていた日本人ボランティアがデング熱を発症し，ネパールで最初の症例となった（Pandey *et al.*, 2004）。2009 年のネッタイシマカの分布初記載と 2006 年の最初のデング熱アウトブレーク（Pandey *et al.*, 2008）には強い因果関係があるように思える。近年の調査では，ネッタイシマカとヒトスジシマカはカトマンズ（標高 1350 m）で普通に分布するが，Rasuwa 地区の Dhunche（標高 1750 〜 2100 m）には分布していないことが報告されている（Dhimal *et al.*, 2015a）。両種の高高度地域への分布拡大は，ネパールで数十年にわたって発生している環境および気候の変化に起因する可能性がある（Dhimal *et al.*, 2015b）。

　不幸なことに，デング熱はネパールで年々激化しており，2019 年にはネパールの 77 地区のうち 68 地区において 14,662 人のデング熱症例（うち 6 名の死者）が報告されている（Adhikari and Subedi, 2020）。最も症例の多かったのは首都 Kathmandu（1,583 症例）を含む Bagmati 州（7,151 症例）であり，これは国家的な旅行者招致キャンペーン（Visit Nepal Year 2020）に大きな打撃を与えた。このデング熱の爆発的な拡大を契機に，ネパールではデング熱媒介蚊であるネッタイシマカとヒトスジシマカを対象に，ピレスロイド殺虫剤（デルタメトリン）の散布が行われている（筆者私信）。このような状況下で，筆者らはネパールにおけるシマカの分布と殺虫剤感受性の現地調査を実施した。蚊のサンプリングは，上述の調査同様，環境条件の異なる 3 つの主要都市の路上で見つかった中古タイヤを対象に行った。

（1）ネパールにおけるネッタイシマカとヒトスジシマカの 殺虫剤感受性と VSSC のポイントミューテーション

　地理的環境の異なる 3 都市，Bharatpur（標高約 200 m，高温多湿な気候），Kathmandu（標高約 1300 m，丘陵地域の盆地），Pokhara（標高約 800 m，年間を通じ穏やかな気候）に点在する中古タイヤから 800 個体の蚊幼虫が採集された。そのうち，442 個体はネッタイシマカ，359 個体はヒトスジシマカと同定され，79 個体は，イエカ属（*Culex* sp.），クロヤブカ属（*Armigeres* sp.），およびその他の特定できない種であった。幼虫を用いた簡易ノックダウンバイオアッセイの結果，ネッタイシマカの感受性インデックスが 30 以上を示した採集場所は，Bharatpur では 13 ヵ所中 3 ヵ所，Kathmandu では 8 ヵ所中 3 ヵ所，Pokhara では 11 ヵ所中 5 ヵ所で，Pokhara における感受性インデックスが他よ

りも若干高い傾向にあった。同時に，ネッタイシマカからは VSSC のミューテーション 3 種（V1016G，F1534C，および S989P）が検出された。V1016G と F1534C の全体的な遺伝子頻度とホモ接合個体 % はそれぞれ 25.6%，13.0% および 6.0%，2.0% であった（図 4-14, 15）。V1016G の頻度は，F1534C の頻度よりも有意に高かった。感受性インデックスと V1016G の遺伝子頻度との間には有意な相関が見られたが，F1534C との間には相関は見られなかった。さらに，223 個体中 1 個体のネッタイシマカ幼虫（Pokhara 採集）に S989P のホモ接合を検出した。7 個体のネッタイシマカにおいて 2 つのダブルミューテーション，すなわち V1016G + F1534C および V1016G + S989P が検出され，2 個体は V1016G ホモ接合 + F1534C ヘテロ接合個体であり，2 個体は V1016G ヘテロ接合 + F1534C ホモ接合個体，他の 3 個体は両方のミューテーションのヘテロ接合個体であった。S989P のホモ接合を有する 1 個体は，V1016G ヘテロ

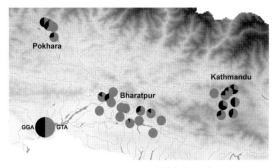

図 4-14　Kathmandu，Bharatpur，Pokhara で採集したネッタイシマカ幼虫における V1016G ミューテーションの分布図
　　●印は採集地点における 1016 の塩基配列変異（GGA）と野生型（GTA）の対立遺伝子組成を示す（Kawada *et al.*, 2020）。

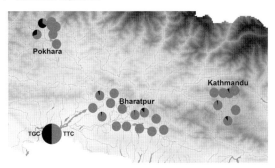

図 4-15　Kathmandu，Bharatpur，Pokhara で採集したネッタイシマカ幼虫における F1534C ミューテーションの分布図
　　●印は採集地点における塩基配列変異（TGC）と野生型（TTC）の対立遺伝子組成を示す（Kawada *et al.*, 2020）。

接合を共有していた。一方，ヒトスジシマカの感受性インデックスはネッタ
イシマカに比べ低い値を示し，VSSC のミューテーションは検出されなかった
（Kawada *et al.*, 2020）。

　筆者らは，2019 年に Kathmandu 周辺（Kathmandu 市内，Bhaktapur，Nagarkot）
の放置中古タイヤに発生する蚊幼虫の採集を再度行い，この幼虫から羽化し
た成虫を用いて WHO テストチューブ（1 時間接触）による感受性調査を実
施した。その結果，ネッタイシマカ，ヒトスジシマカ共に DDT（4% 含浸紙）
に対しては高い抵抗性が認められ，暴露開始より 60 分後のノックダウンも
極めて低いことが分かった。ヒトスジシマカはペルメトリン（0.75% 含浸紙）
に対しては感受性が高かったが，ネッタイシマカはペルメトリンに対しても
高い抵抗性を示した（図 4-16）。前述したように，WHO によって規定された
シマカのペルメトリン抵抗性判定のための含浸紙の薬量は 0.25% である。成
虫のピレスロイドに対する感受性試験結果は，幼虫の簡易ノックダウンテス
トの結果をよく反映する結果となった（川田ら，2020）。

　ネパールで公衆衛生用途に使用される殺虫剤の量は，2004～2005 年の 1,500
kg a.i. から 2005～2006 年には 3,500kg a.i. に増加した。この増加は，2004 年
にネパールで初めてデング熱が確認され，その対策として殺虫剤散布が行わ
れたことに起因すると思われる。ところが，2006 年以降殺虫剤使用量は徐々
に減少しており，2011～2012 年の使用量は 174 kg であった（Sushma *et al.*,
2015）。Sushma *et al.*（2015）は，この顕著な減少が「殺虫剤の有害な影響に関

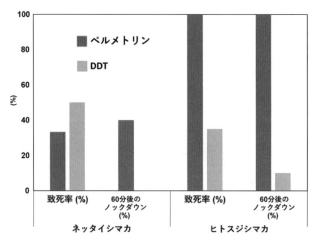

図 4-16　ネパールの Kathmandu 市周辺で採集したネッタイシマカとヒトスジシマ
カ成虫の WHO チューブテストによる感受性（川田ら，2020）

するネパールの人々の意識の高まり」のせいであると結論付けた。2009 年に
世界保健機関の農薬評価計画（WHOPES）によって報告された東南アジア諸
国（WHO のカテゴリーでは，バングラデシュ，ブータン，インド，モルディ
ブ，ミャンマー，ネパール，スリランカ，東ティモール，タイの 10 カ国）の
公衆衛生用途の殺虫剤の総使用量は 4,251 トン a.i.（有効成分量）であり※，そ
のうち 4,000 トン a.i. は有機塩素系殺虫剤で（主にインドにおける DDT），164
トン a.i. は有機リン系殺虫剤，87 トン a.i. がピレスロイドで構成されていた。
したがって，東南アジア諸国が使用する殺虫剤の平均（WHO のカテゴリーの
10 か国のデータ）は 386 トン a.i. で，ピレスロイド剤は 7.9 トン a.i. の計算に
なる。この数字は，国の面積を考慮に入れたとしても，他の近隣諸国と比較
してネパールでの殺虫剤の使用量が極端に少ないことを示している。ネパー
ルのネッタイシマカのピレスロイド抵抗性は，近隣諸国ほど深刻な問題では
ないと思われるが，2019 年のデング熱アウトブレークでは，恐らく過去に比
べても大量のピレスロイド殺虫剤が使用されたことが推察され，将来的にネ
パールにおいてピレスロイド抵抗性が大きな問題となる可能性が非常に危惧
される。

（2）ネッタイシマカにおける VSSC ミューテーションと
　　ドメイン II のイントロンとの連鎖

　ネッタイシマカの VSSC 遺伝子を構成するエクソン（遺伝情報がコードさ
れている部分）20 と 21 の間にはイントロン（遺伝情報がコードされておらず
不要な部分）が存在する。このイントロンには 2 タイプの種類があることが
知られているが（Martins *et al.*, 2009b; Chung *et al.*, 2019），ネパールのネッタイ
シマカにもこの 2 タイプ，グループ A（250 bp）およびグループ B（234 bp）
のイントロンが検出された。V1016G は，グループ A のイントロンと強くリ
ンクしていることが分かったが，F1534C とグループ A および B のイントロ
ンとの間にはこのような強い連鎖は観察されなかった。台湾のネッタイシマ
カに関する最近の研究においては，本研究で報告されたパターンと同様の連
鎖パターンが報告されている（Chung *et al.*, 2019）。ただし，ネパールのネッ
タイシマカにおける V1016G / V1016G / イントロン A，V1016G / 1016V / イン

※　https://apps.who.int/iris/bitstream/handle/10665/44670/9789241502153_eng.pdf，参照日 2022 年
　9 月 23 日，Global Insecticide Use for Vector-Borne Disease Control　A 10-YEAR ASSESSMENT
　（2000–2009）

トロン A，および 1016V / 1016V / イントロン A の 3 つの遺伝子頻度はほぼ同等であることから，V1016G とグループ A のイントロンとの間の連鎖は強いものではなく，現時点では V1016G に有利に作用する選択圧力は不十分であることが示された（Kawada *et al.*, 2020）。

（3）地球温暖化とネッタイシマカのネパールへの侵入

中古タイヤの世界的な売買によって，蚊の幼虫や卵が国境や海を越えて世界中に拡散していることは前述したとおりである。ヒトの活動により深く関わっているネッタイシマカの世界的な侵略の歴史は，ヒトスジシマカのそれよりも古く長いと思われる。さらに，蚊の個体群の垂直方向への拡大は，蚊媒介性疾病の拡大分散においても重要な意味を持つ。ネッタイシマカの幼虫は，Darjeeling Himalaya の海抜 2,130 m の竹の切り株でも見つかっている（Aditya *et al.*, 2009）。ネッタイシマカ幼虫は，最大 1,700 m までの高度では普通に発見されるが，メキシコの Puebla 市（標高 2133 m）で見つかったという報告もある（Lozano-Fuentes *et al.*, 2012）。筆者らのネパールにおける調査地の中で最も高度の高い採集場所は，Himaraya 山脈と Siwalik 丘陵に近い Kathmandu（標高 1200 m）であった。ネッタイシマカの発育に必要な限界温度は 9～10℃，発育ゼロ点は 13.3℃ と報告されている（Bar-Zeev, 1958）。したがって，1955 年から 1995 年の Kathmandu の年間最低気温（11～12℃）（Shrestha *et al.*, 1999）は，ネッタイシマカの越冬が困難であることを示している。Kathmandu の平均気温上昇率は 0.063℃ / 年であると報告されているので（Nayava *et al.*, 2017），1990 年の Kathmandu の年間最低気温を 12℃ として計算すると，予測最低気温は 2005 年に 12.95℃，2010 年に 13.3℃，2020 年に 13.9℃ と計算され，2009 年に Kathmandu で初めてネッタイシマカが記載された事実（Gautam *et al.*, 2009）とよく符合している。

ネパールのネッタイシマカの遺伝的多様性を知るために，cytochrome oxidase I（*COI*）の分析を行ったところ，2 種類のハプロタイプグループが存在することが明らかとなり，その一つは世界中に広く存在するハプロタイプであったが（図 4-17）（Kawada *et al.*, 2020），これは，ネパール国内でネッタイシマカのピレスロイド抵抗性と高頻度の V1016G が検出されたという事実，さらに，ネパールの殺虫剤使用量は他のアジア諸国と比較して極めて少ないため，ピレスロイド抵抗性を発達させる選択圧が低いという事実を考え合わせると，ネッタイシマカが 1990 年以降に，ピレスロイド抵抗性が比較的広範

囲に広がっている近隣アジア諸国から，ピレスロイド抵抗性遺伝子を伴って
侵入してきたという仮説を想起させる。

　今回の調査による幾つかの推測は，主要な3都市からの収集データのみに
基づいたものであるが，今後のネパールの他の地域からのデータ収集によっ
て，これらの推測はより強固なものになると確信している。人間の活動と地
球温暖化に関連した媒介蚊の世界的な水平方向および垂直方向の侵入拡大は，
公衆衛生の維持に重大な問題を提起するものである。また，ネパールのよう
に十分なベクターコントロール対策が体系化されていない国への媒介蚊侵入
に伴う殺虫剤抵抗性遺伝子の移入は，その国のベクターコントロール対策に
とって大きな障害となる可能性がある。媒介蚊の侵入を定期的にモニターし，
同時に侵入した媒介蚊の殺虫剤抵抗性を調査することが，疾病発生の防止に
は不可欠であろう。

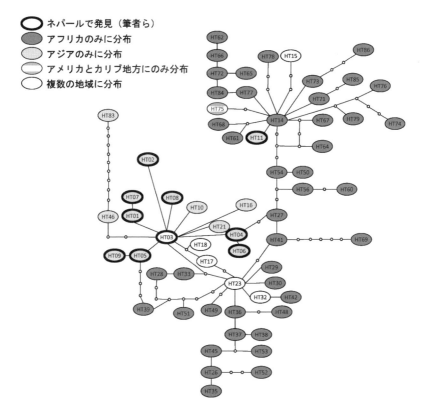

図 4-17　長さ 589 ～ 593bp の 64 個のハプロタイプを用いて描いたハプロタイプネットワーク
小さな円マークは突然変異のステップを示す（Kawada *et al.*, 2020）。

1-6 アフリカのネッタイシマカ個体群からの VSSC ミューテーションの発見，およびその侵入経路に関する遺伝学的考察

　ネッタイシマカは，ナイジェリアの少なくとも標高 1220 m の地域まで分布し，沿岸の沼沢地帯からギニアのサバンナ北部まで，西アフリカ全体に分布している。筆者らの調査対象となったガーナでは，かつて黄熱病が流行しており，1969～1970 年に北部で 319 症例と 79 人の死者を含む大流行が起こった。2011 年 12 月には，国内の 10 区域中 8 区域で 7 人の死者を含む症例が報告され，ガーナ保健省は黄熱病のアウトブレークを宣言した[※]。ネッタイシマカは，ガーナにおける最も重要な黄熱病の媒介蚊の 1 つである（Agadzi *et al.*, 1984）。ガーナではこれまでデング熱の発生の報告はないが，ガーナと国境を接している隣国コートジボワールとブルキナファソでは報告されており，これらの国からの国境を越えた人々の移動の増加と，ガーナでの組織化された媒介蚊防除システムの欠如は，将来ガーナでもデング熱の発生が起こる可能性を示唆している（Appawu *et al.*, 2006）。ガーナでの 2015 年の血清学的調査では，マラリアが確認された小児の 3.2% および 21.6% にそれぞれ IgM および IgG デング熱抗体が存在することが明らかになった。これは，デング熱とマラリアの同時感染の可能性，およびこの子供達が過去にデング熱ウイルスに感染したことを示している（Stoler *et al.*, 2015）。

　ガーナのデング熱媒介蚊における殺虫剤抵抗性の全国分布を調査することは，デング熱と黄熱病の発生を予測し，効果的な防御手段を策定するための有益な情報を提供することになる。また，アフリカ大陸に共存するネッタイシマカ亜種，すなわち *Aedes aegypti aegypti*（Aaa）と *Aedes aegypti formosus*（Aaf）の分布の季節的または地域的な違いに関連する殺虫剤の感受性の違いも興味深い。アフリカの森林地帯に起源を持つ Aaf は Aaa の祖先と考えられている。Aaa は人間の環境に適応しているのに対し，Aaf は森林環境との関連性が高い（Mattingly, 1957）。Aaa の成虫は屋内環境を好み，産卵のために人工の水容器を使用するが，Aaf は人為環境と森林の間の境界地域を好み，木の洞，ロックプール，植物葉腋などの自然の発生源で繁殖する。Aaa はデング熱および黄熱病ウイルスに非常に感受性が高く，Aaf よりも効率的なウイルス媒介

※　http://adore.ifrc.org/Download.aspx?FileId= 28108，参照日 2022 年 9 月 23 日，DREF 最終報告書「ガーナ：黄熱の発生」

者であると考えられている（Failloux *et al.*, 2002）。この2種の亜種の同定は，顕微鏡による成虫の形態学的な観察に頼るしかなく，その同定基準は熟練度の低い観察者にとっては非常に難しいものである（腹部第1節背面にある白色鱗片の数の多少によって分類）（図4-18）。さらに，幼虫の形態観察による同定は不可能に近く，比較的容易に個体数が得られる幼虫採集を行っても最終的にはこれを羽化させないと正確な同定ができないという問題がある。Ballinger-Crabtree *et al.*（1992）は，

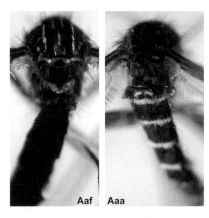

図4-18　ネッタイシマカの亜種，都市型の *Aedes aegypti aegypti*（Aaa）と森林型の *Aedes aegypti formosus*（Aaf）の胸部および腹部背面の図（Kawada *et al.*, 2020）

RAPD-PCR（Random-Amplified Polymorphic DNA Polymerase Chain Reaction）を用いた両亜種の同定法について報告しているが，この方法は残念ながらアフリカで採集された両種の同定には適用できないことが明らかになった（Kawada *et al.*, 2021）。これは，アフリカにおいては両亜種が容易にハイブリッドを形成するが，RAPD-PCRでは両亜種のヘテロ接合を検知することができないためである。

（1）ガーナのネッタイシマカ個体群の殺虫剤感受性

　筆者らの2013年11月から12月にかけての中古タイヤに発生するネッタイシマカの採集調査では，Aaaの占める比率は，82.7%（Accra），87.0%（Kintampo）および79.3%（Tamale）で，AaaはAafよりも優勢であったが，Kumasiでは他の地域に比べてAaaの優勢度は低かった（65.2%）。これとは対照的に，2014年9月に実施した2回目の調査では，Aaaの占有率は全体的に低くなったが（Accraで46.4%，Abuakwaで25.5%，Kintampoで60.0%），Kumasiにおける占有率は2013年の調査時と同じ範囲にあった（63.7%）（Kawada *et al.*, 2016）（図4-19）。ガーナの雨期は3月に始まり10月末まで続く。したがって，2回の採集調査は，2013年の乾期の始まりと2014年の雨期の終わりにそれぞれ対応している。すなわち，AaaとAafの種構成は季節とともに変化することを示している。このような種構成の変化がKumasiでは見られなかったことは興味深い。Kumasiはガーナの熱帯雨林地域に位置しており，Accra（雨期

68.2 mm，乾期 29.6 mm）や Kintampo（隣接するタマレの雨期と乾期の降水量
はそれぞれ 75.1 mm と 46.6 mm）と比較すると，年間を通して比較的一貫し
た降水量（2012 年と 2013 年の月間平均降水量は，雨期では 162.4 mm，乾季
では 88.9 mm）を有することが原因かも知れない。

　今回の調査においては，採集された Aaa と Aaf の間でペルメトリン（0.75%
含浸紙，1 時間接触）と DDT（4% 含浸紙，1 時間接触）に対する感受性に違
いはなかったため，殺虫剤に対する感受性は両方の亜種の混合コロニーを使
用して比較を行ったが，DDT に対する高い抵抗性（1 時間の接触で 70% 未満
の死亡率）がすべての蚊のコロニーで観察された。一方，ペルメトリンに対
する感受性は，すべてのコロニーで比較的高かったが，Accra（90% 未満の
死亡率）および Abuakwa のコロニー（81.3% の死亡率）で，ペルメトリンに
対する抵抗性が疑われた。2014 年に収集された Kumasi および Kintampo のコ
ロニーでは，ペルメトリンによる死亡率は他のコロニーよりも高かったが，

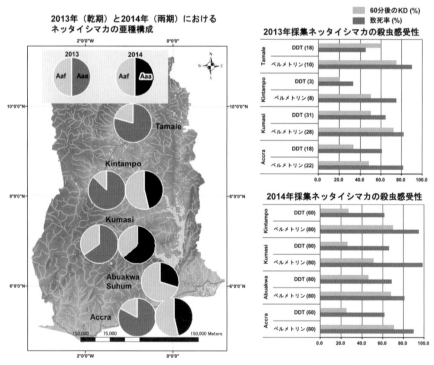

図 4-19 ガーナの 5 つの採集地点における 2013 年と 2014 年のネッタイシマカ亜種 Aaa と
　　　Aaf の構成と WHO チューブテストによる Aaa と Aaf の混合コロニーの殺虫剤感受性
　　　右グラフの括弧内の数字は試験に使用した蚊の数を示す（Kawada *et al.*, 2016）

100% 未満（それぞれ 98.8% および 95.0% の死亡率）であり，やはりペルメト
リンに対する抵抗性の可能性が示唆された（Kawada *et al.*, 2016）（図 4-19）。

　ガーナの近隣諸国であるコートジボワール（1968 年），トーゴ（1969 年），
ベナン（1968 年）等では，ネッタイシマカの有機塩素系殺虫剤に対する抵抗
性が既に報告されているが（WHO, 1986），ガーナにおいて DDT やペルメト
リン抵抗性が広範囲に分布しているという報告は，著者らの報告が最初のも
のと思われる。ガーナの農業においては，過去に有機塩素系殺虫剤が一般的
に使用されており，DDT とリンデンはガーナの家畜やペットの外部寄生虫
をコントロールするために使用されていた（Fianko *et al.*, 2011）。また，ピレ
スロイド（λ-シハロトリンとシペルメトリン）は，トマト，コショウ，オク
ラ，ナス，キャベツ，レタス栽培者によって使用されている。これらの殺虫
剤が，本来はノンターゲットであるネッタイシマカの殺虫剤抵抗性発達の選
択圧力として作用した可能性は否定できない。マラリア対策のための LLIN や
IRS，およびその他の殺虫剤処理の間接的な影響も，ベトナムのネッタイシマ
カの個体群において報告されているように（Huber *et al.*, 2003; Vu *et al.*, 2004;
Kawada *et al.*, 2009a, 2009b），ガーナのネッタイシマカの DDT およびピレス
ロイド抵抗性の一要因として考えられる。ガーナにおけるマラリア媒介蚊
Anopheles gambiae は，ガーナ南西部の地域で DDT とピレスロイド殺虫剤に対
する高い抵抗性を発達させており（Kristan *et al.*, 2003; Kudom *et al.*, 2012），ガー
ナ国家マラリア対策プログラムにおける LLIN および IRS での殺虫剤の使用
は，DDT とピレスロイド抵抗性の主な原因であると考えられる。ガーナの隣
接国であるマリ（Fanello *et al.*, 2003）およびブルキナファソ（Diabaté *et al.*,
2002）でも同様な抵抗性が報告されているが，これは主に VSSC におけるミュー
テーションに起因している（Kudom *et al.*, 2012）。このように，使用が禁止さ
れる以前の DDT によるマラリア対策とその後のピレスロイドの使用は，ネッ
タイシマカにも強い選択圧を与えた可能性がある。

（2）ガーナのネッタイシマカ個体群における
　　VSSC ミューテーションの発見

　筆者らの調査により，ガーナのネッタイシマカにおいて高頻度の F1534C
が検出された（Kawada *et al.*, 2016）。シーケンスを実施した 759 個体のうち，
F1534C のホモ接合個体が 294 個体，ヘテロ接合個体が 259 個体検出された。
Aaa と Aaf における F1534C の遺伝子頻度は，それぞれ Accra で 68.4% および

52.6%，Kumasi で 64.6% および 60.0%，Kintampo で 58.3% および 45.2% であっ
た。F1534C の遺伝子頻度，ホモ接合個体頻度ともに，Aaa が Aaf よりも有意
に高かった（図 4-20）。さらに，Accra において 1 個体（Aaa）の V1016I ヘテ
ロ接合個体が 732 個体の中から検出された。このミューテーションは中米諸
国に普通に存在するミューテーションである。

　Accra と Kumasi はガーナの 2 大都市で，それぞれ 150 万人以上が居住する。
Tamale はこれらに次いで大きな人口約 40 万人の都市である。Kintampo と
Abuakwa は，上記 3 大都市と比較すると人口は少ない（約 4 万人）。F1534C
の遺伝子頻度およびホモ接合個体頻度は，Accra と Kumasi の 2 大都市におい
て高かった。アフリカ大陸におけるネッタイシマカの F1534C および V1016I
の存在は 2017 年の時点では報告されておらず（Kamgang *et al.*, 2017），著者
らの報告が最初の記録となるが，その後隣国のブルキナファソ（Sombié *et al.*,
2019）とアフリカ南部のアンゴラ（Ayres *et al.*, 2020）からの報告が相次いで
行われた。アフリカ大陸以外では，Madeira 諸島（Seixas *et al.*, 2013）やカー
ボベルデ（Ayres *et al.*, 2020）において同様のミューテーションが報告されて
いるが，ガーナを含めて全てアフリカ西部の地域であり東部地域からは今の

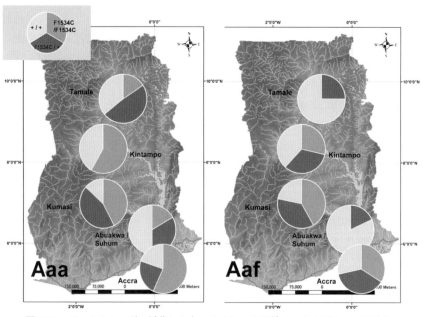

図 4-20　ガーナの 5 ヵ所で採集したネッタイシマカ亜種 Aaa および Aaf における
　　F1534C の遺伝子頻度（Kawada *et al.*, 2016）

ところこれらのミューテーションは報告されていない。この事実は，アフリカ東部地域とアメリカ大陸との交易などによるヒトの移動と関係しているのかも知れない。

（3）VSSC エクソンに隣接するイントロンに基づいた　　 ガーナのネッタイシマカの系統解析

ネッタイシマカの VSSC ドメイン II に存在するエクソン 20 と 21 の間のイントロンに 2 つのタイプが報告されていることを前述したが，ガーナ採集のネッタイシマカにも同様に 2 つのタイプのイントロン，グループ A（250 bp）とグループ B（234 bp）が検出された。また，ガーナ採集ネッタイシマカの F1534C は，グループ A のイントロンと強く関連していることが分かった。2 つのイントロンを用いて系統樹を作成したところ，2 つの大きなクレードが観察された（図 4-21）。クレード 1 は東南アジアと中南米のシーケンスで構成され，ケニア採集の 2 つのハプロタイプとガーナ採集の 1 つのハプロタイプがこれに属していた。クレード 2 は主にアフリカ採集のハプロタイプで構成され，アジアおよび中南米のハプロタイプの一部がこれに属していた。ガーナ採集のネッタイシマカのグループ A イントロンは，クレード 1 内の多くのアジアおよび南米のシーケンスと同じシーケンスを共有していた。ほとんどのアフリカのシーケンスはクレード 2 に分類され，アジアおよび中南米のシーケンスは，クレード 2 内の 3 つの単系統クレードに分類された。Saavedra-Rodriguez *et al.*（2007）は，グループ A イントロンが V1016I と強く関連しており，V1016I 対立遺伝子とその近接のイントロン（グループ A）が，DDT およびその後のピレスロイド散布による選択圧によって生じたと仮定した。ガーナのネッタイシマカにおいては，F1534C がグループ A のイントロンと強く関連していたが，この組み合わせのハプロタイプは図 4-21 のクレード 1 に属することから，このハプロタイプがアジアや中南米のいずれかから導入されたことが示唆された。

ネッタイシマカは，アフリカ大陸に起源を有すると考えられている。大陸のサハラ以南の地域には Aaf が分布しており，これは Aaa の祖先と考えられている。人為的環境に適応した亜種（Aaa）は人間の居住地周辺に生息地を拡大し，人間の活動に伴って広範囲に分散したと考えられる。ネッタイシマカは 17 世紀に西半球に，18 世紀に地中海沿岸部に，そして 19 世紀と 20 世紀に熱帯のアジアおよび太平洋の島々に広がった。ネッタイシマカは，黄熱病対

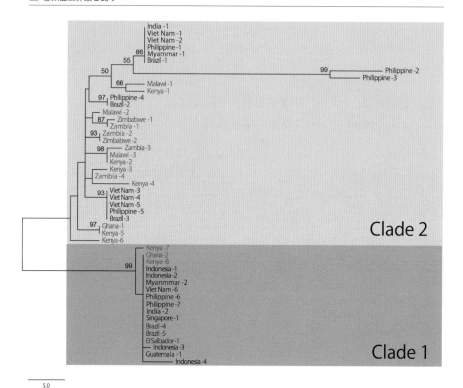

India -1
Viet Nam -1
Viet Nam -2
Philippine -1
Myammar -1
Brazil -1
86
55
50
99 Philippine -2
Philippine -3
66 Malawi -1
Kenya -1
97 Philippine -4
Brazil -2
Malawi -2
87 Zimbabwe -1
Zambia -1
93 Zambia -2
Zimbabwe -2
Zambia -3
98 Malawi -3
Kenya -2
Kenya -3
Zambia -4 Kenya -4
93 Viet Nam -3
Viet Nam -4
Viet Nam -5
Philippine -5
Brazil -3
97 Ghana -1
Kenya -5
Kenya -6

Clade 2

99
Kenya -7
Ghana -2
Kenya -8
Indonesia -1
Indonesia -2
Myanmmar -2
Viet Nam -6
Philippine -6
Philippine -7
India -2
Singapore -1
Brazil -4
Brazil -5
El Salbador -1
Indonesia -3
Guatemala -1
Indonesia -4

Clade 1

5.0

図 4-21 ネッタイシマカのエクソン 20 と 21 の間に存在するイントロンの変異に基づいた系統解析（Kawada *et al.*, 2016）

策のための殺虫剤散布により 1950 年代に地中海地域から，1950 年から 1960 年に南アメリカからそれぞれ根絶されたが，その後これらの地域のほとんどに再び分布するようになった（Rodhain and Rosen, 1997）。1940 年代および 1950 年代に汎米保健機構（Pan American Health Organization, PAHO）が開始した黄熱病の都市流行を防ぐためのネッタイシマカ撲滅プログラムは，中南米のほとんどの国で成功を収め，ネッタイシマカ個体群の分布が劇的に減少した。しかし，1970 年代に撲滅プログラムが中止されたことから，媒介蚊であるネッタイシマカは 1940 年代と同様の分布を取り戻し，1995 年までに黄熱病の再発生が起こった（Gubler, 1997）。1940 年代〜1950 年代の有機塩素系殺虫剤によると思われる広範囲に亘る撲滅プログラムは，蚊の集団に高い選択圧を引き起こし，殺虫剤抵抗性ネッタイシマカの分布を拡大させた可能性がある（WHO, 1986）。F1534C の選択はこの時期に行われたのではないだろうか？DDT 抵抗性のネッタイシマカは，1950 年代にカリブ海諸国で初めて報告され

たが，DDT の使用が禁止されたにもかかわらず DDT 抵抗性は維持されている。DDT 抵抗性と F1534C は，その後のペルメトリン等のピレスロイド使用によってネッタイシマカ個体群中に維持されている可能性がある。

　中古タイヤの取引などの人間の活動に伴う媒介蚊の世界的な移動により，アジアまたは中南米のハプロタイプがガーナ国内に侵入した可能性が大いに考えられるが，ガーナの F1534C が上記のハプロタイプに便乗してきたのか，あるいは上記のハプロタイプ移入後に選択されたのかは不明である。F1534C とグループ A イントロン間の強い連鎖は前者の便乗仮説を支持する。さらに，ヘテロ接合個体 1 個体ではあるが，V1016I が発見されたこと，およびこのミューテーションと F1534C の共有個体が存在することは注目に値するかもしれない。F1534C と V1016I のシーケンシャルな進化の重要性が Vera-Maloof *et al.*（2015）により示唆されている。V1016I は適応度が低いために独立して進化する可能性は低い。このような条件下で，V1016I はピレスロイドによる選択圧を受け，1016V / F1534C ハプロタイプから V1016I / F1534C ハプロタイプに急速に進化したと考えられる。これは，これらのダブルミューテーションがそれぞれの単独ミューテーションより高いピレスロイド抵抗性を発現するからである。Cosme *et al.*（2020）による最近の論文においても，上記の 2 段階進化仮説が支持されている。Vera-Maloof *et al.*（2015）は，ドメイン II および III の VSSC ミューテーションの頻度に関する情報は，その集団が *kdr* を進化させる可能性を予測するために重要であり，F1534C の高頻度のミューテーションを有する集団が *kdr* を発達させるリスクが高いという警告を発している。ガーナのネッタイシマカ集団にも同様な予測が成り立つことから，今後注意を要すると思われる。

1-7 日本におけるヒトスジシマカの ピレスロイドおよび DDT 抵抗性

　ヒトスジシマカの殺虫剤抵抗性に関する研究は多くはないが，そのいくつかは日本国内のヒトスジシマカについて行われている。Toma *et al.*（1992）は琉球列島で採集された 7 つのコロニーのヒトスジシマカの感受性について報告しているが，11 種類の殺虫剤（DDT，有機リン剤，カーバメイト，ピレスロイド）のうちでは，DDT を除くすべての殺虫剤に対して感受性が高かった。Suzuki and Mizutani（1962）は浸漬法を使用してヒトスジシマカ幼虫の殺虫剤感受性をテストしたが，川崎（東京）および川島（長崎）から採集されたコ

ロニーが有機塩素系殺虫剤および有機リン剤に対して抵抗性を示した。本節では，長崎市およびその他の日本国内で採集されたいくつかのヒトスジシマカのコロニーについて殺虫剤感受性試験を実施した結果を踏まえ，考えられ得る抵抗性メカニズムについて考察する。

（1）長崎市で採集されたヒトスジシマカの殺虫剤感受性

長崎市および日本のその他の場所から収集されたヒトスジシマカの幼虫を用いた簡易ノックダウン試験による感受性インデックスは，12 から 36 の範囲にあった。長崎市の 20 コロニーのうち，10 のコロニーが最高値（36）を示し，6 コロニーがインデックス 24〜30, 4 つのコロニーが 12〜18 の感受性インデックスを示した。つまり，長崎で採集されたコロニーの半分以上がピレスロイドに対して抵抗性を有することを示している。日本の他の場所から収集された 8 つのコロニーのうち，2 つのコロニーは感受性インデックス 36 を，2 つのコロニーは 24〜30 を，他の 4 つのコロニーは 12〜18 の感受性インデックスを示した（Kawada *et al.*, 2010）。

長崎市内の公園および日本の他のいくつかの地域から採集された成虫のペルメトリン（0.75% 含浸紙）および DDT（4% 含浸紙）に対する WHO チューブテスト（1 時間接触）による感受性を図 4-22 に示す。抵抗性の有無判断の閾値を致死率 90% とすると，長崎市から採集された 20 コロニーのうち 12 コロニーがペルメトリン抵抗性と判断された。これに対して，日本国内の他の場所から採集された 8 つのコロニーのうち，ペルメトリン抵抗性と判断されたコロニーは 1 つのみ（福岡のコロニー）であった。また，DDT に関しては，与那国コロニーを除くすべてのコロニーが DDT 抵抗性と判断され，なかでも 19 の長崎コロニーは低い死亡率（< 40%）を示し，これらのコロニーは DDT に高い抵抗性を有することが分かった（Pujiyati *et al.*, 2013）。これまでいくつかの研究において，日本国内の一部の地域のヒトスジシマカが DDT 抵抗性である事実が報告されているが（Suzuki and Mizutani, 1962; Suzuki, 1962, 1963; Miyagi *et al.*, 1989; Toma *et al.*, 1992），Pujiyati *et al.*（2013）の報告は，日本国内におけるヒトスジシマカの広範な DDT 抵抗性を証明する最初の報告かもしれない。

日本の蚊や他の昆虫における広範な DDT 抵抗性は，おそらく 1945〜1962 年にかけて実施された全国的な防除キャンペーンによる DDT の広範囲な使用に起因するものと思われる（Toma *et al.*, 1992; Kasai *et al.*, 2007）。与那国コロ

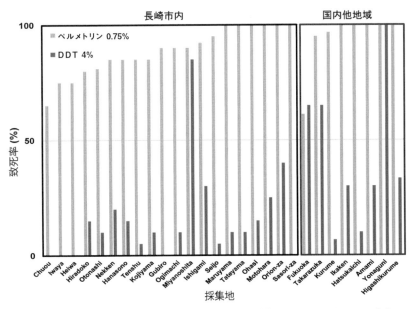

図 4-22　長崎市の公園および国内の他地域で採集したヒトスジシマカ成虫の
WHO テストチューブ試験によるペルメトリンおよび DDT に対する感受性
(Pujiyati *et al.*, 2013)

ニーが高い DDT 感受性を示したが，同様な報告が Toma *et al.*（1992）によっ
てなされているのは興味深い。すなわち，沖縄県で採集されたいくつかのコ
ロニーの中では，与那国および南大東のコロニーのみが DDT に対して高い感
受性を示した。これらの事実は，八重山諸島で実施されたマラリア防除プロ
グラムの中で，与那国や南大東では大規模な DDT 散布が行われなかったこと
を裏付けていると思われる（Miyagi *et al.*, 1996）。

　ヒトスジシマカの DDT 抵抗性については，中国（Neng *et al.*, 1992），中央
アフリカ（Kamgang *et al.*, 2011），米国（Marcombe *et al.*, 2014），マレーシア（Ishak
et al., 2015）でも報告されている。中国におけるヒトスジシマカの DDT 抵抗
性は，中国の都市部で専ら発生しており，農村部における抵抗性は低い（Neng
et al., 1992）。米国では，ヒトスジシマカは 2 つのフロリダのコロニーとニュー
ジャージーの 1 つのコロニーが DDT に対して抵抗性であった（Marcombe *et
al.*, 2014）。このようなヒトスジシマカにおける DDT 抵抗性の世界的な広がり
は，日本を含む熱帯，亜熱帯，温帯のアジア諸国から，アメリカ，ヨーロッパ，
アフリカ大陸への本種の人為的な導入に起因する可能性がある。

（2）ヒトスジシマカのピレスロイドおよび DDT 抵抗性メカニズム

　筆者らは，上述のピレスロイドと DDT の両方に対して抵抗性を示したヒトスジシマカの 2 つの長崎コロニーに対し，DEM（ジエチルマレエート，グルタチオン -S-トランスフェラーゼ（GST）活性の阻害剤），DEF（トリブホス，エステラーゼ活性の阻害剤），DMC（DDT デヒドロクロリナーゼ活性の阻害剤），および PBO（ピペロニルブトキシド，チトクローム P450 モノオキシゲナーゼ活性の阻害剤）といった協力剤を DDT およびペルメトリンに添加した場合の感受性試験を実施した（Pujiyati *et al.*, 2013）。その結果，成虫における DDT に対する協力作用は，DEM が最も高かったが，DMC と PBO の協力効果は高くなかった。また，幼虫に対しては，PBO が DEF や DEM よりも高い協力効果を d-T$_{80}$-アレスリンに及ぼした。一方，ヒトスジシマカからは VSSC のミューテーションは全く検出されなかった（Pujiyati *et al.*, 2013）。

　ピレスロイドと DDT の交差抵抗性を引き起こす可能性のあるメカニズムには，VSSC のミューテーションとチトクローム P450 モノオキシゲナーゼ活性の強化が考えられるが，日本国内のヒトスジシマカには，現在のところ VSSC のミューテーションは検出されていないこと，さらに DDT に対する PBO の協力効果が低いことから，*kdr* ミューテーションもチトクローム P450 も DDT の解毒の主な原因ではないことを示している。これに対し，DEF によってブロックされると考えられるエステラーゼ活性の強化，および DEM によってブロックされる GST 活性の強化が DDT 抵抗性コロニーで示唆された。これらの酵素の毒性学的役割は，DDT 抵抗性因子としてまだ十分認識はされていないものの，DDT 抵抗性との相関関係は示唆されている（Ranson *et al.*, 2001; Sarkar *et al.*, 2009; Lumjuan *et al.*, 2011）。一方，PBO は幼虫期の d-T$_{80}$ アレスリンの LC$_{50}$ を低下させるのに最も効果的であり，チトクローム P450 が幼虫のピレスロイド抵抗性の主な因子の 1 つである可能性を示している。Neng *et al.* （1992）は，DDT デヒドロクロリナーゼが中国のヒトスジシマカの DDT 抵抗性の主要な解毒因子の 1 つであることを示した。また，Marcombe *et al* （2014）は，米国フロリダ採集の DDT 抵抗性ヒトスジシマカの幼虫および成虫の両方における GST の関与を報告している。

　Kawada *et al.* （2010）は，長崎採集のヒトスジシマカにおけるピレスロイドと DDT の交差抵抗性の可能性を示唆した。すなわち，長崎採集コロニーに見られたピレスロイド抵抗性は，1950 年代の DDT 製剤を用いた墓地等の組織的

かつ大規模な幼虫駆除処理によって引き起こされた可能性がある。Kasai *et al.* (2007) は，日本のアカイエカにおけるピレスロイド抵抗性に関して同様の仮説を提起している。1950 年代前半には，DDT と BHC が長崎市の墓地周辺や墓石の花瓶に散布されていた。1970 年代の DDT の使用禁止に伴って，ダイアジノン，テメフォス，フェンチオン，フェニトロチオンなどの有機リン剤が DDT の代わりに使用されるようになったが，ピレスロイド殺虫剤は使用されていない。さらに，2000 年の伝染病予防法の改正に伴い，長崎市での蚊の殺虫剤による組織的な防除は行われなくなった（川田，私信）。したがって，長崎市のヒトスジシマカにおける DDT およびピレスロイド抵抗性は，1950 年代の DDT による幼虫防除対策が原因と思われるが（Kawada *et al.*, 2010），現時点ではピレスロイドと DDT 間の交差抵抗性を説明する抵抗因子の明確な関係については解明できていない。複数の代謝因子がピレスロイドの解毒に役割を果たしている可能性があり，それらの一部は DDT とピレスロイドの解毒メカニズムの両方に共通していると仮定できる。上記の仮説を明らかにするには，さらなる生化学的研究が必要となるであろう。

（3）海外のデング熱媒介蚊が日本国内に侵入する可能性

これまで述べてきたように，ネッタイシマカは日本の多くの地域で冬を越すことができないために，この種が国内に定着する可能性は極めて低い。危惧されるのは，海外からの飛行機や船舶に紛れ込んだネッタイシマカが国内の空港や港湾に定着し，一時的ではあるにせよ繁殖して感染症を媒介する危険性である。2012 年 8 月に，成田国際空港においてネッタイシマカの航空機による国内侵入が初めて確認された。雄成虫と幼虫が捕獲されており，恐らく国際線の飛行機から逃げ出した雌成虫が空港内に産卵したものと思われるが，この事例では幼虫駆除剤（ピリプロキシフェン）を水系に処理することによりその後の繁殖は抑えられた（Sukehiro *et al.*, 2013）。同様な事例が東京（羽田）国際空港（2013 年）や中部国際空港（2016 年，2017 年）でも確認されている（葛西ら，2019; 胡ら，2019; 高崎，2019）。成田国際空港で捕獲されたネッタイシマカからは，VSSC ミューテーション（S989P, V1016G, F1534C）が，中部国際空港で捕獲されたサンプルからは L982W と F1534C がそれぞれ検出されており（葛西ら，2019; 胡ら，2019），おそらくは東南アジアから *kdr* 遺伝子を持ったネッタイシマカが侵入してきたことが推測され，今後も十分な警戒が必要である。

　ヒトスジシマカは，日本国内に広く分布している上に，海外の同種のヒトスジシマカとの区別が困難であるために，海外からの侵入を確認することは難しいが，*COI* やマイクロサテライトの技術を用いれば推定は可能である（Yang *et al.*, 2021）。ネパールやガーナのネッタイシマカにおいて示唆されたように，殺虫剤抵抗性因子を有するヒトスジシマカの海外からの移入は，日本国内に殺虫剤による選択圧なしに抵抗性コロニーを定着させることになり，憂慮すべき事態となる。ヒトスジシマカのピレスロイド抵抗性は，現在のところ世界的に深刻な問題とはなっていないが（Jirakanjanakit *et al.*, 2007; Vontas *et al.*, 2012; Ishak *et al.*, 2015 など），シンガポール（Kasai *et al.*, 2011），ブラジル（Aguirre-Obando *et al.*, 2017），中国（Chen *et al.*, 2016），ベトナム（Kasai *et al.*, 2019）などではネッタイシマカと同様な VSSC ミューテーションの存在が確認されており，将来的にヒトスジシマカにもピレスロイド抵抗性が普遍化する危険性は高い。

　筆者らは，海外からの船舶の往来が多い港湾およびその周辺地域に注目し，ヒトスジシマカの殺虫剤感受性調査を行った。調査地として選択したのは，神戸港周辺（兵庫県神戸市），博多港および北九州港周辺（福岡県福岡市，北九州市），比田勝港および厳原港周辺（長崎県対馬市），沖縄本島，石垣港周辺（石垣市），与那国島（沖縄県八重山郡与那国町）の 5 地域である。調査は，d-T$_{80}$ アレスリンによる簡易ノックダウンテストと採集幼虫あるいは成虫の VSSC ミューテーションの有無について行った。その結果，神戸港周辺の数ヵ所，厳原港周辺の数ヵ所における採集幼虫にピレスロイドに対する低感受性が示唆されたが，その他の地域においてはピレスロイドに対する感受性低下は全く認められなかった。また，ヒトスジシマカを採集した全ての地域において L982W, S989P, V1016G, F1534C のいずれの VSSC ミューテーションも検出されなかった。神戸港周辺および厳原港周辺におけるピレスロイド抵抗性の疑いは，広範囲に亘るものではなく，おそらくは人口密集地などに限定されたものであると思われた（川田ら，2021）。

1-8 まとめ

　DDT 抵抗性は，この殺虫剤の使用が禁止されて以来長い期間を隔てているにもかかわらず，安定して世界中の蚊の個体群中に存在しているように思える。この事実は，蚊に留まらず他の昆虫集団にも当てはまると考えられる。生体内では異物となる殺虫剤の影響下にある昆虫の生存にとって有益な

殺虫剤抵抗性因子は，しばしばその昆虫に負のコストを課すことがあり，こ
のような抵抗性因子は時間の経過とともに減少する運命にある（Coustau *et al.*,
2000; Hall *et al.*, 2004）。*Anopheles gambiae* グループの *Anopheles coluzzii*（かつ
て *An. gambiae* M フォームと呼ばれていた種）の VSSC ミューテーションであ
る L1014F のヘテロ接合雄個体は，ホモ接合雄個体よりも交尾能力が高く，そ
の結果 *kdr* 遺伝子の適合性にマイナスの影響が生じるが，主要な代謝抵抗性
遺伝子である Ace-1 ミューテーションについては，適合度の違いは観察され
なかった（Platt *et al.*, 2015）。同様に，Brito *et al.*（2013）は，ネッタイシマカ
の VSSC ミューテーション（F1534C と V1016I）が幼虫の発育，卵の生産，お
よび生殖能力において高いコストを要求することを報告している。キイロショ
ウジョウバエ *Drosophila melanogaster* では，DDT の使用禁止後も DDT 抵抗性
（DDT-R）は世界中で定着している（Catania *et al.*, 2004）。McCart *et al.*（2005）は，
上記の DDT-R 遺伝子が成虫の繁殖力と卵および幼虫の生存率の両方を増加さ
せ，幼虫とサナギの発達を促進させるという驚くべき報告をしている。彼らは，
単一の DDT 抵抗性遺伝子あるいはこれと密接に関係する変更遺伝子（modifier）
が，DDT の影響がなくてもこれに交差抵抗性を示す他の殺虫剤の継続的な使
用により，グローバルに安定化していることを示した。DDT 抵抗性遺伝子が，
DDT 抵抗性の蚊または他の昆虫の個体群に適応コストを課さない理由は不明
である。しかし，蚊集団のピレスロイド抵抗性が世界中に広がり，DDT 抵抗
性と同じように安定化しつつあることは容易に想像できる。疾病媒介蚊のピ
レスロイド抵抗性は，現在マラリアやその他の蚊媒介感染症防御プログラム
の成功にとって最大の障害となっている。殺虫剤抵抗性メカニズムを特定し，
殺虫剤抵抗性の発生を分断する分子レベルの研究を加速することが必要であ
り，新規の作用機序を備えた新しい殺虫剤の開発研究や，媒介蚊による抵抗
性発達という防御手段を許さない新しい防除方法やデバイスの開発が急務と
なっている。

〔引用文献〕（第 4 章− 1）

Adhikari N, Subedi D (2020) The alarming outbreaks of dengue in Nepal. *Tropical Medicine and Health,*
　48: 5.

Aditya G, Pramanik MK, Saha GK (2009) Immatures of *Aedes aegypti* in Darjeeling Himalayas–
　expanding geographical limits in India. *Indian Journal of Medical Research,* 129: 455–457.

Agadzi VK, Boatin BA, Appawu MA, Mingle AA, Addy PA (1984) Yellow fever in Ghana, 1977–80.
　Bulletin of the World Health Organization, 62: 577–583.

Aguirre-Obando OA, Martins AJ, Navarro-Silva MA (2017) First report of the Phe1534Cys *kdr* mutation
　in natural populations of *Aedes albopictus* from Brazil. *Parasites & Vectors,* 10: 160.

Al Nazawi AM, Aqili J, Alzahrani M, McCall PJ, Weetman D (2017) Combined target site (*kdr*) mutations play a primary role in highly pyrethroid resistant phenotypes of *Aedes aegypti* from Saudi Arabia. *Parasites & Vectors,* 10:161.

Alvarez LC, Ponce G, Saavedra-Rodriguez K, Lopez B, Flores AE (2015) Frequency of V1016I and F1534C mutations in the voltage-gated sodium channel gene in *Aedes aegypti* in Venezuela. *Pest Management Science,* 71: 863–869.

Appawu M, Dadzie S, Abdul H, Asmah H, Boakye D, Wilson M, Ofori-Adjei D (2006) Surveillance of viral haemorrhagic fevers in Ghana: Entomological assessment of the risk of transmission in the northern regions. *Ghana Medical Journal,* 40: 137–141.

Aung TT, Win S, Aung S (1996) Status report on epidemiology of dengue/dengue haemorrhagic fever in Myanmar, 1995. *Dengue Bulletin,* 20: 41–45.

Ayres C, Seixas G, Borrego S, Marques C, Monteiro I, Marques CS, Gouveia B, Leal S, Troco AD, Fortes F, Parreira R, Pinto J, Sousa CA (2020) The V410L knockdown resistance mutation occurs in island and continental populations of *Aedes aegypti* in West and Central Africa. *PLoS Neglected Tropical Diseases,* 14: e0008216.

Ballinger-Crabtree ME, Black 4th WC, Miller BR (1992) Use of genetic polymorphisms detected by the random-amplified polymorphic DNA polymerase chain reaction (RAPD-PCR) for differentiation and identification of *Aedes aegypti* subspecies and populations. *American Journal of Tropical Medicine and Hygiene,* 47: 893–901.

Bar-Zeev M (1958) The effect of temperature on the growth rate and survival of the immature stages of *Aëdes aegypti* (L.). *Bulletin of Entomological Research,* 49: 157–163.

Brengues C, Hawkes NJ, Chandre F, McCaroll L, Duchon S, Guillet P, Manguin S, Morgan JC, Hemingway J (2003) Pyrethroid and DDT cross-resistance in *Aedes aegypti* is correlated with novel mutations in the voltage-gated sodium channel gene. *Medical and Veterinary Entomology,* 17: 87–94.

Brito LP, Linss JG, Lima-Camara TN, Belinato TA, Peixoto AA, Lima JB, Valle D, Martins AJ (2013) Assessing the effects of *Aedes aegypti kdr* mutations on pyrethroid resistance and its fitness cost. *PLoS One,* 8: e60878.

Bruce-Chwatt LJ (1985) *Essential Malariology.* New York, John Wiley & Sons. pp. 452.

Catania F, Kauer MO, Daborn PJ, Yen JL, ffrench-Constant RH, Schlotterer C (2004) World-wide survey of an *Accord* insertion and its association with DDT resistance in *Drosophila melanogaster*. *Molecular Ecology,* 13: 2491–2504.

Chen H, Li K, Wang X, Yang X, Lin Y, Cai F, Zhong W, Lin C, Lin Z, Ma Y (2016) First identification of *kdr* allele F1534S in VGSC gene and its association with resistance to pyrethroid insecticides in *Aedes albopictus* populations from Haikou City, Hainan Island, China. *Infectious Diseases of Poverty,* 5: 31.

Chung HH, Cheng IC, Chen YC, Lin C, Tomita T, Teng HJ (2019) Voltage-gated sodium channel intron polymorphism and four mutations comprise six haplotypes in an *Aedes aegypti* population in Taiwan. *PLoS Neglected Tropical Diseases,* 13: e0007291.

Cosme LV, Gloria-Soria A, Caccone A, Powell JR, Martins AJ (2020) Evolution of *kdr* haplotypes in worldwide populations of *Aedes aegypti*: Independent origins of the F1534C *kdr* mutation. *PLoS Neglected Tropical Diseases,* 14: e0008219.

Coustau C, Chevillon C, ffrench-Constant RH (2000) Resistance to xenobiotics and parasites: can we count the cost? *Trends in Ecology and Evolution,* 15: 378–383.

Darsie RF, Pradhan SP (1990) The mosquitoes of Nepal: Their identification, distribution and biology. *Mosquito Systematics,* 22: 69–130.

Dhimal M, Gautam I, Joshi HD, O'Hara RB, Ahrens B, Kuch U (2015a) Risk factors for the presence of chikungunya and dengue vectors (*Aedes aegypti* and *Aedes albopictus*), their altitudinal distribution and climatic determinants of their abundance in central Nepal. *PLoS Neglected Tropical Diseases,* 9:

e0003545.

Dhimal M, Ahrens B, Kuch U (2015b) Climate change and spatiotemporal distributions of vector-borne diseases in Nepal - A systematic synthesis of literature. *PLoS One,* 10: e0129869.

Diabaté A, Baldet T, Chandre F, Guiguemdé RT, Brengues C, Guillet P, Hemingway J, Hougard JM (2002) First report of the *kdr* mutation in *Anopheles gambiae* M form from Burkina Faso, West Africa. *Parasitologia,* 44: 157–158.

Djiappi-Tchamen B, Nana-Ndjangwo MS, Mavridis K, Talipouo A, Nchoutpouen E, Makoudjou I, Bamou R, Mayi AMP, Awono-Ambene P, Tchuinkam T, Vontas J, Antonio-Nkondjio C (2021) Analyses of insecticide resistance genes in *Aedes aegypti* and *Aedes albopictus* mosquito populations from Cameroon. *Genes,* 12: 828.

Du Y, Nomura Y, Satara G, Hua Z, Nauen R, He SY, Zhorov BS, Dong K (2013) Molecular evidence for dual pyrethroid-receptor sites on a mosquito sodium channel. *Proceedings of the National Academy of Sciences of the United States of America,* 110: 11785–11790.

Edman JD, Kittayapong P, Linthicum K, Scott T (1997) Attractant resting boxes for rapid collection and surveillance of *Aedes aegypti* (L.) inside houses. *Journal of American Mosquito Control Association,* 13: 24–27.

Enayati AA, Vatandoost H, Ladonni H, Townson H, Hemingway J (2003) Molecular evidence for a *kdr*-like pyrethroid resistance mechanism in the malaria vector mosquito *Anopheles stephensi. Medical and Veterinary Entomology,* 17: 138–144.

Erhart A, Thang ND, Hung NQ, Toi LV, Hung LX, Tuy TQ, Cong LD, Speybroecck N, Coosemans M, D'Alessandro U (2004) Forest malaria in Vietnam: A challenge for control. *American Journal of Tropical Medicine and Hygiene,* 70: 110–118.

Erhart A, Thang ND, Ky PV, Tinh TT, Overmeir CV, Speybroeck N, Obsomer V, Hung LX, Thuan LK, Coosemans M, D'alessandro U (2005) Epidemiology of forest malaria in central Vietnam: a large scale cross-sectional survey. *Malaria Journal,* 4: 58.

Failloux AB, Vazeille M, Rodhain F (2002) Geographic genetic variation in populations of the dengue virus vector *Aedes aegypti. Journal of Molecular Evolution,* 55: 653–663.

Fanello C, Petrarca V, della Torre A, Santolamazza F, Dolo G, Coulibaly M, Alloueche M, Curtis CF, Touré YT, Coluzzi M (2003) The pyrethroid knock-down resistance gene in the *Anopheles gambiae* complex in Mali and further indication of incipient speciation within *An. gambiae* s.s. *Insect Molecular Biology,* 12: 241–245.

Fernando SD, Hapugoda M, Perera R, Saavedra-Rodriguez K, Black IV WC, de Silva NK (2018) First report of V1016G and S989P knockdown resistant (*kdr*) mutations in pyrethroid-resistant Sri Lankan *Aedes aegypti* mosquitoes. *Parasites & Vectors,* 11: 526.

Fianko JR, Donkor A, Lowor ST, Yeboah PO (2011) Agrochemicals and the Ghanaian environment, a review. *Journal of Environmental Protection,* 2: 221–230.

Gautam I, Dhimal M, Shrestha SR, Tamrakar AS (2009) First record of *Aedes aegypti* (L.) vector of dengue virus from Kathmandu, Nepal. *Journal of Natural History Museum,* 24: 156–164.

Gubler DJ (1997) Dengue and dengue hemorrhagic fever: Dengue and dengue hemorrhagic fever: its history and resurgence as a global public health problem. In: Gubler DJ, Kuno G (eds). Oxon and New York, Cab International; pp. 1–22.

Hall RJ, Gubbins S, Gilligan CA (2004) Invasion of drug and pesticide resistance is determined by a trade-off between treatment efficacy and relative fitness. *Bulletin of Mathematical Biology,* 66: 825–840.

Hamid PH, Prastowo J, Ghiffari A, Taubert A, Hermosilla C (2017a) *Aedes aegypti* resistance development to commonly used insecticides in Jakarta, Indonesia. *PLoS One,* 12: e0189680.

Hamid PH, Prastowo J, Widyasari A, Taubert A, Hermosilla C (2017b) Knockdown resistance (*kdr*) of the voltage-gated sodium channel gene of *Aedes aegypti* population in Denpasar, Bali, Indonesia.

Parasites & Vectors, 10: 283.

Hamid PH, Ninditya VI, Prastowo J, Haryanto A, Taubert A, Hermosilla C (2018) Current status of *Aedes aegypti* insecticide resistance development from Banjarmasin, Kalimantan, Indonesia. *BioMed Research International,* 20: 1735358.

Harris AF, Rajatileka S, Ranson H (2010) Pyrethroid resistance in *Aedes aegypti* from Grand Cayman. *American Journal of Tropical Medicine and Hygiene,* 83: 277–284.

Hawley WA (1988) The biology of *Aedes albopictus. Journal of the American Mosquito Control Association (Suppl. 1),* 4: 1–39.

林　晃史 (2005) 日本産蚊の殺虫剤に対する感受性調査.「疾病媒介害虫防除に関する問題点」. 殺虫剤研究班のしおり, 76: 10–27.

Higa Y, Tsuda Y, Tuno N, Takagi M (2001) Preliminary field experiments on exophagy of *Aedes albopictus* (Diptera: Culicidae) in peridomestic habitat. *Medical Entomology and Zoology,* 52: 105–116.

Higa Y, Nguyen YT, Kawada H, Tran SH, Nguyen HT, Takagi M (2010) Geographic distribution of *Aedes aegypti* and *Aedes albopictus* collected from used tires in Vietnam. *Journal of the American Mosquito Control Association,* 26: 1–9.

Hirata K, Komagata O, Itokawa K, Yamamoto A, Tomita T, Kasai S (2014) A single crossing-over event in voltage-sensitive Na+ channel genes may cause critical failure of dengue mosquito control by insecticides. *PLoS Neglected Tropical Diseases,* 8: e3085.

胡　錦萍・糸川健太郎・津田良未・二見恭子・比嘉由紀子・澤邊京子・皆川　昇 (2019) 中部国際空港で発見したネッタイシマカの移入元推定. 第 71 回日本衛生動物学会大会（山口）衛生動物, 70 (Supplement): 64（講演要旨）.

Huber K, Luu LL, Tran HH, Tran KT, Rodhain F, Failloux AB (2003) *Aedes aegypti* in south Vietnam: Ecology, genetic structure, vectorial competence and resistance to insecticides. *South East Asian Journal of Tropical Medicine and Public Health,* 34: 81–86.

Hung LQ, de Vries PJ, Giao PT, Nam VS, Binh TQ, Chong MT, Quoc NTTA, Thanh TN, Hung LN, Kager PA (2002) Control of malaria: a successful experience from Viet Nam. *Bulletin of the World Health Organization,* 80: 660–666.

Ishak H, Miyagi I, Toma T, Kamimura K (1997) Breeding habitats of *Aedes aegypti* (L.) and *Aedes albopictus* (Skuse) in villages of Barru, South Sulawesi, Indonesia. *Southeast Asian Journal of Tropical Medicine and Public Health,* 28: 844–850.

Ishak IH, Jaal Z, Ranson H, Wondji CS (2015) Contrasting patterns of insecticide resistance and knockdown resistance (*kdr*) in the dengue vectors *Aedes aegypti* and *Aedes albopictus* from Malaysia. *Parasites & Vectors,* 8: 181.

Jirakanjanakit N, Rongnoparut P, Saengtharatip S, Chareonviriyaphap T, Duchon S, Bellec C, Yoksani S (2007) Insecticide susceptible/resistance status in *Aedes* (Stegomyia) *aegypti* and *Aedes* (Stegomyia) *albopictus* (Diptera: Culicidae) in Thailand during 2003-2005. *Journal of Economic Entomology,* 100: 545–550.

Kamgang B, Marcombe S, Chandre F, Nchoutpouen E, Nwane P, Etang J, Corbel V, Paupy C (2011) Insecticide susceptibility of *Aedes aegypti* and *Aedes albopictus* in Central Africa. *Parasites & Vectors,* 4: 79.

Kamgang B, Yougang AP, Tchoupo M, Riveron JM, Wondji C (2017) Temporal distribution and insecticide resistance profile of two major arbovirus vectors *Aedes aegypti* and *Aedes albopictus* in Yaounde ́, the capital city of Cameroon. *Parasites & Vectors,* 10: 469.

Kasai S, Shono T, Komagata O, Tsuda Y, Kobayashi M, Motoki M, Kashima I, Tanikawa T, Yoshida M, Tanaka I, Shinjo G, Hashimoto T, Ishikawa T, Takahashi T, Higa Y, Tomita T (2007) Insecticide resistance in potential vector mosquitoes for West Nile virus in Japan. *Journal of Medical Entomology,* 44: 822–829.

Kasai S, Ng LC, Lam-Phua SG, Tang CS, Itokawa K, Komagata O, Kobayashi M, Tomita T (2011) First detection of a putative knockdown resistance gene in major mosquito vector, *Aedes albopictus*. *Japanese Journal of Infectious Diseases,* 64: 217–221.

Kasai S, Caputo B, Tsunoda T, Cuong TC, Maekawa Y, Lam-Phua SG, Pichler V, Itokawa K, Murota K, Komagata O, Yoshida C, Chung H-H, Bellini R, Tsuda Y, Teng H-J, de Lima Filho JL, Alves C, Ng LC, Minakawa N, Yen NT, Phong TV, Sawabe K, Tomita T (2019) First detection of a Vssc allele V1016G conferring a high level of insecticide resistance in *Aedes albopictus* collected from Europe (Italy) and Asia (Vietnam), 2016: a new emerging threat to controlling arboviral diseases. *Europe's Journal on Infectious Disease Surveillance, Epidemiology, Prevention and Control,* 24: 1700847.

葛西真治・糸川健太郎・高岡安希・駒形　修・冨田隆史・津田良夫・澤邊京子（2019）2013年から 2015 年に成田国際空港で一時繁殖が確認されたネッタイシマカ 3 集団の殺虫剤抵抗性遺伝子. 第 71 回日本衛生動物学会大会（山口）衛生動物, 70 (Supplement): 72.

Kasai S, Itokawa K, Uemura N, Takaoka A, Furutani S, Maekawa Y, Kobayashi D, Imanishi-Kobayashi N, Amoa-Bosompema M, Murota K, Higa Y, Kawada H, Minakawa N, Cuong TC, Yen NT, Phong TV, Keo S, Kang K, Miura K, Ng LC, Teng H-J, Dadzie S, Subekti S, Mulyatno KC, Sawabe K, Tomita T, Komagata O (2022) Discovery of super insecticide-resistant dengue mosquitoes in Asia: threats of concomitant knockdown resistance mutations. *Science Advances*, in press.

Kawada H, Higa Y, Nguyen YT, Tran SH, Nguyen HT, Takagi M (2009a) Nationwide investigation of the pyrethroid susceptibility of mosquito larvae collected from used tires in Vietnam. *PLoS Neglected Tropical Diseases,* 3: e391.

Kawada H, Higa Y, Komagata O, Kasai S, Tomita T, Yen NT, Loan LL, Sánchez RA, Takagi M (2009b) Widespread distribution of a newly found point mutation in voltage-gated sodium channel in pyrethroid-resistant *Aedes aegypti* populations in Vietnam. *PLoS Neglected Tropical Diseases,* 3: e527.

Kawada H, Maekawa Y, Abe M, Ohashi K, Ohba S, Takagi M (2010) Spatial distribution and pyrethroid susceptibility of mosquito larvae collected from catch basins in parks in Nagasaki city, Nagasaki, Japan. *Japanese Journal of Infectious Diseases,* 63: 19–24.

Kawada H, Oo SMZ, Thaung S, Kawashima E, Maung YNM, Thu HM, Thant KZ, Minakawa N (2014) Co-occurrence of point mutations in the voltage-gated sodium channel of pyrethroid-resistant *Aedes aegypti* populations in Myanmar. *PLoS Neglected Tropical Diseases,* 8: e3032.

川田　均・Oo SMZ・Thaung S・川島恵美子・Maung YNM・Thu HM・Thant KZ・皆川 昇（2014）ミャンマー連邦共和国ヤンゴンで採集されたネッタイシマカの殺虫剤抵抗性. 第 66 回日本衛生動物学会大会（岐阜）衛生動物, 65 (Supplement): 49.

Kawada H, Higa Y, Futami K, Muranami Y, Kawashima E, Osei JHN, Dadzie S, Sakyi KY, de Souza D, Appawu M, Ohta N, Suzuki T, Minakawa N (2016) Discovery of point mutations in the voltage-gated sodium channel from African *Aedes aegypti* populations: Potential phylogenetic reasons for gene introgression. *PLoS Neglected Tropical Diseases,*10: e0004780.

Kawada H, Futami K, Higa Y, Rai G, Suzuki T, Rai SK (2020) Distribution and pyrethroid resistance status of *Aedes aegypti* and *Aedes albopictus* populations and possible phylogenetic reasons for the recent invasion of *Aedes aegypti* in Nepal. *Parasites & Vectors,* 13: 213.

川田　均・二見恭子・鈴木高史・G. Rai・S. K. Rai（2020）ネパールにおけるネッタイシマカとヒトスジシマカのピレスロイド抵抗性（3）カトマンズ周辺で採集された成虫の殺虫剤感受性. 第 72 回日本衛生動物学会大会（東京）衛生動物, 70 (Supplement): 66.

Kawada H, Futami K, Higa Y, Suzuki T, Minakawa N (2021) Is the molecular identification by RAPD-PCR applicable to the African *Aedes aegypti* (Diptera: Culicidae) subspecies? *Japanese Journal of Environmental Entomology and Zoology,* 32: 99–103.

川田　均・楊　超・比嘉由紀子・二見恭子・砂原俊彦・鈴木高史（2021）西日本の港湾地域およびその周辺におけるヒトスジシマカ, *Aedes albopictus* (Skuse)(Diptera; Culicidae), のピレス

ロイド感受性調査. 環動昆, 32: 17–26.

Kawada H, Higa Y, Kasai S (2022) Reconsideration of importance of the point mutation L982W in the voltage-sensitive sodium channel in the pyrethroid resistant *Aedes aegypti* (L.)(Diptera: Culicidae) in Vietnam. *PLoS One*, in review.

Kliot A, Ghanim M (2012) Fitness costs associated with insecticide resistance. *Pest Management Science*, 68: 1431–1437.

Kristan M, Fleischmann H, della Torre A, Stich A, Curtis CF (2003) Pyrethroid resistance/susceptibility and differential urban/rural distribution of *Anopheles arabiensis* and *An. gambiae* s. s. malaria vectors in Nigeria and Ghana. *Medical and Veterinary Entomology*, 17: 326–332.

Kudom AA, Mensah BA, Agyemang TK (2012) Characterization of mosquito larval habitats and assessment of insecticide-resistance status of *Anopheles gambiae* sens lato in urban areas in southwestern Ghana. *Journal of Vector Ecology*, 37: 77–82.

Kushwah RB, Dykes CL, Kapoor N, Adak T, Singh OP (2015) Pyrethroid-resistance and presence of two knockdown resistance (*kdr*) mutations, F1534C and a novel mutation T1520I, in Indian *Aedes aegypti*. *PLoS Neglected Tropical Diseases*, 9: e3332.

Li C-X, Kaufman PE, Xue R-D, Zhao M-H, Wang G, Yan T, Guo X-X, Zhang Y-M, Dong Y-D, Xing D, Zhang H-D, Zhao TY (2015) Relationship between insecticide resistance and *kdr* mutations in the dengue vector *Aedes aegypti* in Southern China. *Parasites & Vectors*, 8: 325.

Linss JG, Brito LP, Garcia GA, Araki AS, Bruno RV, Lima JB, Valle D, Martins AJ (2014) Distribution and dissemination of the Val1016Ile and Phe1534Cys *Kdr* mutations in *Aedes aegypti* Brazilian natural populations. *Parasites & Vectors*, 7: 25.

Lozano-Fuentes S, Hayden MH, Welsh-Rodriguez C, Ochoa-Martinez C, Tapia-Santos B, Kobylinski KC, Uejio CK, Zielinski-Gutierrez E, Monache LD, Monaghan AJ, Steinhoff DF, Eisen L (2012) The dengue virus mosquito vector *Aedes aegypti* at high elevation in México. *American Journal of Tropical Medicine and Hygiene*, 87: 902–909.

Lumjuan N, Rajatileka S, Changsom D, Wicheer J, Leelapat P, Prapanthadara LA, Somboon P, Lycett G, Ranson H (2011) The role of the *Aedes aegypti* Epsilon glutathione transferases in conferring resistance to DDT and pyrethroid insecticides. *Insect Biochemistry and Molecular Biology*, 41: 203–209.

Maestre-Serrano R, Pareja-Loaiza P, Camargo DG, Ponce-García G, Flores AE (2019) Co-occurrence of V1016I and F1534C mutations in the voltage-gated sodium channel and resistance to pyrethroids in *Aedes aegypti* (L.) from the Colombian Caribbean region. *Pest Management Science*, 75: 1681–1688.

Marcombe S, Mathieu RB, Pocquet N, Riaz MA, Poupardin R, Sélior S, Darriet F, Reynaud S, Yébakima A, Corbel V, David JP, Chandre F (2012) Insecticide resistance in the dengue vector *Aedes aegypti* from Martinique: Distribution, mechanisms and relations with environmental factors. *PLoS One*, 7: e30989.

Marcombe S, Farajollahi A, Healy SP, Clark GG, Fonseca DM (2014) Insecticide resistance status of United States populations of *Aedes albopictus* and mechanisms involved. *PLoS One*, 9: e101992.

Marcombe S, Fustec B, Cattel J, Chonephetsarath S, Thammavong P, Phommavanh N, David JP, Corbel V, Sutherland IW, Hertz JC, Brey PT (2019) Distribution of insecticide resistance and mechanisms involved in the arbovirus vector *Aedes aegypti* in Laos and implication for vector control. *PLoS Neglected Tropical Diseases*, 13: e0007852.

Martinez-Torres D, Chandre F, Williamson MS, Darret F, Bergé JB, Devonshire AL, Guillet P, Pasteur N, Pauron D (1998) Molecular characterization of pyrethroid knockdown resistance (*kdr*) in the major malaria vector *Anopheles gambiae* s.s. *Insect Molecular Biology*, 7: 179–184.

Martinez-Torres D, Chevillon C, Brun-Barale A, Bergé JB, Pasteur N, Pauron D (1999). Voltage-dependent Na+ channels in pyrethroid-resistant *Culex pipiens* L. mosquitoes. *Pesticide Science*, 55: 1012–1020.

Martins AJ, Lima JBP, Peixoto AA, Valle D (2009a) Frequency of Val1016Ile mutation in the voltage-gated sodium channel gene of *Aedes aegypti* Brazilian populations. *Tropical Medicine and International Health,* 14: 1351–1355.

Martins AJ, Lins RM, Linss JG, Peixoto AA, Valle D (2009b) Voltage-gated sodium channel polymorphism and metabolic resistance in pyrethroid-resistant *Aedes aegypti* from Brazil. *American Journal of Tropical Medicine and Hygiene,* 81: 108–115.

Matsuo N (2019) Discovery and development of pyrethroid insecticides. *Proceedings of the Japan Academy Series B,* 95: 378–400.

Mattingly PF (1957) Genetical aspects of the *Aedes aegypti* problem. I. Taxonomy and bionomics. *Annals of Tropical Medicine and Parasitology,* 51: 392–408.

McCart C, Buckling A, ffrench-Constant RH (2005) DDT resistance in flies carries no cost. *Current Biology,* 15: R587–R589.

Miyagi I, Toma T, Zyasu N, Takashita Y (1989) Insecticide susceptibility of *Culex quinquefasciatus* larvae (Diptera: Culicidae) in Okinawa Prefecture, Japan in 1989. *Japanese Journal of Sanitary Zoology,* 45: 7–11.

Miyagi I, Toma T, Malenganisho WL, Uza M (1996) Historical review of mosquito control as a component of malaria eradication program in the Ryukyu Archipelago. *Southeast Asian Journal of Tropical Medicine and Public Health,* 27: 498–511.

Moore CG (1999) *Aedes albopictus* in the United States: current status and prospects for further spread. *Journal of the American Mosquito Control Association,* 15: 221–227.

Nam NV, de Vries PJ, Toi LV, Nagelkerke N (2005) Malaria control in Vietnam: the Binh Thuan experience. *Tropical Medicine and International Health,* 10: 357–365.

Nayava JL, Adhikary S, Bajracharya OR (2017) Spatial and temporal variation of surface air temperature at different altitude zone in recent 30 years over Nepal. *Mausam,* 68: 417–428.

Neng W, Yan X, Fuming H, Dazong C (1992) Susceptibility of *Aedes albopictus* from China to insecticides, and mechanism of DDT resistance. *Journal of the American Mosquito Control Association,* 8: 394–397.

Nguyen TH (1994) Country report on dengue fever/dengue haemorrhagic fever and Japanese encephalitis in Vietnam. *Tropical Medicine,* 36: 170–176.

Oo TT, Storch V, Madon MB, Becker N (2011) Factors influencing the seasonal abundance of *Aedes* (Stegomyia) *aegypti* and the control strategy of dengue and dengue hemorrhagic fever in Thanlyin Township, Yangon City, Myanmar. *Tropical Biomedicine,* 28: 302–311.

Oo PM, Wai KT, Harries AD, Shewade HD, Oo T, Thi A, Lin Z (2017) The burden of dengue, source reduction measures, and serotype patterns in Myanmar, 2011 to 2015–R2. *Tropical Medicine and Health,* 45: 35.

Pandey BD, Rai SK, Morita K, Kurane I (2004) First case of dengue virus infection in Nepal. *Nepal Medical College Journal,* 6: 157–159.

Pandey BD, Morita K, Khanal SR, Takasaki T, Miyazaki I, Ogawa T, Inoue S, Kurane I (2008) Dengue virus, Nepal. *Emerging Infectious Diseases,* 14: 514–515.

Pang SC, Chiang LP, Tan CH, Vythilingam I, Lam-Phua SG, Ng LC (2015) Low efficacy of deltamethrin-treated net against Singapore *Aedes aegypti* is associated with *kdr*-type resistance. *Tropical Biomedicine,* 32: 140–150.

Paupy C, Delatte H, Bagny L, Corbel V, Fontenille D (2009) *Aedes albopictus*, an arbovirus vector: From the darkness to the light. *Microbes and Infection,* 11: 1177–1185.

Peters W, Dewar SC (1956) A preliminary record of the Megarhine and Culicine mosquitoes of Nepal with notes on their taxonomy (Diptera: Culicidae). *Indian Journal of Malariology,* 10: 37–51.

Pethuan S, Jirakanjanakit N, Saengtharatip S, Chareonviriyaphap T, Kaewpa D, Rongnoparut P (2007) Biochemical studies of insecticide resistance in *Aedes* (Stegomyia) *aegypti* and *Aedes* (Stegomyia) *albopictus* (Diptera: Culicidae) in Thailand. *Tropical Biomedicine,* 24: 7–15.

Ping LT, Yatiman R, Gek LS (2001) Susceptibility of adult field strains of *Aedes aegypti* and *Aedes albopictus* in Singapore to pirimiphos-methyl and permethrin. *Journal of the American Mosquito Control Association,* 17: 144–146.

Pinto J, Palomino M, Mendoza-Uribe L, Sinti C, Liebman KA, Lenhart A (2019) Susceptibility to insecticides and resistance mechanisms in three populations of *Aedes aegypti* from Peru. *Parasites & Vectors*, 12: 494.

Platt N, Kwiatkowska RM, Irving H, Diabaté A, Dabire R, Wondji CS (2015) Target-site resistance mutations (*kdr* and RDL), but not metabolic resistance, negatively impact male mating competiveness in the malaria vector *Anopheles gambiae. Heredity,* 115: 243–252.

Plernsub S, Saingamsook J, Yanola J, Lumjuan N, Tippawangkosol P, Walton C, Somboon P (2016a) Temporal frequency of knockdown resistance mutations, F1534C and V1016G, in *Aedes aegypti* in Chiang Mai city, Thailand and the impact of the mutations on the efficiency of thermal fogging spray with pyrethroids. *Acta Tropica,* 162: 125–132.

Plernsub S, Saingamsook J, Yanola J, Lumjuan N, Tippawangkosol P, Sukontason K, Walton C, Somboon P (2016b) Additive effect of knockdown resistance mutations, S989P, V1016G and F1534C, in a heterozygous genotype conferring pyrethroid resistance in *Aedes aegypti* in Thailand. *Parasites & Vectors,* 9: 417.

Ponlawat A, Scott JG, Harrington LC (2005) Insecticide Susceptibility of *Aedes aegypti* and *Aedes albopictus* across Thailand. *Journal of Medical Entomology,* 42: 821–825.

Powers AM, Logue CH (2007) Changing patterns of chikungunya virus: re-emergence of a zoonotic arbovirus. *Journal of General Virology,* 88: 2363–2377.

Pujiyati E, Kawada H, Sunahara T, Kasai S, Minakawa N (2013) Pyrethroid resistance status of *Aedes albopictus* (Skuse) collected in Nagasaki City, Japan. *Japanese Journal of Environmental Entomology and Zoology,* 24: 143–153.

Rajatileka S, Black IV WC, Saavedra-Rodriguez K, Trongtokit Y, Apiwathnasorn C, McCall PJ, Ranson H (2008) Development and application of a simple colorimetric assay reveals widespread distribution of sodium channel mutations in Thai population of *Aedes aegypti. Acta Tropica,* 108: 54–57.

Ranson H, Rossiter L, Ortelli F, Jensen B, Wang X, Roth CW, Collins FH, Hemingway J (2001) Identification of a novel class of insect glutathione S-transferases involved in resistance to DDT in the malaria vector *Anopheles gambiae. Biochemical Journal,* 359: 295–304.

Reiter P (1998) *Aedes albopictus* and the world trade in used tires, 1988-1995: The shape of things to come? *Journal of the American Mosquito Control Association,* 14: 83–94.

Reiter P, Sprenger D (1987) The used tire trade: A mechanism for the worldwide dispersal of container breeding mosquitoes. *Journal of the American Mosquito Control Association,* 3: 494–501.

Rodhain F, Rosen L (1997) *Dengue and dengue hemorrhagic fever: Mosquito vector and dengue virus-vector relationships.* (Gubler, D. J. and G. Kuno, eds). Oxon and New York, Cab International; pp. 45–60.

Ryan SJ, Mundis SJ, Aguirre A, Lippi CA, Beltrán E, Heras F, Sanchez V, Borbor-Cordova MJ, Sippy R, Stewart-Ibarra AM, Neira M (2019) Seasonal and geographic variation in insecticide resistance in *Aedes aegypti* in southern Ecuador. *PLoS Neglected Tropical Diseases,* 13: e0007448.

Saavedra-Rodriguez K, Urdaneta-Marquez L, Rajatileka S, Moulton M, Flores AE, Fernandez-Salas I, Bisset J, Rodriguez M, Mccall PJ, Donnelly MJ, Ranson H, Hemingway J, Black IV WC (2007) A mutation in the voltage-gated sodium channel gene associated with pyrethroid resistance in Latin American *Aedes aegypti. Insect Molecular Biology,* 16: 785–798.

Saha P, Chatterjee M, Ballav S, Chowdhury A, Basu N, Maji AK (2019) Prevalence of *kdr* mutations and insecticide susceptibility among natural population of *Aedes aegypti* in West Bengal. *PLoS One,* 14: e0215541.

Sarkar M, Bhattacharya IK, Borkotoki A, Goswami D, Rhabha B, Baruah I, Srivastava RB (2009) Insecticide resistance and detoxifying enzyme activity in the principal bancroftian filariasis vector, *Culex quinquefasciatus*, in northeastern India. *Medical and Veterinary Entomology*, 23: 122–131.

Sayono S, Hidayati AP, Fahri S, Sumanto D, Dharmana E, Hadisaputro S, Asih PB, Syafruddin D (2016) Distribution of voltage-gated sodium channel (*Nav*) alleles among the *Aedes aegypti* populations in central Java province and its association with resistance to pyrethroid insecticides. *PLoS One*, 11: e0150577.

Seixas G, Salgueiro P, Silva AC, Campos M, Spenassatto C, Reyes-Lugo M, Novo MT, Ribolla PEM, da Silva Pinto JPS, Sousa CA (2013) *Aedes aegypti* on Madeira Island (Portugal): genetic variation of a recently introduced dengue vector. *Memorias do Instituto Oswaldo Cruz*, 108 (Suppl 1): 3–10.

Shrestha AB, Wake CP, Mayewski PA, Dibb JE (1999) Maximum temperature trends in the Himalaya and its vicinity: An analysis based on temperature records from Nepal for the period 1971-94. *Journal of Climate*, 12: 2775–2786.

Siller Q, Ponce G, Lozano S, Flores AE (2011) Update on the frequency of Ile1016 mutation in voltage-gated sodium channel gene of *Aedes aegypti* in Mexico. *Journal of the American Mosquito Control Association*, 27: 357–362.

Sombié A, Saiki E, Yaméogo F, Sakurai T, Shirozu T, Fukumoto S, Sanon A, Weetman D, McCall PJ, Kanuka H, Badolo A (2019) High frequencies of F1534C and V1016I *kdr* mutations and association with pyrethroid resistance in *Aedes aegypti* from Somgandé (Ouagadougou), Burkina Faso. *Tropical Medicine and Health*, 47: 2.

Srisawat R, Komalamisra N, Eshita Y, Zheng M, Ono K, Itoh TQ, Matsumoto A, Petmitr S, Rongsriyam Y (2010) Point mutations in domain II of the voltage-gated sodium channel gene in deltamethrin-resistant *Aedes aegypti* (Diptera: Culicidae). *Applied Entomology and Zoology*, 45: 275–282.

Stanton AT (1920) The mosquitoes of far east ports with special reference to the prevalence of *Stegomyia fasciata*. *Bulletin of Entomological Research*, 10: 333–334.

Stenhouse SA, Plernsub S, Yanola J, Lumjuan N, Dantrakool A, Choochote W, Somboon P (2013) Detection of the V1016G mutation in the voltage-gated sodium channel gene of *Aedes aegypti* (Diptera: Culicidae) by allele-specific PCR assay, and its distribution and effect on deltamethrin resistance in Thailand. *Parasites & Vectors*, 6: 253.

Stoler J, Delimini RK, Bonney JHK, Oduro AR, Owusu-Agyei S, Fobil JN, Awandare GA (2015) Evidence of recent dengue exposure among malaria parasite-positive children in three urban centers in Ghana. *American Journal of Tropical Medicine and Hygiene*, 92: 497–500.

Sukehiro N, Kida N, Umezawa M, Murakami T, Arai N, Jinnai T, Inagaki S, Tsuchiya H, Maruyama H, Tsuda Y (2013) First report on invasion of yellow fever mosquito, *Aedes aegypti*, at Narita International Airport, Japan in August 2012. *Japanese Journal of Infectious Diseases*, 66: 189–94.

Sushma D, Dipesh R, Lekhendra T, Ram SS (2015) A review on status of pesticides use in Nepal. *Research Journal of Agriculture and Forestry Sciences*, 3: 26–29.

Suzuki T (1962) Susceptibility or resistance to insecticides in lesser house fly, Sarcophaged fly, and two species of blowfly in Japan. *Japanese Journal of Experimental Medicine*, 32: 309–313.

Suzuki T (1963) Insecticide resistance in flies, mosquitoes and cockroaches in Japan evaluated by topical application tests, with special reference to the susceptibility levels of the insects. *Japanese Journal of Experimental Medicine*, 33: 69–83.

Suzuki T, Mizutani K (1962) Studies on insecticide resistance in mosquitoes of Japan. *Japanese Journal of Experimental Medicine*, 32: 297–308.

高崎智彦 (2019) 蚊媒介ウイルス感染症　〜現状と対策〜 Mosquito-borne viral diseases - current status and control.「話題の感染症」モダンメディア，65: 135–139.

Thang ND, Erhart A, Speybroeck N, Hung LX, Thuan LK, Hung CT, Ky PV, Coosemans M, D'Alessandro U (2008) Malaria in central Vietnam: analysis of risk factors by multivariate analysis and classification tree models. *Malaria Journal,* 7: 28.

Thaung U, Ming CK, Thein M (1975) Insecticide susceptibility of some vector fleas and mosquitoes in Burma. *Southeast Asian Journal of Tropical Medicine and Public Health,* 6: 555–561.

Toma T, Miyagi I, Chinen T, Hatazoe H (1992) Insecticidal susceptibility of *Aedes albopictus* larvae in different island of Okinawa prefecture, Japan. *Japanese Journal of Sanitary Zoology,* 43: 331–336.

Tsuda Y, Suwonkerd W, Chawprom S, Prajakwong S, Takagi M (2006) Different spatial distribution of *Aedes aegypti* and *Aedes albopictus* along an urban-rural gradient and the relating environmental factors examined in three villages in northern Thailand. *Journal of the American Mosquito Control Association,* 22: 222–228.

van den Berg H, Zaim M, Yadav RS, Soares A, Ameneshewa B, Mnzava A, Hii J, Dash AP, Ejov M (2012) Global trends in the use of insecticides for vector-borne disease control. *Environmental Health Perspectives,* 120: 577–582.

Vera-Maloof FZ, Saavedra-Rodriguez K, Elizondo-Quiroga AE, Lozano-Fuentes S, Black IV WC (2015) Coevolution of the Ile1,016 and Cys1,534 mutations in the voltage gated sodium channel gene of *Aedes aegypti* in Mexico. *PLoS Neglected Tropical Diseases,* 9: e0004263.

Verlé P, Lieu TTT, Kongs A, der Stuyft PV, Coosemans M (1999) Control of malaria vectors: cost analysis in a province of northern Vietnam. *Tropical Medicine and International Health,* 4: 139–145.

Vontas J, Kioulos E, Pavlidi N, Morou N, della Torre A, Ranson H (2012) Insecticide resistance in the major dengue vectors *Aedes albopictus* and *Aedes aegypti. Pesticide Biochemistry and. Physiology,* 104: 126–131.

Vu DH, Nguyen TBN, Do TH, Nguyen TBL (2004) Susceptibility of *Aedes aegypti* to insecticides in Viet Nam. *Dengue Bulletin,* 28: 179–183.

World Health Organization (1986) *Prevention and control of yellow fever in Africa. Prevention and control handbooks.*

World Health Organization (2007) Global insecticide use for vector-borne disease control. 3rd edition. World Health Organization, Geneva.

World Health Organization (2021) Global insecticide use for vector-borne disease control: A 10-year assessment (2010–2019). 6th ed. World Health Organization, Geneva.

Yang C, Sunahara T, Hu J, Futami K, Kawada H, Minakawa N (2021) Searching for a sign of exotic *Aedes albopictus* (Culicidae) introduction in major international seaports on Kyushu Island, Japan. *PLoS Neglected Tropical Diseases,* 15: e0009827.

Yanola J, Somboon P, Prapanthadara L (2008) A novel point mutation in the *Aedes aegypti* voltage-gated sodium channel gene associated with permethrin resistance. The 2nd International Conference on Dengue and Dengue Haemorhagic Fever, Oct. 15–17, 2008, Phuket, Thailand.

Yanola J, Somboon P, Walton C, Nachaiwieng W, Somwang P, Prapanthadara L (2011) High-throughput assays for detection of the F1534C mutation in the voltage-gated sodium channel gene in permethrin-resistant *Aedes aegypti* and the distribution of this mutation throughout Thailand. *Tropical Medicine and International Health,* 16: 501–509.

Zardkoohi A, Castañeda D, Lo JC, Castillo C, Lopez F, Rodriguez RM, Padilla N (2019) Co-occurrence of *kdr* mutations V1016I and F1534C and its association with phenotypic resistance to pyrethroids in *Aedes aegypti* (Diptera: Culicidae) populations from Costa Rica. *Journal of Medical Entomology,* 57: 830–836.

Zhou X, Yang C, Liu N, Li M, Tong Y, Zeng X, Qiu X (2019) Knockdown resistance (*kdr*) mutations within seventeen field populations of *Aedes albopictus* from Beijing China: first report of a novel V1016G mutation and evolutionary origins of *kdr* haplotypes. *Parasites & Vectors,* 12: 180.

2. アフリカのマラリア媒介蚊の行動と生態, そして殺虫剤抵抗性の実態を知る

2-1 ケニアのハマダラカの家屋への侵入と吸血行動

アフリカのマラリア常在地域では，ガンビエハマダラカ *Anopheles gambiae* とフネスタスハマダラカ *Anopheles funestus* が主要なマラリア媒介蚊である。この両種はそれぞれ，*Anopheles gambiae* complex と *Anopheles funestus* group という同族のグループを形成している。このうちアフリカでは，*Anopheles gambiae* complex に属する *Anopheles gambiae* s.s.（sensu stricto,「厳密な意味で」あるいは「狭義の」という意味。これに対して，s.l., sensu lato は「広義の」という意味）と *Anopheles arabiensis*，および *Anopheles funestus* group に属する *Anopheles funestus* s.s. が最も重要なベクターである（Kelly-Hope *et al.*, 2009）。

マラリア対策用に殺虫剤含浸蚊帳（ITN）が導入される以前から，一部の熱帯・亜熱帯地域では無処理蚊帳の使用が一般的だったが（Lindsay and Gibson, 1988），その後の幾つかの研究により，無処理蚊帳と比較して ITN がマラリア蚊防除の効果が高いことが実証された（Takken, 2002; Sharma *et al.*, 2009; Russell *et al.*, 2010; Bhatt *et al.*, 2012）。WHO が推奨する LLIN は多種多様であるが，分類すると有効成分としてデルタメトリン，α-シペルメトリン，ペルメトリンを含有するものが多く，樹脂素材としてはポリエステル樹脂，ポリエチレン樹脂，ポリプロピレン樹脂を使用，処理方法はコーティングと練り込みに分けられる。最近では，有効成分であるピレスロイドに PBO（ピペロニルブトキサイド：ピレスロイドの協力剤）を配合して，代謝抵抗性の蚊対策を狙ったものや，クロルフェナピル（ミトコンドリアの酸化的リン酸化を共役阻害する殺虫剤）やピリプロキシフェン（幼若ホルモン様物質）を配合した新しいタイプの LLIN が登場しつつある（表4-1）。

しかし，アフリカ諸国における ITN と LLIN の劇的な成功は，LLIN 配布開始後の10年間におけるマラリア媒介蚊のピレスロイド抵抗性の急速な発達によって脅威を被っている（Ranson *et al.*, 2011）。LLIN の普及拡大がこのようなピレスロイド抵抗性を引き起こす主要な要因であることは間違いなく，LLIN の有効成分が単一の殺虫剤クラス（ピレスロイド）に依存しているという事実も大いに関わっていると考えられる。ITN と LLIN は今でも有効な自己防衛

表 4-1　WHO が推奨する長期残効型殺虫剤含浸蚊帳（LLIN）
（一部評価中の製品も含む，2022 年 4 月現在）

製品名	販売	有効成分	有効成分の種別
DuraNet LN	Shobikaa Impex Private Limited	α-シペルメトリン	ピレスロイド
DuraNet Plus	Shobikaa Impex Private Limited	α-シペルメトリン, PBO[1]	ピレスロイド+協力剤
Interceptor	BASF AGRO B.V. Arnhem (NL)	α-シペルメトリン	ピレスロイド
Interceptor G2	BASF AGRO B.V. Arnhem (NL)	α-シペルメトリン, クロルフェナピル	ピレスロイド+酸化的リン酸化阻害剤
MAGNet	V.K.A. Polymers Pvt. Ltd	α-シペルメトリン	ピレスロイド
MiraNet	A to Z Textile Mills Limited	α-シペルメトリン	ピレスロイド
OLYSET Net	Sumitomo Chemical Co., Ltd	ペルメトリン	ピレスロイド
OLYSET PLUS	Sumitomo Chemical Co., Ltd	ペルメトリン, PBO[1]	ピレスロイド+協力剤
Panda Net 2.0	Life Ideas Biotechnology Co. Ltd	デルタメトリン	ピレスロイド
PermaNet 2.0	Vestergaard Sarl	デルタメトリン	ピレスロイド
PermaNet 3.0	Vestergaard Sarl	デルタメトリン, PBO[1]	ピレスロイド+協力剤
Reliefnet Reverte	Real Relief Health ApS	デルタメトリン	ピレスロイド
Royal Guard	Disease Control Technology LLC	α-シペルメトリン, ピリプロキシフェン	ピレスロイド+幼若ホルモン様物質
Royal Sentry	Disease Control Technology LLC	α-シペルメトリン	ピレスロイド
Royal Sentry 2.0	Disease Control Technology LLC	α-シペルメトリン	ピレスロイド
SafeNet	Mainpol GmbH	α-シペルメトリン	ピレスロイド
Tsara	Moon Netting FZCO	デルタメトリン	ピレスロイド
Tsara Boost	Moon Netting FZCO	デルタメトリン, PBO[1]	ピレスロイド+協力剤
Tsara Plus	Moon Netting FZCO	デルタメトリン, PBO[1]	ピレスロイド+協力剤
Tsara Soft	Moon Netting FZCO	デルタメトリン	ピレスロイド
VEERALIN	V.K.A. Polymers Pvt. Ltd	α-シペルメトリン, PBO[1]	ピレスロイド+協力剤
Yahe LN	Fujian Yamei Industry & Trade Co. Ltd	デルタメトリン	ピレスロイド
Yorkool LN	Tianjin Yorkool International Trading Co., Ltd	デルタメトリン	ピレスロイド

[1] ピペロニルブトキサイド

　手段として使用されているが，媒介蚊がピレスロイド抵抗性を発達させた地域における ITN と LLIN の有効性に関する研究は少ない。*Anopheles gambiae* s.s. の *kdr* によるピレスロイド抵抗性が報告されているブルキナファソ南西部の米作地帯で，2 種類の LLIN（オリセットネットとパーマネット）の評価を行ったところ，LLIN 介入家屋では対照家屋に比べて蚊の数が著しく少なく，LLIN による媒介蚊の抑止効果が示唆された（Dabiré *et al.*, 2006）。ベトナム南部のピレスロイドに対する代謝抵抗性を有する *Anopheles epiroticus* に対して，パーマネット 2.0 と 3.0 は有意に高い死亡率を示した（van Bortel *et al.*, 2009）。

　筆者らは，複数のマラリア媒介蚊がピレスロイドに対して複数の抵抗性因子を有する地域において，LLIN に対する媒介蚊の反応の違いを調査した。調査地域は，ケニア西部の Nyanza 州 Mbita 地区と Suba 地区である。この地域の降雨パターンは二峰性で，3 月から 5 月が長雨期，11 月から 12 月が短雨期となっている。マラリアの感染率は 9 月から 2 月にかけて上昇し，長雨の後の 6 月にピークを迎える（Gouagna *et al.*, 2003）。Mbita 地区と Suba 地区はケ

ニアの国内でも特に高感染地域として特定されている（Noor *et al.*, 2009）。この地域の主要なマラリア媒介蚊は，*Anopheles gambiae* s.s., *Anopheles arabiensis*, *Anopheles funestus* s.s. の3種である。*Anopheles rivulorum* がこれに次いで第4のマラリア媒介蚊として重要である（Kawada *et al.*, 2012b）。*Anopheles gambiae* s.s. は最も親人類性（Anthropophily）が高く，ヒトの吸血を好む。*Anopheles funestus* s.s. も比較的ヒトを吸血するが，*Anopheles arabiensis* や *Anopheles rivulorum* は動物の血を好むようである（図4-23）（川田ら，2011）。いずれの種もピレスロイドに対して抵抗性を有しており，*Anopheles gambiae* s.s. は電位感受性ナトリウムチャンネル（VSSC）の点変異（L1014S）によるノックダウン抵抗性（*kdr*）（この調査でのL1014Sの遺伝子頻度は98.4%），*Anopheles arabiensis* と *Anopheles funestus* s.s. はチトクローム P450 関連代謝因子による代謝抵抗性である（Kawada *et al.*, 2011a, 2011b）。Nyanza 州では，1968年から1971年まで，特にツェツェバエ防除のために，主に空中散布でディルドリンが投与されたことが記録されているが（Bertram, 1969），1970年代と1980年代には，蚊防除のためのDDTの組織的集中散布は行われず，その後も屋内残留散布（IRS）が実施されたことはない。そのため，調査地域ではITNやLLINが多用されていることが，高いピレスロイド耐性を引き起こす大きな要因であると考えられる。

　蚊の吸血行動パターンを調べるために，LLIN（オリセットネット）を使用する家屋内に，CDC製ミニチュアライトトラップ（モデル512）にCollection

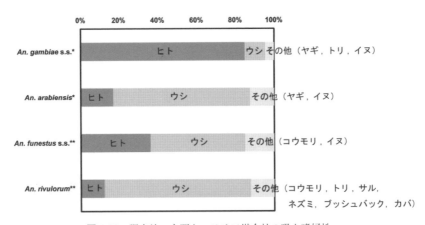

図4-23　調査地の主要なマラリア媒介蚊の吸血嗜好性

*：ELISA による同定，**：PCR（Kent and Norris, 2005）およびダイレクトシーケンス（Sawabe *et al.*, 2010）による同定（川田ら，2011）

185

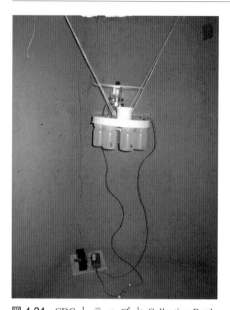

図 4-24 CDCトラップと Collection Bottle Rotator を組み合わせたローテーショントラップ
ボトルを取り付けたターンテーブルが，プログラムタイマーによって指定した時刻に回転し，8個のボトルに蚊が採集される（Kawada *et al.*, 2014）。

ビクトリア湖

Rusinga Island

Mfangano Island

● Mbita point (ICIPE)

Nyaroya

Gembe Hills

Ruri Hills

Ungoe

Gwassi Hills

N
W E
S

6.600　3,300　　0　　　　6.600 Meters

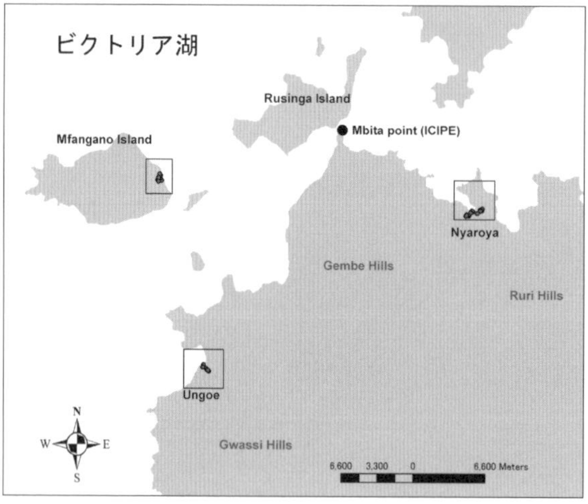

図 4-25 ローテーショントラップを仕掛けた地域
トラップは6セットだったので，いずれの地域でも6軒の家屋を選択し反復採集を行った（Kawada *et al.*, 2014）。

Bottle Rotator（モデル 1512）（John W. Hock 社製）を組み合わせたローテーショントラップを設置し，2時間間隔で採集を行った（図4-24）。*Anopheles gambiae* s.s. の採集は，Mfangano 島で，他の2種は Ugoe 村と Nyaroya 村で行った（図4-25）。3種のマラリア媒介蚊の屋内活動パターンを図4-26に示した。*Anopheles gambiae* s.s. の採集数は，夜間（午後10時から午前2時）に著しく増加し，この期間の前後には減少した。また，ヒトを吸血した蚊の数はこの期間にピークを迎えたが，ヒト以外の動物を吸血した数には時刻間の有意な差は見られなかった。多くの住民が蚊帳の中で寝ていると想定される就寝時間帯（午後10時〜午前6時）と，蚊帳の外で活動していると想定される活動時間帯（午後4時〜10時，午前6時〜8時）の2つのカテゴリーに分けて解析すると，*Anopheles gambiae* s.s. では，時間帯によるヒトの吸血の割合に有意な違いは見られなかった（図4-27）。これに対して，*Anopheles arabiensis* では，採集個体数は夕方午後6時か

ら深夜（午前 12 時）にかけて有意に増加し，この期間の前後では減少した（図 4-26）。ヒトの吸血は，午後 6 時〜10 時にピークを示した。また，ヒトを吸血した蚊の割合は，活動時間帯に有意に多かった（図 4-27）。*Anopheles funestus* s.s. の採集数は，他の 2 種と比較して幅広いピークを示し，ほぼ一晩中（午後 8 時〜午前 4 時）高いピークが見られた。ヒトの吸血のピークは，午後 6 時〜10 時の間に見られた（図 4-26）。ヒトを吸血した蚊の割合は，*Anopheles arabiensis* と同様に活動時間帯に有意に多かった（図 4-27）。

　この調査では，ライトトラップに捕獲された数で示される蚊の活動パターンが，寄主探索または吸血の活動パターンと同じであると仮定している。この仮定は，Kawada and Takagi（2004）が実験室で記録した未吸血雌蚊の活動パターンが，野外でのヒトを囮とした飛来数で示される寄主探索活動パターンをよく反映していることを示した実験データ（第 2 章）によって強く支持される。3 種のピレスロイド抵抗性マラリア媒介蚊

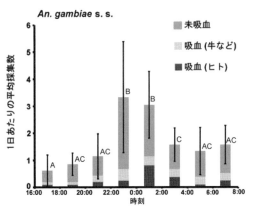

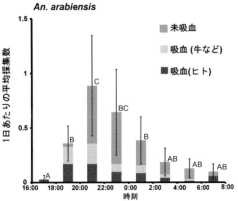

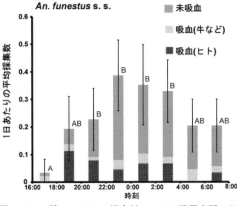

図 4-26　3 種のマラリア媒介蚊の LLIN 設置家屋における吸血時刻

　異なる文字は有意差を示し（Tukey honestly significant difference test, p < 0.05），バーは各時間帯で捕獲した蚊の総数の 95% 信頼限界を示す（Kawada *et al.*, 2014）。

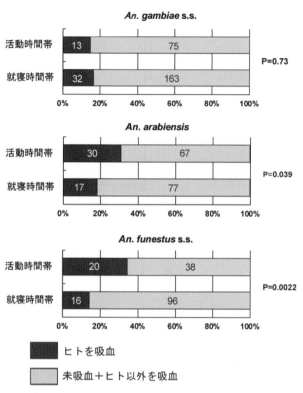

図 4-27　ヒトの就寝時間帯を午後 10 時〜午前 6 時，活動時間帯を午後 4 時〜10 時と午前 6 時〜8 時と仮定したときの 3 種のマラリア媒介蚊の LLIN 設置家屋における吸血パターン
p 値は，χ² 検定による確率。p < 0.05 で有意差ありと判断（Kawada *et al.*, 2014）。

に見られた吸血パターンの違いの他に，もう一つ結論できるのは，LLIN（オリセットネット）は就寝時間帯には蚊の吸血を低レベル（15.9〜24.6%）に減少させることに成功しているということである。本調査では，倫理的な理由から無処理家屋を配置できなかったが，LLIN を使用しない家屋や殺虫剤未処理でひどく破れた蚊帳を使用した家屋での *Anopheles gambiae* の吸血成功率は 80% 以上であったと報告されている（N'Guessan *et al.*, 2007; Chandre *et al.*, 2010）。*Anopheles arabiensis* と *Anopheles funestus* s.s. に見られたパターンと同様な吸血パターンは，他の研究者らによっても報告されている（Russell *et al.*, 2011; Yohannes and Boelee, 2012; Moiroux *et al.*, 2012）。LLIN 使用時の吸血行動における種差は，寄主の嗜好性，殺虫剤抵抗性，ピレスロイドに対する忌避性などの生理的要因の違いから生まれるものと思われる。Gatton *et al.*（2013）

は，マラリア媒介蚊に対する IRS や ITN などの殺虫剤による介入は，媒介蚊の屋外吸血性（Exophagy）や吸血時間帯のシフトをもたらしたと言っている。Bayoh *et al.*（2010）は，今回の調査地付近一帯における *Anopheles gambiae* s.s. 個体群の個体数減少について報告しているが，著者らは，気候の変化や牛の生息数の変動等などの環境要因ではなく，普及が始まってからの 10 年間における LLIN の高い普及率が，上記の減少に対する最も妥当な答えの一つであると結論づけた。本種の個体数減少は，今回観察された *Anopheles gambiae* s.s. 個体群の行動特性によっても説明できるかもしれない。すなわち，第2章でも述べたように，*Anopheles gambiae* s.s. は，LLIN の存在にもかかわらず，何らかの生理的理由によって「真夜中の吸血蚊」という特性を変えず，LLIN によって保護されている限られた人間の血液源に頼らざるを得なかったために，結果的に個体数が減少した可能性がある。その何らかの原因の一つは，*kdr* を持つことによるピレスロイドへの忌避性の欠如ではなかっただろうか？

　LLIN がマラリア媒介蚊に対して有効なのは，媒介蚊が屋内吸血性（Endophagic）であり，その吸血時間帯がヒトの就寝時間帯と一致している場合のみで，ヒトが蚊帳の外で活動しているときに吸血が行われるような場合には，LLIN は有効でない可能性がある。LLIN の外でヒトが活動している時間帯のマラリア媒介蚊による吸血の重要性は，今後集中的に取り組むべき問題である。家屋の設計を変更して媒介蚊の家屋への侵入を妨げたり（Lindsey *et al.*, 2003; Kawada *et al.*, 2012a），蚊の侵入に対して空間的な障壁となったり蚊の吸血意欲を低下させる空間忌避剤として，ピレスロイドの興奮忌避性を利用すること（第5章）も対策になるかもしれない（Kawada, 2012）。

2-2 ケニアのハマダラカの屋内休息の実態を知る

　マラリア媒介蚊を効果的に防除するためには，最適な防除法を考案するに当たって，媒介蚊の生理・行動を研究することが不可欠である。休息行動は，蚊の重要な生物学的性質の一つである。蚊の成虫は，一生のほとんどを洞窟や木の洞，植え込みなどの屋外の自然なシェルターで休息している。また，人間の住居の室内の壁や天井は，親人類性（Anthropophily）の蚊にとって，血液を摂取した後の安全で快適な休息場所となる。トリニダードにおけるネッタイシマカの主な休息場所は，ベッドルーム（81.9%），リビングルーム（8.7%），キッチン（6.9%）であることが報告されている（Chadee, 2013）。タンザニアでは，吸血後に休息する *Anopheles arabiensis* のほとんどが屋内で採集された

（Charlwood *et al.*, 2018）。したがって，屋内の壁や天井は，殺虫剤の屋内残留散布（IRS）などの防除対策の好適な処理ターゲットとなる。媒介蚊の休息行動を研究することは，IRSなどの従来の媒介蚊防除方法のみならず，将来的に新たな防除策を開発するためにも不可欠である。

　筆者らは，ケニア西部における主要なマラリア媒介蚊の家屋内における休息場所について調査を行った。調査は，ケニア西部のNyanza州Suba地区Mbita Division, Gembe EastのNyandago村とNyaroya村の2軒の家屋で実施した。約2 km離れたこの2軒の家は，土壁（土と牛糞を練り固めたもの）とトタン製の屋根で造られた典型的なケニアの農村家屋で，換気のために屋根と壁の間に隙間（eaves）があり，これがマラリア媒介蚊の侵入口になっている（図4-28, 29）。どちらの家も寝室1部屋，寝室と同じ広さの居間1部屋からなる標準的な大きさであった。寝室にはベッド，居間には小さなテーブルと1～2脚の小さな椅子があるのみで，家具はほとんど置かれていなかった。蚊の採

図4-28　ケニアの農村部の典型的な家屋

集は午前中（7:00～9:00）に行った。壁や天井に休息しているハマダラカを，よく訓練された3人の人間が電動式吸虫管（C-cell aspirator, BioQuip Products, CA, USA）を用いて，1軒あたり約20分間採集した（図4-29）。採集場所は，床からの高さによって，180 cm以上（「高位置」，天井や梁，屋根裏のストック品など軒上の空間

図4-29　家屋内の土壁とeaves（写真上方にあるトタン屋根と土壁の間の隙間）

図4-30　高位置でのハマダラカ採集風景
高位置では，壁だけではなく天井や梁，屋根裏のストック品など軒上の空間も採集対象とした（Kawada *et al.*, 2021a）。

も含む）（図 4-30），90〜180 cm（「中位置」，各種家財道具など軒下の壁上部
も含む），90 cm 未満（「低位置」，床以外の家具やベッドなども含む）の 3 つ
に分類した。採集は，2010 年 10 月 7 日から 28 日（雨期にあたる），2011 年 2
月 7 日から 28 日，3 月 1 日から 17 日（乾期にあたる）に，Nyandago 村の家
で 32 回，Nyaroya の家で 22 回実施した。

　調査により，合計で 288 頭の *Anopheles gambiae* s.l. 雌成虫と 1499 頭の
Anopheles funestus s.l. 雌成虫が採集され，そのほとんどが吸血していた。採
集された *Anopheles gambiae* s.l. のうち，99% 以上が *Anopheles arabiensis* であ
り，*Anopheles gambiae* s.s. は 1% 未満であった。*Anopheles funestus* s.l. は，約
90% が *Anopheles funestus* s.s. で，残りの 10% は *Anopheles rivulorum* であっ
た。*Anopheles gambiae* s.l., *Anopheles funestus* s.l. 共に，乾期（2, 3 月）に採集
された蚊の数が雨期（10 月）の数より著しく多かった（図 4-31）。*Anopheles*
gambiae s.l. 休息雌成虫数の平均値は，高位置では 2.44 頭，低位置では 2.27 頭
で，中位置の 1.29 頭に対し著しく多く，*Anopheles gambiae* s.l. は高いところと
同じように低いところを好んで休息することを示している（図 4-32）。これに
対して，*Anopheles funestus* s.l. の休息雌成虫数の平均値は，高位置で 28.84 頭，
中位置で 13.31 頭，低位置で 4.69 頭となり，より高い場所を好んで休息する
ことが分かった（図 4-33）（Kawada *et al.*, 2021）。

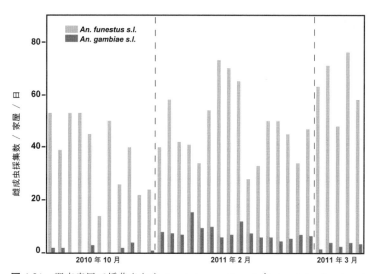

図 4-31　調査家屋で採集された *Anopheles gambiae* s.l. と *Anopheles funestus* s.l.
雌成虫個体数の推移（Kawada *et al.*, 2021a）

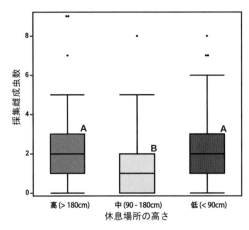

図 4-32 吸血後の *Anopheles gambiae* s.l. の家屋内における休息場所（Kawada *et al.*, 2021a）

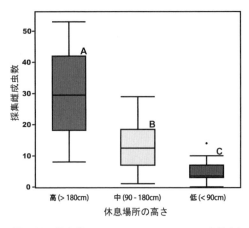

図 4-33 吸血後の *Anopheles funestus* s.l. の家屋内における休息場所（Kawada *et al.*, 2021a）

今回の調査では，2種のハマダラカ群間の採集数に大きな違いがあった。Futami *et al.*（2014）は，調査地近辺の *Anopheles gambiae* s.l. の個体数が1990年代に比べて激減したことを報告しているが，これには LLIN の普及が深く関わっている。これとは対照的に，*Anopheles funestus* s.l. の密度は，近年のビクトリア湖の水位低下に伴って，幼虫が利用可能な生息地が増加したことにより増加傾向にある（Minakawa *et al.*, 2008）。McCann *et al.*（2014）も，調査地における *Anopheles funestus* s.l. の最近の増加について報告しており，本種の高い親人類性（Anthropophily）と屋内吸血性（Endophagy）は，本種がマラリア媒介蚊として重要性を増しているとしている。

本調査では，アフリカで最も重要なマラリア媒介蚊の1つである *Anopheles funestus* s.l. が，家屋内の天井を含む高い位置での休息を好むことが確認された。アマゾンの *Anopheles darlingi* でも同様の行動が報告されており，天井，壁，床でそれぞれ58.7%, 37%, 4.3% の蚊が休息することが観察された（Roberts *et al.*, 1987）。また，ハマダラカが天井や壁の高い場所を好む習性は，ブルキナファソの *Anopheles gambiae* s.l. や *Anopheles funestus* s.l.（Mathis *et al.*, 1963），コロンビアの *Anopheles oswardoi* と *Anopheles rangeli*（Quinõnes and Suarez, 1990），グアテマラの *Anopheles albimanus*（Ogata *et al.*, 1992）およびインドの *Anopheles culicifacies*（Bhatia *et al.*, 1957）でも報告されている。一方，イランの *Anopheles stephensi* は，壁の下部や屋内の地面を好んで休む（Manouchehri *et al.*, 1976）。しかし，同じ種でも場所によって好みの休息場所は異なるようである。例えば，コロンビアの *Anopheles darlingi* は地面近くで休息すると報告されており（Quiñones and Suarez, 1990），スリランカの *Anopheles culicifacies* は 1.8 m 以下の壁面を好むとされている（Rao, 1984）。

同一の家屋でも，家屋内の室温勾配が休息場所の選好の違いに重要のようである（Okech *et al.*, 2003）。室内微気候は，家屋の構造だけでなく家屋の地理的位置にも影響を受けている可能性がある。トタン屋根の家屋の室温は，茅葺き屋根の家屋よりも有意に高く（Lindsay *et al.*, 2019; Kawada *et al.*, 2022），トタン屋根への日射による室内温度勾配は，蚊の休息場所選好性に影響を与える可能性がある（Lindsay *et al.*, 2019）。休息場所の高さの嗜好性は，温度に影響される蚊の生殖周期と密接な関係があるのかもしれない（Paaijmans and Thomas, 2011）。

前節において筆者は，ケニア西部における主要マラリア媒介蚊のピレスロイドに対する多剤抵抗性（Kawada *et al.*, 2011a, 2011b）について説明したが，これらのマラリア媒介蚊の家屋内への侵入に対して，LLIN（オリセットネット）の素材を応用した新しい侵入阻止方法を提案してきた（ペルメトリン含浸天井スクリーン，第 5 章で説明）（Kawada *et al.*, 2012a）。また，メトフルトリン含有空間忌避デバイス（MSRD）と LLIN（オリセット・プラス）の組み合わせによる，マラリア媒介蚊の吸血阻止とそれに伴うマラリア原虫の伝播阻止に関する有望な結果を報告した（Kawada *et al.*, 2020）。上記のような新しい方法だけでなく，殺虫剤処理ネット（ITN, LLIN）や殺虫剤の屋内残留散布（IRS）などの多くのマラリア媒介蚊対策は，蚊の吸血場所や屋内休息場所を対象としている。休息場所の嗜好性に関する行動の違いの理由には不明の部分が多いが，効果的な媒介蚊対策にとって重要な鍵になる可能性があり，さらなる研究が必要である。

2-3 ケニアのハマダラカの殺虫剤抵抗性を調査する

殺虫剤抵抗性は，効果的な媒介蚊対策に対する大きな障害の一つである。特にピレスロイド抵抗性は，この安全性が高く効力にも優れた殺虫剤に多くを頼らざるを得ない世界の媒介蚊防除プログラムにとって非常に大きな問題である。ピレスロイド抵抗性を効果的に管理するためには，実行可能な殺虫

剤管理システムの確立と殺虫剤感受性の定期的なモニタリングシステムが不可欠である。アフリカのマラリアの主要な媒介者は，一時的な停滞水域と永久水域の両方で繁殖するガンビエハマダラカ Anopheles gambiae s.l. である。電位感受性ナトリウムチャンネルにおける 2 つの点変異が，Anopheles gambiae の DDT およびピレスロイドに対するノックダウン抵抗性（kdr）に関連していることが判明している。1 つは電位感受性ナトリウムチャンネル遺伝子の 1014 番目のアミノ酸のロイシン（TTA）がフェニルアラニン（TTT）に変異したもの（L1014F），もう 1 つは同じ場所のロイシン（TTA）がセリン（TCA）に変異したもの（L1014S）である（Santolamazza et al., 2008）。L1014F の変異はアフリカの西経 10 度以西にのみ存在し，L1014S はケニアを含む西経 10 度以西と東経 10 度の両方の地域で見つかっている（Santolamazza et al., 2008）。

　近年，LLIN の普及率と Anopheles gambiae s.s. の kdr 頻度増加の因果関係について幾つかの論文が報告されている（Stump et al., 2004; Bayoh et al., 2010; Mathias et al., 2011）。この 2 つの点変異は，Anopheles gambiae s.s. におけるノックダウン抵抗性の指標として重要であり，これらの変異の定期的な解析はピレスロイド抵抗性の発達を監視するために不可欠である。Anopheles arabiensis と Anopheles funestus s.s. は，Anopheles gambiae s.s. に次いで重要なマラリア媒介者である。Anopheles gambiae s.s. に見られる上記の点変異は，Anopheles arabiensis ではエチオピアの 1 例（Yewhalaw et al., 2010; Balkew et al., 2010）を除いてほとんど報告されていない（Stump et al., 2004; Kerah-Hinzoumbe et al., 2008; Chen et al., 2008; Munhenga et al., 2008; Mzilahowa et al., 2008; Ramphul et al., 2009）。Anopheles funestus s.s. ではこのような kdr 変異は報告されておらず（Amenya et al., 2008; Okoye et al., 2008; Cuamba et al., 2010; Morgan et al., 2010），P450 やグルタチオン -S-トランスフェラーゼ活性の増強による代謝抵抗性の証拠が報告されている（Chen et al., 2008; Amenya et al., 2008; Cuamba et al., 2010）。

　筆者らは，ケニア西部のマラリア流行地域において，3 種の主要なマラリア媒介蚊である Anopheles gambiae s.s., Anopheles arabiensis, Anopheles funestus s.s. の殺虫剤感受性を調査し，これらの種におけるピレスロイド抵抗性因子を解明した。ケニア西部の Nyanza 州 Suba 地区にある Gembe East と West, Mbita 地区，およびビクトリア湖にある Mfangano, Takawiri, Kibuogi, Ngode の 4 つの主要な島を調査エリアとして選択した（図 4-34）。Suba 地区は，人口 214,463 人，面積 1,063 km²（2010 年）である。東部の Usao や Waondo では乾燥し，

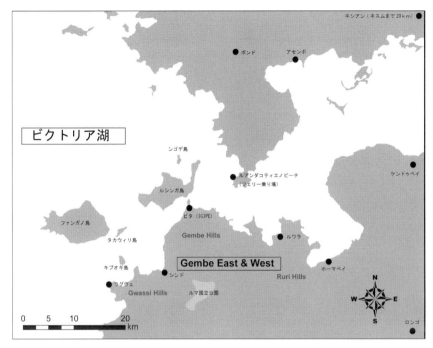

図 4-34　ケニア西部，ビクトリア湖沿岸の調査地マップ

西部の Gwassi 丘陵や Mfangano 島などは湿潤な気候である。高地では年間 800
〜1,900 mm，低地では 800〜1,200 mm の降雨がある。この地域の降雨パター
ンは二峰性で，3 月から 5 月が長雨期，11 月から 12 月が短雨期となる。マラ
リアの感染は，年間を通して安定しているが，長雨期の後の 6 月にピークを
迎える（Gouagna *et al.*, 2003）。この地域では，LLIN や複合的なベクターコン
トロールなどの効果的な予防手段の普及率を高めるための新たな取り組みが
採用されている。例えば，Akado Medical Centre Project Mosquito Net and Power
of Love 財団は，World Swim Against Malaria と連携して，Gembe 地域の 5 歳未
満の子どもと妊婦に 6,000 枚の LLIN を配布した。これにより，蚊帳の普及率
は 17% から 52% へと，少なくとも 3 倍以上に増加した。

　まず手始めに，ベトナム等で実施してきた幼虫を使用した簡易ノックダウ
ン試験をケニアでも実施することにした。*Anopheles gambiae* s.l. と *Anopheles
funestus* s.l. の幼虫は，調査した 117 地点のうち 82 の発生源から採集された。
ビクトリア湖沿岸の Gembe East では 74 地点で *Anopheles arabiensis* が採集さ
れたが，*Anopheles gambiae* s.s. および *Anopheles funestus* s.l. が採集された地

点はそれぞれ4地点に留まった。学校などの大規模な常設建築物にあるコンクリートプールは，*Anopheles arabiensis* 幼虫だけでなく，ネッタイイエカなどの幼虫の良好な発生源となっていた。定量的な幼虫採集は行わなかったが，*Anopheles arabiensis* 幼虫が採集幼虫数の99%（1194頭）を占めた。そこで，*Anopheles arabiensis* 幼虫のみを用いて簡易ノックダウン試験を実施した。*Anopheles arabiensis* の感受性インデックスは，1地点で採集されたコロニーが12であった以外は，ほぼ全てのコロニーが低い値（< 6）を示した（図4-35）。*Anopheles arabiensis* の幼虫からは L1014 の点変異は1つも観察されなかったのに対して，Mirunda，Kisamba，Obambo で採集した4頭の *Anopheles gambiae* s.s. 幼虫のうち，3頭から L1014S のホモ接合型変異が検出された（Kawada *et al.*, 2011a）。

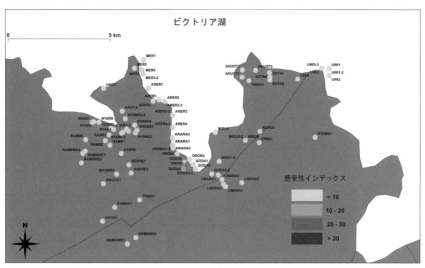

図 4-35 ビクトリア湖沿岸地域で採集された *Anopheles arabiensis* 幼虫の簡易ノックダウン試験による感受性インデックスの分布（Kawada *et al.*, 2011a）

次に，成虫のペルメトリンと DDT に対する感受性を WHO チューブテストによって調査した。成虫の DDT 感受性は，*Anopheles arabiensis* と *Anopheles funestus* s.s. の2種では全般に高く死亡率は80%以上であったが，*Anopheles gambiae* s.s. では60%以下の低い値を示した。一方，ペルメトリンに対する感受性は3種とも低く，致死率80%を越えたのは *Anopheles arabiensis* の1コロニーのみであった（図4-36）。さらに，*Anopheles gambiae* s.s. のコロニーでは L1014S の変異が高頻度（70.4〜100%）に認められたが，*Anopheles arabiensis*

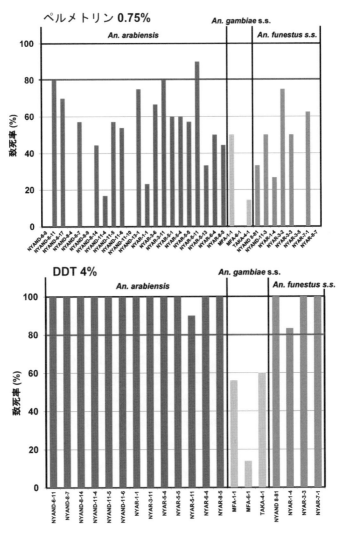

図4-36　ビクトリア湖沿岸地域および島で採集されたハマダラカコロニーの
WHO テストチューブによる殺虫剤感受性（Kawada *et al.*, 2011a）
横軸は採集地点を示す。

と *Anopheles funestus* s.s. の全てのコロニーにおいて L1014 の変異は1つも観
察されなかった（図4-37）（Kawada *et al.*, 2011a）。図4-29 にある *Anopheles
rivulorum* は，*Anopheles funesutus* グループに含まれる蚊で，3種の蚊の次にこ
の地域では重要なマラリア媒介蚊である（Kawada *et al.*, 2012b）。

　次に，3種の蚊の代謝による抵抗性の有無を調査するために，局所施用試験

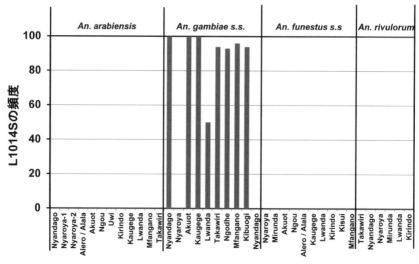

図 4-37 ビクトリア湖沿岸地域および島で採集されたハマダラカコロニーの
1014L におけるミューテーションの検出結果（Kawada *et al.*, 2011a）

（図 4-38）によって PBO（ピペロニルブトキサイド，チトクローム P450 関連のピレスロイドの酸化的代謝を阻害する協力剤）とペルメトリンの混合溶液（PBO 濃度は一律 1.25 μg／雌）を雌に局所投与し，PBO のペルメトリンに対する協力効果を調査した。PBO 処理による LD_{50}（50% 致死薬量）値の減少は *Anopheles arabiensis, Anopheles funestus* s.s. で顕著で，両種における PBO の協力効果は 20 を越えた。一方，*Anopheles gambiae* s.s. における PBO の相乗効果は低かった（< 10）（図 4-39）（Kawada *et al.*, 2011a）。

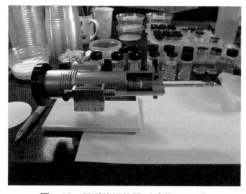

図 4-38 局所施用装置（手動タイプ）
アセトンによる薬剤希釈液をガラスシリンジに入れ，
0.3 μL の溶液を押し出して蚊の胸部背板に塗布する。

Bayoh *et al.*（2010）は，ケニア西部の *Anopheles gambiae* s.l. における *Anopheles gambiae* s.s. の分布頻度は場所によって異なり，キスムの西部と湖岸沿いの場所（Asembo と Kisian）では 15% 未満であるが，湖岸から離れた場所（Busia, Bungoma, Kakamega と Malaba）では 80% 以上であることを報告している。また，湖岸沿いの

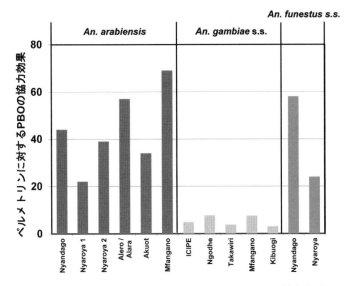

図 4-39　局所施用によるペルメトリンに対する PBO の協力効果
（Kawada *et al.*, 2011a）

2 地点（Asembo, Kisian）では，1996 年以降，LLIN の普及に伴い，*Anopheles gambiae* s.s. の分布頻度が減少したという。本調査地域は，Bayoh *et al.*（2010）の調査地とはビクトリア湖を挟んで南の対岸に位置しているが，本調査地でも同時期に同様の種構成の変化が見られている（Futami *et al.*, 2014）。Mathias *et al.*（2011）は，LLIN の世帯保有率の増加に伴って，ケニア西部の *Anopheles gambiae* s.s. が 10 年の間に *kdr* 遺伝子（L1014S）頻度を上昇させ，ほとんどが L1014S のホモ接合個体になったと述べている。L1014S 頻度の増加と ITN 使用の増加との間に同様の相関があることは Stump *et al.*（2004）によっても報告されている。本調査地でも，2002 年に採集した *Anopheles gambiae* s.s. のコロニーにおける L1014S 変異の対立遺伝子頻度は 6.3% であるのに対し，2009 年〜 2010 年採集の野生コロニーでは 90% 以上と高い頻度になっていることが明らかとなった（川島ら，2013, 2014）。また，*Anopheles gambiae* s.s. ではペルメトリンに対する PBO の協力効果が他の 2 種に比べて有意に低いことから，P450 関連代謝抵抗性因子の寄与度が低いことも明らかになった。

　一方，調査地域の *Anopheles arabiensis* と *Anopheles funestus* s.s. では，P450 関連の代謝酵素の増強によるピレスロイド抵抗性が広く認められることがわかった。しかし，これら 2 種の *d*-アレスリンに対する幼虫感受性は比較的高

いことから（図4-35），幼虫と成虫とでは異なる代謝機構が作用していること
が示唆された。ピレスロイドに対する成虫と幼虫の感受性の高い相関は，ホ
モ接合型の*kdr*変異を高い頻度で持っている場合によく見られるようである
が（Kawada *et al.*, 2009a, 2009b），代謝抵抗性の場合は必ずしも相関が高くは
ならない。幼虫と成虫とで代謝機構が異なる例として，スーダンの *Anopheles
arabiensis* のマラチオン耐性が報告されている（Hemingway, 1983）。著者は，
成虫に比較して幼虫の抵抗性が低い理由として，農薬散布による幼虫に対す
る選択圧よりも家屋への散布による選択圧が大きい可能性を挙げている。

　本調査では，*Anopheles gambiae* s.s. はペルメトリンと DDT に交差抵抗性を
示すのに対して，*Anopheles arabiensis* や *Anopheles funestus* s.s. には交差抵抗性
が見られないことも明らかとなった（図4-36）。Nyanza 州では，DDT の蚊防
除のための組織的集中散布は 1970～1980 年代には行われておらず（Mwatele
ら，私信），その後 IRS による散布も行われていない。したがって，調査地域
の *Anopheles arabiensis* や *Anopheles funestus* s.s. のペルメトリンに対する代謝抵
抗性の因果関係を DDT に求めることは出来ない。一方, *Anopheles gambiae* s.s. に
見られる交差抵抗性には，LLIN の選択圧による *kdr* 変異の頻度増大が大きく
関わっていると思われる。

　Anopheles gambiae s.s., *Anopheles arabiensis*, *Anopheles funestus* s.s. はケニア
に最も広く分布するマラリア媒介蚊であり（Okara *et al.*, 2010），マラリア伝
播に最も重要な種と考えられている。同じ地域に生息する上記の種が，独自
の抵抗性機構によりピレスロイドに抵抗性を示すことは注目に値する。さら
に，同じ地域に生息する 2 つの同族種（*Anopheles gambiae* s.s. と *Anopheles
arabiensis*）で個別に 2 つの異なる耐性機構が発達していることは興味深く，
これらの種間で遺伝子の流れがほとんどないことを示している（Kawada *et al.*,
2011b）。殺虫剤によるマラリア媒介蚊への選択圧の程度は，発生源の環境の
違いや, 親人類性（Anthropophily）の違いによって決まると思われる。すなわち，
Anopheles arabiensis や *Anopheles funestus* s.s. よりも親人類性の高い *Anopheles
gambiae* s.s. の方が，LLIN などの屋内用殺虫剤にさらされる機会が多いかもし
れない（Muriu *et al.*, 2008）。先に述べた *Anopheles gambiae* s.s. 個体数のケニア
西部における減少も，他の蚊種に比較して本種の親人類性の高さが一部起因
している可能性があると Bayoh *et al.*（2010）は結論している。

2-4 マラウイのハマダラカの殺虫剤抵抗性を調査する

　筆者らは，マラウイ共和国 Zomba 地区東部の Likangara 地区（図 4-40）の3つの村においてケニアと同様の調査を実施した。Zomba 地区はマラウイのマラリア常在地域に属し，マラリアの流行が高い地域である（Kleinschmidt *et al.*, 2002）。マラリアは同地区における主要な罹患原因の一つであり，死亡原因の 66.8% を占めている（Zomba District Health office, 2009）。調査地の村には広大な面積の水田が広がり，*Anopheles arabiensis* と *Anopheles funestus* s.s. が水田や周辺の池沼，水溜まりなどに発生し，主要なマラリア媒介蚊となっている。殺虫剤感受性試験は，WHO テストキットを用いて実施した。本調査では，代謝抵抗性の要因を探るために，チトクローム P450 モノオキシゲナーゼ阻害剤 PBO（ピペロニルブトキシド），グルタチオン -S-トランスフェラーゼ阻害剤 DEM（ジエチルマレアート）およびエステラーゼ阻害剤 DEF（トリブフォス）を協力剤として使用した。

　Anopheles arabiensis は，野外から採集してきた吸血雌成虫に産卵させて得られた次世代の成虫について殺虫剤感受性を調べたが，ペルメトリン，デルタメトリンおよびエトフェンプロックスの3種のピレスロイドおよび DDT に対して高い抵抗性を示した。一方，プロポキサー（カーバメイト剤）とフェニトロチオン（有機リン剤）は高い致死率を示し，

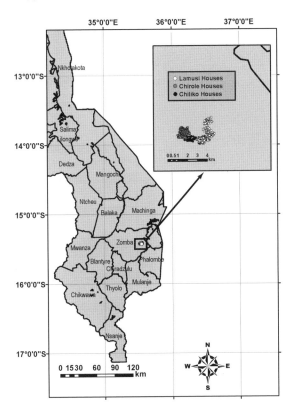

図 4-40　マラウイの調査地マップ
　〇印は家屋を示す。

感受性は高いものと思われた（図4-41A）。ペルメトリンとの協力効果はPBO
が最も活性が高く，致死率，ノックダウン率ともに向上させた（図4-41B）。
Anopheles funestus s.s. は，野外から採集してきた雌蚊をそのまま殺虫試験に供
したため，吸血蚊と未吸血蚊に分けてデータ化してある。*Anopheles funestus*

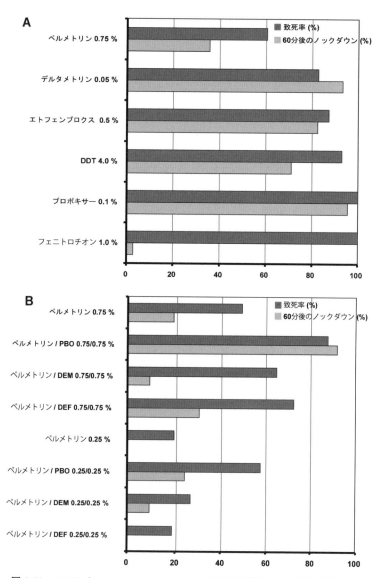

図4-41 マラウイの *Anopheles arabiensis* に対する各種殺虫剤の殺虫効果とペルメ
トリンに対する協力剤の協力効果（Kawada *et al.*, 2020）

s.s. は，ペルメトリン，DDT，プロポキサーに抵抗性を示したが，フェニト
ロチオンには感受性が高かった。PBO の協力効果は *Anopheles funestus* s.s. に
対しても高く，致死率およびノックダウン率をともに向上させた（図 4-42）。
電位感受性ナトリウムチャンネルにおける変異（L1014F または L1014S）は，
Anopheles arabiensis および *Anopheles funestus* s.s. のいずれからも検出されな
かった。

　マラウイでは，アルテミシニンの服薬とともに，主にベクターコントロー
ル（LLIN の普及と IRS）によって，マラリア罹患率が 2014 年の 34% か
ら 2017 年の 23% に減少した（Malawi Malaria Indicator Survey Report, 2017）。
1997 年から配布が開始された LLIN の普及率は 2017 年までに 70% 増加し，
2010 年にスケールアップされた DDT 散布をベースとする IRS のカバー率
は 2011 年までに人口の 11% に増加した（Mathanga *et al.*, 2012; Chanda *et al.*,
2016; Malawi Malaria Indicator Survey Report, 2017）。主要なマラリア媒介蚊は
ケニアと同様に，*Anopheles gambiae* s.s., *Anopheles arabiensis*, そして *Anopheles
funestus* s.s. である。2002 年の時点では，*Anopheles arabiensis* は DDT に抵抗性
を有するが，ピレスロイドや有機リン剤には感受性であったが（Mzilahowa *et
al.*, 2008），2010 年には同種のピレスロイド抵抗性が報告されている（Chanda

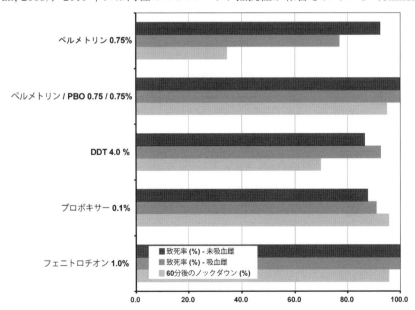

図 4-42　マラウイの *Anopheles funestus* s.s. に対する各種殺虫剤の殺虫効果とペル
メトリンに対する PBO の協力効果（Kawada *et al.*, 2020）

et al., 2015）。その後，*Anopheles funestus* s.s. もピレスロイドとカーバメイトに抵抗性であることが全国的に明らかとなり（Riveron *et al.*, 2015），2011 年には IRS 用の薬剤をピレスロイドから有機リン剤に変更した（Wondji *et al.*, 2012）。そして 2014 年には，有機リン剤のコスト高を理由に IRS は 1 地区のみ（Salima）に限定されてしまった（Chanda *et al.*, 2015）。マラウイの調査地の 2 種のマラリア媒介蚊の殺虫剤感受性や代謝抵抗性の様式は，概ねケニア西部の同種のそれと同様であったが，マラウイの場合はピレスロイド以外にも DDT に対して抵抗性を示しており，上記に述べたように殺虫剤の使用歴がケニアと異なっていることが主な理由と思われる。

〔引用文献〕(第 4 章 - 2)

Amenya DA, Naguran R, Lo T-CM, Ranson H, Spillings BL, Wood OR, Brooke BD, Coetzee M, Koekemoer LL (2008) Over expression of a cytochrome P450 (CYP6P9) in a major African malaria vector, *Anopheles funestus*, resistant to pyrethroids. *Insect Molecular Biology*, 7: 19–25.

Balkew M, Ibrahim M, Koekemoer L, Brooke BD, Engers H, Aseffa A, Gebre-Michael T, Elhassen I (2010) Insecticide resistance in *Anopheles arabiensis* (Diptera: Culicidae) from villages in central, northern and south west Ethiopia and detection of *kdr* mutation. *Parasites & Vectors*, 3: 40.

Bayoh MN, Mathias DK, Odiere MR, Mutuku FM, Kamau L, Gimnig JE, Vulule JM, Hawley WA, Hamel MJ, Walker ED (2010) *Anopheles gambiae*: historical population decline associated with regional distribution of insecticide-treated bed nets in western Nyanza Province, Kenya. *Malaria Journal*, 9: 62.

Bertram DS (1969) Tsetse and trypanosomiasis control in Nyanza Province, Kenya. *Transactions of the Royal Society of Tropical Medicine and Hygiene*, 63: 125.

Bhatia M, Wattal B, Mammen M (1957) Preferential indoor resting habits of *Anopheles culicifacies* Giles, near Delhi. *Indian Journal of Malariology*, 11: 61–71.

Bhatt RM, Sharma SN, Uragayala S, Dash AP, Kamaraju R (2012) Effectiveness and durability of Interceptor® long-lasting insecticidal nets in a malaria endemic area of central India. *Malaria Journal*, 11: 189.

Chadee DD (2013) Resting behaviour of *Aedes aegypti* in Trinidad: with evidence for the re-introduction of indoor residual spraying (IRS) for dengue control. *Parasites & Vectors*, 6: 255.

Chanda E, Mzilahowa T, Chipwanya J, Mulenga S, Ali D, Troell P, Dodoli W, Govere JM, Gimnig J (2015) Preventing malaria transmission by indoor residual spraying in Malawi: grappling with the challenge of uncertain sustainability. *Malaria Journal*, 14: 254.

Chanda E, Mzilahowa T, Chipwanya, J, Ali D, Troell P, Dodoli, Mnzava AP, Ameneshewa B, Gimnig J (2016) Scale-up of integrated malaria vector control: Lessons from Malawi. *Bulletin of the World Health Organization*, 94: 475–480.

Chandre F, Dabire RK, Hougard JM, Djogbenou LS, Irish SR, Rowland M, N'guessan R (2010) Field efficacy of pyrethroid treated plastic sheeting (durable lining) in combination with long lasting insecticidal nets against malaria vectors. *Parasites & Vectors*, 3: 65.

Charlwood JD, Kessy E, Yohannes K, Protopopoff N, Rowland M, Leclair C (2018) Studies on the resting behaviour and host choice of *Anopheles gambiae* and *An. arabiensis* from Muleba, Tanzania. *Medical and Veterinary Entomology*, 32: 263–270.

Chen H, Githeko AK, Githure JI, Mutunga J, Zhou G, Yan G (2008) Monooxygenase levels and knockdown resistance (*kdr*) allele frequencies in *Anopheles gambiae* and *Anopheles arabiensis* in

Kenya. *Journal of Medical Entomology*, 45: 242–250.

Cuamba N, Morgan JC, Irving H, Steven A, Wondji CS (2010) High level of pyrethroid resistance in an *Anopheles funestus* population of the Chokwe district in Mozambique. *PLoS One*, 5: e11010.

Dabiré RK, Diabaté A, Baldet T, Paré-Toé L, Guiguemdé RT, Ouédraogo JB, Skovmand O (2006) Personal protection of long lasting insecticide-treated nets in areas of *Anopheles gambiae* s.s. resistance to pyrethroids. *Malaria Journal*, 5: 12.

Futami K, Dida GO, Sonye GO, Lutiali PA, Mwania MS, Wagalla S, Lumumba J, Kongere JO, Njenga SM, Minakawa N (2014) Impacts of insecticide treated bed nets on *Anopheles gambiae* s.l. populations in Mbita district and Suba district, Western Kenya. *Parasites & Vectors*, 7: 63.

Gatton ML, Chitnis N, Churcher T, Donnelly MJ, Ghani AC, Godfray HC, Gould F, Hastings I, Marshall J, Ranson H, Rowland M, Shaman J, Lindsay SW (2013) The Importance of mosquito behavioral adaptations to malaria control in Africa. *Evolution*, 67: 1218–1230.

Gouagna LC, Okech BA, Kabiru EW, Killeen GF, Obare P, Ombonya S, Bier JC, Knols BG, Githure JI, Yan G (2003) Infectivity of *Plasmodium falciparum* gametocytes in patients attending rural health centers in western Kenya. *East African Medical Journal*, 80: 627–634.

Hemingway J (1983) Biochemical studies on malathion resistance in *Anopheles arabiensis* from Sudan. *Transactions of Royal Society of Tropical Medicine and Hygiene*, 77: 477–480.

Kawada H (2012) New mosquito control techniques as countermeasures against insecticide resistance. *In*: Insecticides - Advances in Integrated Pest Management. Perveen F (ed), InTech, Rijeka, Croatia, pp. 657–682.

Kawada H, Takagi M (2004) Photoelectric sensing device for recording mosquito host-seeking behavior in the laboratory. *Journal of Medical Entomology*, 41: 873–881.

Kawada H, Higa Y, Nguyen YT, Tran SH, Nguyen HT, Takagi M (2009a) Nationwide investigation of the pyrethroid susceptibility of mosquito larvae collected from used tires in Vietnam. *PLoS Neglected Tropical Diseases,* 3: e391.

Kawada H, Higa Y, Komagata O, Kasai S, Tomita T, Yen NT, Loan LL, Sánchez RA, Takagi M (2009b) Widespread distribution of a newly found point mutation in voltage-gated sodium channel in pyrethroid-resistant *Aedes aegypti* populations in Vietnam. *PLoS Neglected Tropical Diseases,* 3: e527.

川田　均・岩下華子・前川芳秀・Mwandawiro C・Njenga SM・皆川　昇・高木正洋（2011）ケニア西部（Gembe East, Mbita）におけるマラリア媒介蚊のピレスロイド感受性に関する調査 (4) 行動抵抗性の有無に関する検討　第 63 回日本衛生動物学会大会（東京）衛生動物, 62 (Supplement): 71.

Kawada H, Dida GO, Ohashi K, Komagata O, Kasai S, Tomita T, Sonye G, Maekawa Y, Mwatele C, Njenga SM, Mwandawiro C, Minakawa N, Takagi M (2011a) Multimodal pyrethroid resistance in malaria vectors, *Anopheles gambiae* s.s., *Anopheles arabiensis*, and *Anopheles funestus* s.s. in western Kenya. *PLoS One*, 6: e22574.

Kawada H, Futami K, Komagata O, Kasai S, Tomita T, Sonye G, Mwatele C, Njenga SM, Mwandawiro C, Minakawa N, Takagi M (2011b) Distribution of a knockdown resistance mutation (L1014S) in *Anopheles gambiae* s.s. and *Anopheles arabiensis* in Western and Southern Kenya. *PLoS One*, 6: e24323.

Kawada H, DidaGO, Ohashi K, Sonye G, Njenga SM, Mwandawiro C, Minakawa N, Takagi M (2012a) Preliminary evaluation of the insecticide-impregnated ceiling nets with coarse mesh size as a barrier against the invasion of malaria vectors. *Japanese Journal of Infectious Diseases*, 65: 243–246.

Kawada H, Dida GO, Sonye G, Njenga SM, Mwandawiro C, Minakawa N (2012b) Reconsideration of *Anopheles rivulorum* as a vector of *Plasmodium falciparum* in western Kenya: some evidence from biting time, blood preference, sporozoite positive rate, and pyrethroid resistance. *Parasites & Vectors*, 5: 230.

Kawada H, Ohashi K, Dida GO, Sonye G, Njenga SM, Mwandawiro C, Minakawa N (2014) Preventive effect of permethrin-impregnated long-lasting insecticidal nets on the blood feeding of three major pyrethroid-resistant malaria vectors in western Kenya. *Parasites & Vectors*, 7: 383.

Kawada H, Nakazawa S, Shimabukuro K, Ohashi K, Kambewa EA, Pemba DF (2020) Effect of metofluthrin-impregnated spatial repellent devices combined with new long-lasting insecticidal nets (Olyset® Plus) on pyrethroid-resistant malaria vectors and malaria prevalence - Field trial in south-eastern Malawi. *Japanese Journal of Infectious Diseases*, 73: 124–131.

Kawada H, Gabriel DO, Sonye G, Njenga SM, Minakawa N, Takagi M (2021a) Indoor resting places of the major malaria vectors in western Kenya. *Japanese Journal of Environmental Entomology and Zoology*, 32: 47–52.

Kawada H, Nakazawa S, Ohashi K, Kambewa EA, Pemba DF (2022) Effect of indoor environmental factors and house structures on vaporization of active ingredient from spatial repellent devices in rural houses in Malawi. *Japanese Journal of Infectious Diseases*, 75: 288–295.

川島恵美子・Dida GO・二見恭子・川田　均・皆川　昇 (2013) 西ケニア地区における *An. gambiae* s.s. の *kdr* 遺伝子の出現について. 第 65 回日本衛生動物学会大会 (札幌) 衛生動物, 64 (Supplement): 43.

川島恵美子・Dida GO・二見恭子・川田　均・皆川 昇 (2014) 西ケニア地区における *Anopheles gambiae* s.s. の *kdr* 遺伝子に関する調査. 第 66 回日本衛生動物学会大会 (岐阜) 衛生動物, 65 (Supplement): 42.

Kelly-Hope LA, Hemingway J, McKenzie FE (2009) Environmental factors associated with the malaria vectors *Anopheles gambiae* and *Anopheles funestus* in Kenya. *Malaria Journal*, 8: 268.

Kent BJ, Norris DE (2005) Identification of mammalian blood meals in mosquitoes by a multiplexed polymerase chain reaction targeting cytochrome B. *American Journal of Tropical Medicine and Hygiene*, 73: 336–342.

Kerah-Hinzoumbe C, Peka M, Nwane P, Donan-Gouni I, Etang J, Samè-Ekobo A, Simard F (2008) Insecticide resistance in *Anopheles gambiae* from south-western Chad, Central Africa. *Malaria Journal*, 7: 192.

Kleinschmidt I, Sharp B, Mueller I, Vounatsou P (2002) Rise in malaria incidence rates in South Africa: small area spatial analysis of variation in time trends. *American Journal of Epidemiology*, 155: 257–264.

Lindsay SW, Gibson ME (1988) Bednets revised - old idea, new angle. *Parasitology Today*, 4: 270–272.

Lindsay SW, Jawara M, Paine K, Pinder M, Walraven GE, Emerson PM (2003) Changes in house design reduce exposure to malaria mosquitoes. *Tropical Medicine and International Health*, 8: 512–517.

Lindsay SW, Jawara M, Mwesigwa J, Achan J, Bayoh N, Bradley J, Kandeh B, Kirby MJ, Knudsen J, Macdonald M, Pinder M, Tusting LS, Weiss DJ, Wilson AL, D'Alessandro U (2019) Reduced mosquito survival in metal-roof houses may contribute to a decline in malaria transmission in sub-Saharan Africa. *Scientific Reports*, 9: 7770.

Manouchehri AV, Javadian E, Eshghy N, Motabar M (1976) Ecology of *Anopheles stephensi* Liston in southern Iran. *Tropical and Geographical Medicine*, 28: 228–232.

Mathanga DP, Walker ED, Wilson ML, Ali D, Taylor TE, Laufer MK (2012) Malaria control in Malawi: current status and directions for the future. *Acta Tropica*, 121: 212–217.

Mathias D, Ochomo EO, Atieli F, Ombok M, Bayoh MN, Olang G, Muhia D, Kamau L, Vulule JM, Hamel MJ, Hawley WA, Walker ED, Gimnig JE (2011) Spatial and temporal variation in the kdr allele L1014S in *Anopheles gambiae* s.s. and phenotypic variability in susceptibility to insecticides in Western Kenya. *Malaria Journal*, 10: 10.

Mathis W, Hamon J, Stcloud A, Eyraud M, Miller S (1963) Initial field studies in Upper Volta with dichlorvos residual fumigant as a malaria eradication technique. 2. Entomological evaluation. *Bulletin of World Health Organization*, 29: 237–240.

McCann RS, Ochomo E, Bayoh MN, Vulule JM, Hamel MJ, Gimnig JE, Hawley WA, Walker ED (2014) Reemergence of *Anopheles funestus* as a vector of *Plasmodium falciparum* in western Kenya after long-term implementation of insecticide-treated bed nets. *American Journal of Tropical Medicine and Hygiene*, 90: 597–604.

Minakawa N, Sonye G, Dida GO, Futami K, Kaneko S (2008) Recent reduction in the water level of Lake Victoria has created more habitats for *Anopheles funestus*. *Malaria Journal*, 7: 119.

Moiroux N, Gomez MB, Pennetier C, Elanga E, Djènontin A, Chandre F, Djègbé I, Guis H, Corbel V (2012) Changes in *Anopheles funestus* biting behavior following universal coverage of long-lasting insecticidal nets in Benin. *Journal of Infectious Diseases*, 206: 1622–1659.

Morgan JC, Irving H, Okedi LM, Steven A, Wondji CS (2010) Pyrethroid resistance in an *Anopheles funestus* population from Uganda. *PLoS One*, 5: e11872.

Munhenga G, Masendu HT, Brooke BD, Hunt RH, Koekemoer LK (2008) Pyrethroid resistance in the major malaria vector *Anopheles arabiensis* from Gwave, a malaria-endemic area in Zimbabwe. *Malaria Journal*, 7: 247.

Muriu SM, Muturi EJ, Shililu JI, Mbogo CM, Mwangangi JM, Jacob BG, Irungu LW, Mukabana RW, Githure JI, Novak RJ (2008) Host choice and multiple blood feeding behaviour of malaria vectors and other anophelines in Mwea rice scheme, Kenya. *Malaria Journal*, 7: 43.

Mzilahowa T, Ball AJ, Bass C, Morgan JC, Nyoni B, Steen K, Donnelly MJ, Wilding CS (2008) Reduced susceptibility to DDT in field populations of *Anopheles quadriannulatus* and *Anopheles arabiensis* in Malawi: evidence for larval selection. *Medical and Veterinary Entomology*, 22: 258–263.

N'Guessan R, Corbel V, Akogbéto M, Rowland M (2007) Reduced efficacy of insecticide-treated nets and indoor residual spraying for malaria control in pyrethroid resistance area, Benin. *Emergence Infectious Diseases*, 13: 199–206.

Noor AM, Gething PW, Alegana VA, Patil AP, Hay SI, Muchiri E, Juma E, Snow RW (2009) The risks of malaria infection in Kenya in 2009. *BMC Infectious Diseases*, 9: 180.

Ogata K, Ikeda T, Umino T, Bocanegra R (1992) Observations of biting and resting behavior of *Anopheles albimanus* in Guatemala. *Japanese Journal of Sanitary Zoology*, 43: 47–57.

Okara RM, Sinka ME, Minakawa N, Mbogo, Hay SI, Snow RW (2010) Distribution of the main malaria vectors in Kenya. *Malaria Journal*, 9: 69.

Okech BA, Gouagna LC, Killeen GF, Knols BGJ, Kabiru EW, Beier JV, Yan G, Githure JI (2003) Influence of sugar availability and indoor microclimate on survival of *Anopheles gambiae* (Diptera: Culicidae) under semifield conditions in western Kenya. *Journal of Medical Entomology*, 40: 657–663.

Okoye PN, Brooke BD, Koekemoer LL, Hunt RH, Coetzee M (2008) Characterization of DDT, pyrethroid and carbamate resistance in *Anopheles funestus* from Obuasi, Ghana. *Transactions of Royal Society of Tropical Medicine and Hygiene*, 102: 591–598.

Paaijmans KP, Thomas MB (2011) The influence of mosquito resting behaviour and associated microclimate for malaria risk. *Malaria Journal*, 10: 183.

Quinõnes M, Suarez M (1990) Indoor resting heights of some anophelines in Columbia. *Journal of American Mosquito Control Association*, 6: 602–605.

Rao TR (1984) The anophelines of India. Indian Council of Medical Research, Malaria Research Centre, Delhi, pp. 518.

Ramphul U, Boase T, Bass C, Okedi LM, Donnelly MJ, Müller P (2009) Insecticide resistance and its association with target-site mutations in natural populations of *Anopheles gambiae* from eastern Uganda. *Transactions of Royal Society of Tropical Medicine and Hygiene*, 103: 1121–1126.

Ranson H, N'guessan R, Lines J, Moiroux N, Nkuni Z, Corbel V (2011) Pyrethroid resistance in African anopheline mosquitoes: what are the implications for malaria control? *Trends in Parasitology*, 27: 91–98.

Riveron JM, Chiumia M, Menze BD, Barnes KG, Irving H, Ibrahim SS, Wondji CS (2015) Rise of multiple insecticide resistance in *Anopheles funestus* in Malawi: A major concern for malaria vector control. *Malaria Journal*, 14: 344.

Roberts DR, Alecrim WD, Tavares AM, Radke MG (1987) The house-frequenting, host-seeking and resting behavior of *Anopheles darlingi* in southeastern Amazonas, Brazil. *Journal of American Mosquito Control Association*, 3: 433–441.

Russell TL, Lwetoijera DW, Maliti D, Chipwaza B, Kihonda J, Charlwood JD, Smith TA, Lengeler C, Mwanyangala MA, Nathan R, Knols BG, Takken W, Killeen GF (2010) Impact of promoting longer-lasting insecticide treatment of bed nets upon malaria transmission in a rural Tanzanian setting with pre-existing high coverage of untreated nets. *Malaria Journal*, 9: 187.

Russell TL, Govella NJ, Azizi S, Drakeley CJ, Kachur SP, Killeen GF (2011) Increased proportions of outdoor feeding among residual malaria vector populations following increased use of insecticide-treated nets in rural Tanzania. *Malaria Journal*, 10: 80.

Santolamazza F, Calzetta M, Etang J, Barrese E, Dia I, Caccone A, Donnelly MJ, Petrarca V, Simard F, Pinto J, della Torre A (2008) Distribution of knock-down resistance mutations in *Anopheles gambiae* molecular forms in west and west-central Africa. *Malaria Journal*, 7: 74.

Sawabe K, Isawa H, Hoshino K, Sasaki T, Roychoudhury S, Higa Y, Kasai S, Tsuda Y, Nishiumi I, Hisai N, Hamao S, Kobayashi M (2010) Host-feeding habits of *Culex pipiens* and *Aedes albopictus* (Diptera: Culicidae) collected at the urban and suburban residential areas of Japan. *Journal of Medical Entomology*, 47: 442–450.

Sharma SK, Upadhyay AK, Haque MA, Tyagi PK, Mohanty SS, Raghavendra K, Dash AP (2009) Field evaluation of Olyset nets: a long-lasting insecticidal net against malaria vectors *Anopheles culicifacies* and *Anopheles fluviatilis* in a hyperendemic tribal area of Orissa, India. *Journal of Medical Entomology*, 46: 342–350.

Stump AD, Atieli FK, Vulule JM, Besansky NJ (2004) Dynamics of the pyrethroid knockdown resistance allele in western Kenyan populations of *Anopheles gambiae* in response to insecticide-treated bed net trials. *American Journal of Tropical Medicine and Hygiene*, 70: 591–596.

Takken W (2002) Do insecticide-treated bednets have an effect on malaria vectors? *Tropical Medicine and International Health*, 7: 1022–1030.

Van Bortel W, Chinh VD, Berkvens D, Speybroeck N, Trung HD, Coosemans M (2009) Impact of insecticide-treated nets on wild pyrethroid resistant *Anopheles epiroticus* population from southern Vietnam tested in experimental huts. *Malaria Journal*, 8: 248.

Wondji CS, Coleman M, Kleinschmidt I, Mzilahowa T, Irving H, Ndula M, Rehman A, Morgan J, Barnes KG, Hemingway J (2012) Impact of pyrethroid resistance on operational malaria control in Malawi. *Proceedings of National Academy of Science of the United States of America*, 109: 19063–70.

Yewhalaw D, Bortel WV, Denis L, Coosemans M, Duchateau L, Speybroeck N (2010) First evidence of high knockdown resistance frequency in *Anopheles arabiensis* (Diptera: Culicidae) from Ethiopia. *American Journal of Tropical Medicine and Hygiene*, 83: 122–125.

Yohannes M, Boelee E (2012) Early biting rhythm in the Afro-tropical vector of malaria, *Anopheles arabiensis*, and challenges for its control in Ethiopia. *Medical and Veterinary Entomology*, 26: 103–105.

マラリア媒介蚊の抵抗性に関する寓話

　ここまでマラリア媒介蚊の殺虫剤抵抗性について解説してきたが，その内容はともすれば分析結果や統計等の数値で難解になりがちで，読者には少々わかりにくかったかもしれない。そこで，これにまつわる一つの寓話を創作してみた。少し長いがご笑覧あれ。この創作が読者の理解を深める一助となれば幸いである。なお，作中に登場する人物等は全て創作であり，実在はしない。

「ドクターMの悲劇」

　どこかの共産圏国からの払い下げであろう5人乗りの単発機は，プロペラの大きさの割には重たげに見える機体を，とある島の海岸沿いの滑走路にアホウドリの着地さながらに滑り降りた。滑走路とは言っても，草原を逆モヒカン刈りのようにバリカンで1直線に撫でたような代物だ。飛行機の床に腐食でポッカリ空いた穴から下界を見下ろしながら，俺はいつものことながら地球の果ての誰も見向きもしないこの土地で，何の危険にも遭遇することなく，日々の日課を送られる奇跡に感謝していた。しかし俺の会社もひどいもんだ。何の因果か知らないが，子供時代の趣味が高じて昆虫学を志し，大学の昆虫学研究室でおよそヒトの役には立ちそうもないマニアックな研究に没頭していた俺が，高額のサラリーと裁量労働制の研究所勤務や海外留学制度の餌でまんまと釣り上げられたのはいいが，蓋を開けてみれば自社製品であるピレスロイドや有機リン剤といった殺虫剤の有効成分を売り歩く海外普及部隊に即配置換え，自社製品に関する専門知識も身に付くか付かないうちに，移動手段と言えば，海に漂う木の葉としか形容できない船外機付きボートか，運賃だけは望外なオンボロ飛行機だけのこの国に駐在員として派遣しやがった。もちろん最初の頃は，リゾート気分で昆虫採集やダイビングに明け暮れた毎日を送っていたが，次

第に何も起こらない単調な毎日に自分が埋没していることにすら気がつかないほど神経が麻痺してきていた。首都とは名ばかりの貧乏くさい町に構えた事務所に設置してあるテレックスにも，ほとんど連絡が入らない日々が続いた。日本本国の本社への営業報告を兼ねた出張は，年に1回しか許されない。おまけに，ハナから大した営業成果を期待されていないこの国に，本国からわざわざ出張してくる物好きは皆無に等しかった。毎日，生命保険代わりに買い与えられた身分不相応の運転手付き高級車に乗って，事務所に1週間遅れの日本の新聞を取りに行くことと，来る宛のないテレックスを見に行くことだけが，俺の退屈な唯一の日課になっていた。数少ない仕事らしい仕事と言えば，2週間に1回国内と近隣諸国に数ヵ所あるフォーミュレーター（我が社の製品を蚊取り線香やエアゾールに配合させた製剤を販売する会社）や研究所を回って，自社新製品の紹介や値段の交渉をするための出張で，今回もその出張のスケジュール通りこの辺鄙な島にやって来たというわけだ。

　ここには，JICAが技術協力の一環でぶち建てた建屋だけはえらく立派な熱帯病研究センターが島の中央に鎮座している。センターを中心とするこの島一帯は，熱帯熱マラリアのエンデミックな地域で，

子供のスライド陽性率（血液をスライドガラスに載せて顕微鏡で覗き，マラリア原虫に寄生された赤血球が見つかった場合陽性となる）は40％以上に達する。さらにやっかいなのは，この島のマラリア媒介蚊であるハマダラカが手の付けられないほどに殺虫剤抵抗性を発達させており，ベクターコントロールが事実上機能していないことだ。この殺虫剤抵抗性の実態を調査し，有効なベクターコントロール技術を開発するのがこのセンターの主要な研究テーマとなっている。センターには現在，自国の研究スタッフ数名以外に，日本から専門家として派遣されてきた研究者が2名常駐している。そのうちの一人が，M博士という変わり者で有名な60代後半の昆虫学者である。M博士に関する噂は，この国に派遣になる以前からさんざん聞かされていた。無類の酒好きで，酒に起因するトラブルが後を絶たないのは序の口で，ライバル研究者は言うに及ばず，自分の実験助手や同僚とさえも，研究を巡って何度となく衝突しては自らを孤立させている。日頃の素行も不可解なことが多く，ある時は目を見張るほど陽気で闊達な一面を見せる反面，突如として暗い淵に沈み込んだかのようにふさぎ込んで自室に数日引きこもってしまうことが周期的に見られた。しかしながら，このような暗黒面をいくら挙げつらったとしても，博士にはそれを補って余りある唯一の神からの贈与物があった。それは，世界中の科学者の頭脳をかき集めたとしてもこれを凌駕する明晰な頭脳と，研究に対する病的なほどの集中力と情熱である。下手をすれば偏屈な嫌われ者で人生を終わるべき彼に与えられたこの能力は，熱帯医学界に留まらず，全ての科学分野における世界的な名声を彼にもたらした。

ガムテープで補強されたドアをこじ開け，俺はおんぼろ飛行機から芝生の地面に降り立った。熱帯特有の粘り気のある湿気と，数種類の原色の花の香りが俺を包んだ。案の定迎えは来ていない。俺は，アタッシェケースを小脇に抱え，スーツケースを引きずりながら，徒歩で宿に向かった。思考力をもぎ取るほどの熱帯の暑さには慣れている。20分ほどかけて宿にたどり着くと，まず部屋のトイレとシャワーの水が一人前に出るかどうかを確かめ，玩具の如雨露ほどの水がかろうじて流れ出るシャワーに一応満足した。一服した後，宿でレンタルバイクを借り，新製品の情報が詰まったアタッシェケースを荷台にくくりつけて，研究所に向かって走り出した。研究所は，島の小高い山の中腹に灰色の肌を曝していた。今回で3度目の訪問になるが，相手の人物が人物だけに緊張が高まる。研究所が近づくにつれて，背筋に冷たいものが走るような錯覚に襲われたが，これも日本の企業が研究所の近くに忘れ物のように置いていった，巨大な3連の発電用風車が発生する不快な低周波のせいにして，俺はバイクのスロットルを全開にして砂利だらけの坂道を登った。

研究所はいつもながら閑散としていた。建て付けの悪い玄関ドアを手前に引くと，グロテスクな形をした熱帯特有の無翅のゴキブリが1匹天井から落ちて，そそくさと玄関の外に逃げていった。玄関からM博士の実験室まで続く，およそ清掃というものをしたことがないと思われる廊下を歩いているとき，一人の浅黒い肌の女とすれ違った。女は悲しそうな一瞥を俺に投げかけると，ニコリともせずに歩き去っていった。視点の定まらない目は泣きはらしたように疲れ切っていた。すれ違いざまに，レモンとラベンダーをこれ以上ないほどの絶妙な配合割合でミックスした香りがかすかに鼻孔をくすぐった。俺は，一瞬目眩に近い動揺を覚えたが，振り向いたときには女は廊下の闇の先に

ある非常口から滑るように消え去っていた。気になった俺はその後を追った。女は，中庭の隅にかすかに盛り上がった小さな土饅頭の前に跪き，その表面を愛おしそうに何度も撫でていた。よく見ると，そこには黒檀で作った小さく粗末な十字架が刺さっていた。女は低く嗚咽していた。俺は一瞬たじろぎ引き返そうとしたが，再び土饅頭のあたりに目をやったときには女の姿はなかった。俺は再び言いしれぬ悪寒を覚えた。

「こんにちわ，M博士おられますか？」俺は，できるだけリラックスした風を装ってM博士の実験室のドアを叩いた。

「誰だ？」

「株式会社X化学のNです。お忙しいところ，お邪魔します」

「またお前か・・・。何の用だ？」

「前回に引き続き，当社の新製品のご紹介にあがりました。お時間は取らせませんので，是非一度お付き合い頂きたく・・・」

「必要ない。帰れ」

ここでおめおめと帰れるものか，100ドルの飛行機代に見合う仕事をしないと元が取れない。俺は，製品紹介は後回しにして，M博士の研究の進捗状況を聞くことにした。

「そんなことおっしゃらずに・・・。ところで先生，例の蚊の抵抗性遺伝子の研究は進んでいますか？」

「おまえに話すことなどない」

「相変わらずお愛想無しですねー。ちょっと中に入れてもらいますよー」

「あー，なんだ，お前か・・。俺はてっきりY化学の奴かと思った。あいつは好かん」

博士は，商売敵の外資系会社の名前を吐き捨てるように言い俺を睨んだ。どちらかというと，俺は商売敵よりは博士に好かれているようだ。博士は，近くにあった冷蔵庫から缶ビールを2本取りだし，俺に1本投げてよこした。その時気が

いたんだが，博士の目は眼鏡の奥で真っ赤に充血しており，心なしか瞳が小刻みに振動していた。それは明らかに軽度の狂気の兆候を示唆していたが，それが何を意味するのかすぐには判断できなかった。今から思えば，この時点で俺はさっさと引き上げて来れば良かったんだ。

「先生，ピレスロイド抵抗性に関与するノックダウン抵抗性遺伝子のご研究をされていると伺いましたが，何か新しい知見が得られましたでしょうか？　どうせならば，当社のピレスロイドの売れ行きを伸ばすような結果が出てくれるとハッピーなんですが・・」

俺は，缶ビールの栓を勢いよく抜きながら言った。

「次世代シーケンサーのおかげで，電位感受性ナトリウムチャンネルの塩基配列は全部解読できた。もっとも，この島に生息するハマダラカ1種についてのみの話だが・・・」

缶ビールを一気に飲み干した後，博士は言った。60代とは思えないほどの髪の量と黒さを誇る博士の頭の，どこに世界を驚愕させるような頭脳が詰まっているのかと，俺は不思議に思った。

「ほおー，すごいですね。それで，ピレスロイド抵抗性を打破するいい方法が見つかるでしょうか？」

「勉強不足も程々にしておけ。いいか，よく聞け小僧，何度も言っているように，一端個体群に定着してしまったノックダウン抵抗性遺伝子を消し去ることは不可能だ。おまけにこのハマダラカはノックダウン抵抗性に関与する塩基配列の変異を3つ同時に持っている。ほぼ100%がホモ接合体だ」

「でも，同じピレスロイドの中にも構造が異なっていて，抵抗性がクロスしないって言うこともあり得るのでは？」

「ある程度そういうことは言える。例えば，アレスリンは環境中で不安定なノックダウン剤であるということと，フェノキシベンジルアルコールタイプのピレスロイドとは構造が異なるという点で，抵抗性が発達しにくいと思っている。しかし，逆は真ならずで，フェノキシベンジルアルコールタイプのピレスロイドに抵抗性が一端発達してしまうと，アレスリンに対しても当然抵抗性になる。こうなったらもうお終いだ」

「そうなんですかあ・・。でも，世界レベルで見たら，ピレスロイド抵抗性なんてまだまだ序の口なんじゃないですか？ でないと，うちの製品の売り上げ，どんどん落ちますよ」

「その甘えが今の状況を呼び起こしたと言って良かろう。まだ使えるから使う，効きが悪いので量を増やす，どんどん効かなくなってくる，さらに量を増やす・・・。まったく，バカのやることとしか思えん」

「じゃあ，もうピレスロイドは使えなくなってるんですか？ アレスリンもですか？」

「アレスリンを代表とするノックダウン剤は，実にいい剤だと私は思っている。蚊を殺す淘汰圧が低いために，抵抗性が付きにくいのはお前も知っているだろう。蚊取り線香などの蚊取り製剤が今なお有効に使えるのはそのためだ。しかし，蚊取り製剤は，それを使う習慣がない地域や，貧乏で蚊取り線香さえ自分で買えないような地域ではなかなか普及しなかった。それは，値段を決めているお前らにも責任があるんだぞ。一方，マラリアやデング熱のベクターを殺すために，光に対して安定性の強いいわゆる第2世代のピレスロイドが使われ始めた。これは蚊を殺す力が非常に強いために，大きな淘汰圧となっ

た。そして，ピレスロイド抵抗性の蚊が蔓延し始めた。これは，この島だけではなく全世界レベルで起こっている現象だ」

「そうですか・・・。じゃあ，そろそろピレスロイドに代わる剤を見つけないといけませんね。そんなものあるのかなあ？」

「何を暢気なことを言っている。それはお前ら化学会社の仕事であり，責務だぞ。うかうかしてると手遅れになるぞ」

「はい，それは重々認識しているつもりですが，そんな大事なことを民間の化学会社に丸投げして，大学の先生は研究への興味に偏重した調査や後ろ向きの抵抗性の研究ばっかりしている。そんなことだから殺虫剤の科学はなかなか発達しないんですよ」

俺は，少し興奮気味に声を荒げた。2本目の缶ビールが体を巡ってきているのと，いつも心の中で思っている本音なので，言って後悔はなかった。しかし，このとき博士の目に異常な輝きが増し，落ち着かない瞳の振動がさらに振幅を増したのに俺は気がつかなかった。

「たしかにそうかもしれん。殺虫剤は撒けば効くのは当たり前という，安易な，ある意味思考停止的な考えが大学側にあることは否定できん。殺虫剤は奥の手，それに至るまでの調査が重要と言いながら，結局これまで何の手も打ってきていない。その間に，殺虫剤は奥の手ですらなくなってきている。効いて当然の殺虫剤があるのなら，とうの昔に昆虫媒介性の熱帯病など根絶されているはずだ。DDTがそのいい例だよ」

「まったくです。じゃ，先生，他に何か手はあるんですか？」

「殺虫剤を使わない防除方法は確かにある。例えば，天敵を使った生物防除，綿密な都市計画による発生源除

去等々・・・。それなりの効果を上げては来ているが，決定的ではない。その他には，致死遺伝子を持った蚊を放して個体群中に致死遺伝子を導入するようなことを考えておる輩がいるようだが，私に言わせれば笑止千万。遺伝学者のお遊びとしか思えん」

「同感です」

「そこで，私はある画期的な毒素を生産する新生物を発見した。この新生物は，人体に常在するある原始的な生物をこの目的のために遺伝子編集することによって生まれた。こいつらは，赤血球に寄生して様々なステージに変異を繰り返す。ある意味，マラリア原虫と同じだが，これを吸血の際に体内に取り込んだ蚊には強烈な毒性を発現して蚊を殺す。しかも，この新生物は千変万化に変異するマラリア原虫と供にステージ・スペシフィックに変異して異なる毒素を生産するため，この毒素に対する蚊の抵抗性を誘導することは理論上不可能だ」

「なるほど，すばらしいですね。で，人体への影響は？」

博士の異常な目の輝きがさらに増幅した。瞳の振動は，もはや正視できないほど博士の容貌を変化させていた。

「私は 1 日でも早くこの生物の効果を人体で確かめたかった。この新生物はもともと常在菌として人体内に恒常的に生息しているために，何の影響も人体に及ぼさない・・・・はずだった」

博士の狂気の目から，意外なことに一筋の涙が流れ落ちた。

「私の妻は，マラリアを憎んでいた。そして，マラリアを媒介するハマダラカをも憎んでいた。たった一人の息子をマラリアで亡くしたからだ。息子は，長い間子宝に恵まれなかっ

た私らにとっては宝物だった。1 回目の誕生日を迎えることもなく息子が死んだとき，妻は息子を抱いたまま 1 週間泣き続けた。胸に抱いたままなかなか放そうとしなかった息子を，やっと引き離して埋葬を終えたとき，妻はすっかりやつれてふさぎ込んでしまった。それから妻は自室から 1 歩も出ることはなかった。ところがある日，何かに憑かれたような目をして，妻は実験室にやってきた。彼女は私の発見した新生物の実験台になることを何度も懇願した。私はその度に拒否した。息子を奪われた上に，最愛の妻まで亡くすことが私には耐えられなかったんだ」

博士は，力なくその場に崩れ，跪いた。

「ある日，妻は私の留守中に実験室に忍び込み，例の新生物を自分の腕に注射してしまった。私は絶望したよ。しかし，一方では，この千載一遇のチャンスをみすみす逃すことを私の探求心が許さなかった。自分の研究成果に対する自信もあった。そこで，私は妻を介抱する一方で，その後の妻の経過観察を開始した。当初は妻の容体に全く何の変化もなかった。一時は，この実験が失敗に終わったかと思われた。しかし，試しにハマダラカに妻の血を吸血させてみたところ，効果は驚くべきものだった。妻を吸血した蚊どものほとんどは数分で死んでいったよ。私は興奮した。しかし，念のために私は生き残った蚊を継代飼育することで，抵抗性集団が形成されないことを確かめようと思った」

「それで，どうなったんですか？」

博士は身震いすると，吐き出すようにこう言った。

「あの蚊どもは化け物だよ，私は迂闊だった。確かに千変万化する新生物の産生する毒素に，蚊は全く抵抗で

213

きずにいた。しかし，奴らは徐々に自分らの体内に，新生物そのものを駆逐する毒素を産生するようになっていたのだ。そして，ある日のこと・・・」

俺は背筋が寒くなるのを感じた。

「進化した蚊に吸血された妻の体内から新生物が全て駆逐されてしまった。それだけなら，ただの失敗で済んだだろう。しかし，それだけでは終わらなかった。常在菌として妻に寄生していたその新生物は，いつの間にか妻の生存になくてはならない生物に進化していたんだ。妻は日ごとにやつれ始め，1ヵ月後に息を引き取った」

「私は，結局蚊の奴らに完敗したんだよ。奴らはどんなことがあっても自分の種族の維持を最優先している。それは，個体の問題じゃない。全体としての個だ。全体のためには，個体の犠牲など取るに足らないセンチメンタリズムなんだよ。こんな完璧な他愛精神が他に存在するだろうか？　人間にそれができるだろうか？　否だよ。人間は全体としての個を維持するためには，あまりにも我が儘すぎる。他愛主義なんぞ，せいぜい親子関係に垣間見られるだけだ。それすらも現代では危ぶまれている・・・。奴らは，私ら人間など及びも付かない完全な種族なんだよ。一部の個体群を駆逐したとしても，奴らは新たな手段で私らに襲いかかって来る」

俺は，博士にかける言葉もなくその部屋を後にした。1秒でも早くこの島から離れたかった。博士の机には，無垢な太陽の微笑みを見せている生後間もない赤ん坊と，それを抱いた聖母のような女の写真が置かれていた。その女には見覚えがあった。

嫌な予感に駆られながら，俺は再び中庭の小さな墓のある場所に駆け戻った。非常口までの暗い廊下に漂うレモンとラベンダーのミックスした香りが，再び俺の鼻孔をかすめた。しかし，そこにその女はいなかった。その代わりに，墓の上を大きく旋回するように，うねる黒い霧のような何かが10mほどの不気味な柱を形成しているのが見えた。それを見上げたと同時に，俺はその柱が生き物のようにどす黒い敵意を持って向かってくるのを感じた。俺は恐怖のあまり絶叫したが，それは何の役にも立たなかった。まとわりつく黒い霧を力なく振り払いながら，俺の脳裏にかろうじて閃いたのは，それが霧ではなく，何十万もの小さな昆虫の群れであることだった。どす黒い敵意は，その1個体1個体から激しく感じ取られた。その邪悪な敵意は，通常その昆虫群が示す特徴とはかけ離れた形態上の変異から直感的に感じ取れた。「それ」は，小さな身体には不釣り合いに見える異常に発達した巨大な「眼」を持っていたのだ。しかも，通常昆虫たちが持っている無感情な複眼ではなく，明らかにこちらを見据えていると分かる，意思を持った無数の個眼からなる「眼」だった。神経軸索上の3つの塩基配列のミューテーションによって，「それ」は獲物の防衛行動を恐れる本能すら捨て去り，ただ単に自らに寄生するマラリア原虫の意志に従って，これを獲物に植え付けることのみが目的の飛翔機械となっていた。しかし，太古の昔からこの種が痕跡として伝え持ってきた特徴から，俺は「それ」があいつらのなれの果てであることを即座に理解した。翅脈に見える特徴的な斑紋，口吻とほぼ同長に伸びたどう猛な小顎肢・・・。そう，それはかつてAnopheles（ギリシア語で「何の利益ももたらさない」）と言われた生物の悪意に満ちた進化の究極の姿だったのだ。

第5章

先んずれば人を制す

（闘いのための武器を揃えよう）

1. LLIN はまだ武器となるのか？

　蚊帳の歴史は古い。WHO が 2000 年前後に長期残効型殺虫剤含浸蚊帳（LLIN）を大々的にマラリアコントロールに推奨する遙か以前から，蚊帳は使用されてきていた。1923 年に出版された Ronald Ross（1857–1932）の著書に，彼がシエラレオネの総督に対して，「（発生源対策としての）油の処理や手作業での排水による蚊の駆除，窓への網戸装着（特に病院やその他の公共施設の），患者や可能であればすべての人に蚊帳の配給を，そしてヨーロッパ人に今よりも良い住居と（外界からの）隔離を勧めた」とある。蚊帳はこの当時から，蚊の刺咬から有効に身を守るための道具として使われていたのである。さらに Ross は，実験的に召使いを穴の開いた蚊帳に一晩寝かせた後に，蚊帳の中に吸血したハマダラカが数匹とまっていたのを見て，この方法がハマダラカを捕獲するための良いトラップになるとも書いている（Ross, 1923）。この方法は，現在でも WHO による LLIN の性能評価のための試験方法に採用されている。

　蚊帳がハマダラカの吸血行動に影響を与えることは，1980 年代に Port and Boreham（1982）や Boreham and Port（1982）によって示されており，著者らはヒトが就寝している蚊帳が *Anopheles gambiae* を誘引すること，そしてたとえ破れた蚊帳であっても蚊帳を使用することによって蚊の吸血率を抑制できることを報告している。殺虫剤（ペルメトリン）や忌避剤（ディート）を衣服に処理して，吸血昆虫の刺咬から身を守る方法に関しては，1970 年代に多くの報告がある（Grothaus *et al.*, 1976; Lindsay and McAndless, 1978; Schreck *et al.*, 1978, 1979）。殺虫剤を蚊帳に処理するマラリア媒介蚊対策に関する最初の論文は，恐らく Darriet *et al.*（1984）ではないだろうか？　著者らはペルメトリンを用いている。その後，Lines *et al.*（1985）は，ペルメトリンを処理したカーテンと蚊帳，ディートを処理した足首飾り（Anklet）について，タンザニアの *Anopheles gambiae* s.l. や *Anopheles funestus* を対象とした比較試験を行っており，良好な結果を得ているが，特にペルメトリン処理蚊帳のハマダラカに対する殺虫効果が期待されている。1980 年代のこれらのレポートによって，殺虫剤含浸蚊帳（ITN）が注目され出し，数多くの効力確認試験が実施された（Rozendaal JA, 1989）。ITN がマラリアによる苦痛や死者数を有意に低減させることが明らかとなり（Graves *et al.*, 1987; Alonso *et al.*, 1991; Lengeler and Snow, 1996），WHO は Roll Back Malaria プログラム（RBM, 1999）に ITN を組

み込むことになった。ITN はマラリアコントロールに一定の成果を上げたが，未処理の蚊帳に殺虫剤を処理するための人的コストが高いことと，効果の持続性が短期間で，再処理が必要となることが問題点となって残った。そこで登場するのが，予め殺虫成分が蚊帳の繊維に処理されており，再処理の必要なく数年間は使用できる長期残効型殺虫剤含浸蚊帳（LLIN）である。

　第 4 章で述べたように，LLIN には様々なタイプがあるが，その製造方法は，蚊帳の樹脂繊維に殺虫剤をコーティングする方法と，練り込む方法の 2 つに分けられる。使用される殺虫剤は，ピレスロイドが 100% を占めるが，その大半が α-シペルメトリン，デルタメトリンという第 2 世代のタイプ II（フェノキシベンジルアルコール基の α 位にシアノ基を持つ）ピレスロイドである（第4 章，表 4-1）。オリセットネットは，唯一タイプ I（シアノ基を持たない）のピレスロイドであるペルメトリンを有効成分としている。ピレスロイド抵抗性を調査するための WHO テストキットに用いられる含浸紙の薬量は，ペルメトリンと α-シペルメトリンが 0.75% に対してデルタメトリンが 0.05% となっており，デルタメトリンの基礎的な殺虫効力が他の 2 剤の 10 倍以上あることが伺える。LLIN の普及に伴って，マラリア媒介蚊のピレスロイド抵抗性がアフリカで問題となっていることは第 4 章で述べたが，その様な状況下で果たして LLIN は今なお有効な武器と言えるのであろうか？　特に，殺虫効力ではデルタメトリンに劣るペルメトリンは LLIN の有効成分として相応しいのだろうか？　筆者らは，この疑問に対する答えを得るために，デルタメトリンとペルメトリンを有効成分とする LLIN について，実際の使用場面における比較試験を試みた。

　試験は，ケニアの Nyanza 州 Mbita 県，Gembe East 地区の Nyaroya 村の実験用家屋および Nyandago 村の実際の家屋で実施した。Nyaroya 村の中心部（Nyaroya Center）に，4 軒の実験家屋（標準サイズ，1 部屋のみ）（図 5-1）を建て，これに 4 種類の蚊帳（表 5-2）を設置，中央にベッドを置いて，成人男性 2 名が就寝，毎週 1 回早朝にピレスロイド含有エアゾールを用いたスプレーキャッチ法によって家屋内の蚊を採集した。ネットをローテーションして 3 反復（計12 回）実施した。さらに，Nyandago 村で人が居住する家屋（ほぼ標準サイズ，ベッドルームと居間の 2 部屋で構成される）を 4 軒選定し（表 5-1），使用していた蚊帳の代わりに実験用の蚊帳を設置，毎週 1 回早朝にスプレーキャッチ法によって家屋内の蚊を採集した。ネットをローテーションして 2 反復（計8 回）実施した。

図 5-1 Nyaroya 村に建造した実験用家屋（手前の 4 軒）

表 5-1 LLIN の比較試験に用いた家屋

家屋No.	大きさ	備考
NYAR (A, B, C, D)	5 x 3.5 x 1.9 (3.4) m	Nyaroya村の実験家屋
Mugundho (E)	5 x 4 x 1.8 (3.2) m	Nyandago村の住居
Akinyi (F)	4 x 4 x 1.7 (?) m	Nyandago村の住居
Mama Anna (G)	5.5 x 4 x 1.8 (3.2) m	Nyandago村の住居
Eric (H)	4 x 3.5 x 1.7 (3.3) m	Nyandago村の住居

表 5-2 比較試験に用いた LLIN

ブランド名	有効成分	大きさ	材質
オリセット	ペルメトリン	180 x 190 cm	ポリエチレン
オリセット・プラス	ペルメトリン／PBO	180 x 190 cm	ポリエチレン
パーマネット 2.0	デルタメトリン	180 x 190 cm	ポリエステル
Top 2	無処理	200 x 200 cm	ポリエステル

表 5-3 LLIN 処理によるハマダラカ（*Anopheles arabiensis* + *Anopheles funestus* s.s.）雌成虫の捕獲数

蚊帳の種類	ハマダラカ♀採集数／日	オリセット	オリセット・プラス	パーマネット 2.0	無処理
オリセット	2.3	—	NS	*	***
オリセット・プラス	3.8	NS	—	NS	***
パーマネット 2.0	4.1	*	NS	—	***
無処理	7.3	***	***	***	—

* P < 0.05, ** P < 0.01, *** P < 0.001, NS有意差なし

　Nyaroya の実験家屋および Nyandago の民家における試験結果を表 5-3 に示した。家族等が蚊帳の外で就寝していた場合，試験結果に影響が生じるため，住民に都度問いあわせて，その場合の結果は除外することにした。採集された蚊は，*Anopheles arabiensis* と *Anopheles funestus* s.s. であったが，後者が全体の約 88% を占めた。3 種の LLIN における採集蚊数は全て無処理ネットにおける採集蚊数と有意に差があり，LLIN が家屋内の蚊に影響を及ぼしていることがわかる。さらに，オリセットネットとパーマネット 2.0 の間にも有意な差が見られた。現地の蚊（代謝抵抗性を有する *Anopheles arabiensis* と *Anopheles funestus* s.s.）の WHO テストチューブ法による殺虫試験の結果では，オリセットネットの致死効果はパーマネットに比べて低い（図 5-2）にもかかわらず，早朝に家屋内で休息している蚊数で比較すると，オリセットネットはパーマネット 2.0 よりも効果が高いという結果となる。

　この結果は何を意味するのだろう？　今回の比較試験は，蚊のピレスロイドに対する忌避による追い出し効果を評価していると考えれば説明はできる。すなわち，致死効果よりも忌避効果の高いオリセットネットでは，蚊がネットに触れたことによって起こる忌避行動によって家屋外に逃亡しているのではないかという仮説が立てられる。この効果がマラリアの伝播にどう影響しているかは今回の試験からは考察できないが，少なくともマラリア媒介蚊とヒトとの接触頻度がオリセットネットを使用することによって低減されているということは言えるだろう。オリセットネットとパーマネットは，実用場面においては同等の吸血阻止率を示すという結果が報告されている（Dabire *et al.*, 2006）。Siegert *et al.* (2009) は，オリセットネットとパーマネットの蚊に対する効果の違いを，蚊のネット面に対する定位の仕方で比較しており，オリセットネットはパーマネットに比べて定位しにくい（忌避している）ために致死効果も低いこと，そしてパーマネットは（デルタメトリンの忌避性の低さのために），同条件において蚊のランディングを妨げないために高い致死効果を示すことを報告している。これは，致死効果と忌避効果の功罪を考える上で興味深い現象である。すなわち，高い致死効果と低い忌避性を有するピレスロイドは蚊の個体群を減少させるためには最も有効であるが，一方でこのような高い致死効果は高いピレスロイド抵抗性を急速に発達させる恐れがある。これに対しペルメトリンの蚊に対する忌避性は，ヒトと蚊の接触機会を低下させ，吸血の成功率を低下させる。さらに，致死力が低いことによって蚊の抵抗性の発達を遅らせる可能性も考えられる。

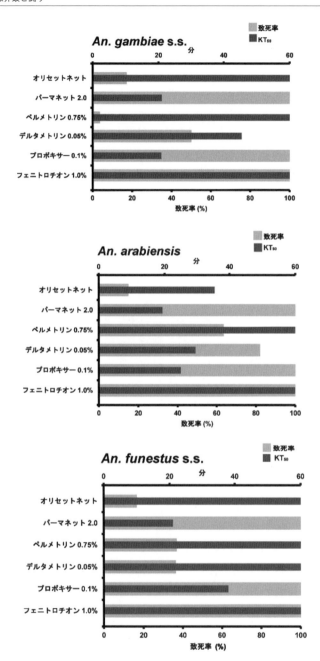

図 5-2　調査地のマラリア媒介蚊雌成虫の殺虫剤感受性（WHOテストキット法）
オリセットネット，パーマネットは，ネット生地をWHO含浸紙と同じ大きさにカットして使用した。
KT50 は 50% ノックダウン時間。

2. ペルメトリン徐放化ネット（オリセットネット）による 新しい媒介蚊防除の試み

LLIN を他の媒介昆虫に応用しようとする幾つかの試みがネッタイシマカ（Curtis *et al.*, 1996; Igarashi, 1997; Kroeger *et al.*, 2006; Jeyalakshmi *et al.*, 2006）やサシチョウバエ *Phlebotomus* sp.（Dinesh *et al.*, 2008; Faiman *et al.*, 2009; Emani *et al.*, 2009; Kasili *et al.*, 2010; Das *et al.*, 2010）において行われており，LLIN をカーテン（Curtis *et al.*, 1996; Igarashi, 1997; Kroeger *et al.*, 2006; Vanlerberghe *et al.*, 2011a, 2011b）や水瓶の蓋（Kroeger *et al.*, 2006; Vanlerberghe *et al.*, 2011a, 2011b）など別の用途に応用しようとした報告もある。本節では，ペルメトリンを有効成分とする LLIN（オリセットネット）の素材を，デング媒介蚊の主要発生源である水瓶の蓋に応用する試み，および家屋の天井に処理して家屋内への媒介蚊侵入を阻止する試みについて記述する。

2-1 オリセットネット素材を用いた ベトナム南部におけるデング熱コントロールの試み

ベトナムは，Hanoi 市および Haiphong 市において 1959 年にデング熱患者の発生が記録されてから，全国的にデング熱の流行地となっている（Nam *et al.*, 2000）。ベトナム南部の農村地域は，水道水を利用できない他の発展途上国の農村と同様に，生活用水は主に雨水や川の水の貯水に依存してきた（Nguyen *et al.*, 2011）。ベトナムの農村部では，家庭用水は 50〜2,000 L の容器（水瓶）に貯蔵されることが多く，そのほとんどは蓋やネットで塞ぐなどの防虫処理はなされていないため，デング熱媒介蚊であるネッタイシマカにとって格好の発生場所となっている（Tran *et al.*, 2010）。また，大型タンクや水道水のような代替の給水インフラが利用できるようになっても，水道水の供給が不安定なため，依然として既存の貯水容器に頼っているケースが多い（Tran *et al.*, 2010）。ベトナムでは，陶器の瓶，コンクリート製タンク，ドラム缶などがデング熱媒介蚊に適した発生源となっている（Phong and Nam, 1999; Nam *et al.*, 2000; Tsuzuki *et al.*, 2009a）。このような発生源には，WHO が推奨する飲用水に使用可能な有機リン系殺虫剤（テメフォス）や昆虫成長制御剤（メトプレンやピリプロキシフェン）で処理することが，最も簡便で良い方法であると思われるが，このような殺虫剤を用いての蚊の発生源対策は，本調査および

トライアルを実施した時点（2008 年）では，ベトナムでは承認されておらず，デング熱媒介蚊幼虫の対策はコペポード（*Mesocyclops* 属のケンミジンコの 1 種で蚊幼虫を捕食する習性を持つ天敵）による住民参加型の生物防除戦略が専ら実施されていた（Nam *et al.*, 1998, 2000, 2012）。

　一方，デング熱媒介蚊の防除には，幼虫の発生源となる水瓶やコンテナ類を取り除くだけでなく，雌成虫が産卵のためにこのような容器に侵入するのを防ぐことも重要である。発生源となる容器にカバーを掛けることで，産卵雌蚊に対して物理的な障壁を作り，媒介蚊の個体数を抑制することに成功した研究がいくつかある（Kroeger *et al.*, 2006; Vanlerberghe *et al.*, 2011a, 2011b）。合成ピレスロイドで処理された蚊帳（LLIN）は，マラリア媒介蚊のみならず，デング熱媒介蚊などの他の媒介蚊のコントロールにも良好な成績を上げている（WHO, 1989; Seng *et al.*, 2008）。

　当初筆者らは，次節で述べる常温揮散性ピレスロイド（メトフルトリン）の徐放化樹脂デバイスをこの目的に応用しようとしていた。図 5-3 にあるように，樹脂デバイスを 1 / 4 にカットして水瓶の蓋の中央に吊し，水面に産卵しに来るネッタイシマカの侵入を妨げようというアイデアである。図にあるような標準サイズの水瓶を用意し，水面を水瓶の深さの 1 / 2 に調整して実験を行った。意図的に蓋に隙間を造るために，プラスチック製の波板を蓋として使用し，ネッタイシマカが侵入しやすいように工夫した。1 週間間隔で，水

図 5-3　メトフルトリン樹脂デバイスの水瓶蓋への設置によるネッタイシマカの産卵抑制実験（Kawada *et al.*, unpublished）

瓶の中に発生したネッタイシマカの卵，幼虫，サナギを回収して，対照区と比較した。同時に，先に述べたコペポード（*Mesocyclops aspericornis*）を 100 頭水瓶に放ち，個体数への影響も調べた。その結果，図 5-4 に示したように，

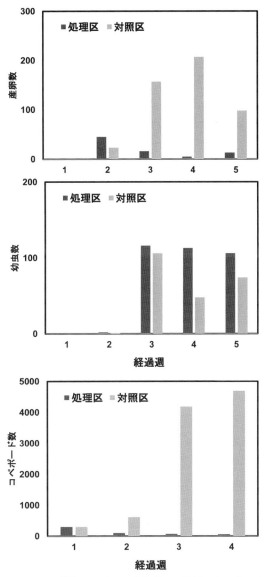

図 5-4　メトフルトリン樹脂デバイスの水瓶蓋への設置によるネッタイシマカの産卵抑制効果と幼虫の密度に対する効果，およびコペポード個体数に対する影響（Kawada *et al.*, unpublished）

ネッタイシマカの産卵抑制効果は認められ，処理区への産卵数は減少したが，意外なことに幼虫数は減少しないことがわかった。この原因は，当初 100 頭ずつ水瓶に放したコペポードがメトフルトリン処理区で急激に減少したことによることが明らかである。つまり，メトフルトリンはネッタイシマカ成虫の産卵行動は抑制するが，その後孵化した幼虫に対しては致死効果を示さず，天敵として放したコペポードの増殖には悪影響を及ぼすということが明らかとなった（Kawada *et al.*, unpublished）。本試験結果は，むしろコペポードの天敵としての役割の重要性を浮き彫りにするものとなったが，生物防除薬として人為的に放たれる本種以外にも，半翅目昆虫等が水瓶に発生するネッタイシマカの個体数を制御しており（Ohba *et al.*, 2011），このような場面でのメトフルトリンの使用は極力控えるべきと思われた。

　メトフルトリン樹脂デバイスの応用は不可能と判断し，次のアイデアとして，コペポードには影響がないと思われる方法を考えた。オリセットネットは，マラリア防除の目的で開発され，WHO の推奨を得た最初の LLIN であるが（WHO, 2001; Sharma *et al.*, 2009），デング熱媒介蚊であるネッタイシマカの防除にも有効である事が報告されている（Itoh and Okuno, 1996）。さらに，有効成分であるペルメトリンは，蒸気圧が低く，常温ではメトフルトリンのように揮散しないために，水中にいる天敵への影響もないはずである。オリセットネットで水瓶の周囲，特にネッタイシマカの侵入口である蓋の隙間部分を覆えば，水瓶の中のコペポードや他の天敵（Ohba *et al.*, 2015）にも影響を与えずに当初の目的が達成できると考えた。そこで，筆者らは，毎年ベトナムにおけるデング熱患者の 80% 以上が報告されているベトナム南部において，家庭用貯水容器（水瓶）の蓋をオリセットネットで覆うことで，ネッタイシマカの個体数やデング熱患者数を減少させることができるか否かを検証するために，中規模のフィールド試験を行うことにした。また，ターゲットとなる水瓶以外に，花瓶やテーブルの脚などに使用されている蟻トラップ（Ant Trap，小皿に水を入れ，この上にテーブルなどの脚を載せて蟻が登ってくるのを防ぐもの）も，ネッタイシマカの重要な発生源であるために（Tsuzuki *et al.*, 2009a; Nguyen *et al.*, 2011），このような家屋内外の小容量の容器に昆虫成長制御剤（ピリプロキシフェン）の処理も実施することにした。

　試験は，Ho Chi Minh 市から 30 km ほど南に位置する Long An province の Tan Chanh をトライアル地として選定して実施した。Tan Chanh の 7 つの集落にはそれぞれ 300 から 400 の家屋があり，1,400 から 2,000 の人口を抱え，

合計 2,540 戸に 12,000 人が住んでいる。Tan Chanh では，2007 年に 30 人，2008 年に 104 人のデング熱患者が発生した（Department of Health Long An province, 2008, 2009）。それぞれ約 50 軒の家屋を含む隣接した 20 の実験区を設け，10 の実験区を処理区に，他の 10 の実験区をコントロール

図 5-5　水瓶の蓋（金属製）の上部にオリセットネットの素材をカットして被せ，裾を長く垂らして蓋と水瓶の隙間からの蚊の侵入を防いだ（Tsunoda *et al.*, 2013）

区とした。処理区の全ての水瓶には，オリセットネットを製作するための材料となるネットロールを水瓶の蓋の周囲の長さに合わせた大きさに切り（30 × 150 cm），水瓶の蓋と水瓶の間の隙間を覆うように設置した（図 5-5）。処理区には，オリセットネットによる水瓶のカバーの他に，ピリプロキシフェンを含有する火山性のポーラスな砂とセメントでできたブロック（Kawada *et al.*, 2006a）を細かく砕いたものを，水瓶以外の花瓶や蟻トラップの中に水 1 L 当たり約 1 g の割合で投入した。このブロックは，中和セメント（40.6% w/w），骨材（軽石，52.1% w/w），好気性細菌と栄養培地の混合物（4.1% w/w），ピリプロキシフェン粒剤（3.2% w/w）から構成されている。ブロック中のピリプロキシフェンの含有量は 0.016%（w/w）である。

　昆虫学的評価（ネッタイシマカの採集数による効果判定）は，家屋指数（House Index，幼虫の発見された家屋の割合），容器指数（Container Index，幼虫の発見された水瓶や花瓶の割合），およびサナギ数を試験家屋と対照家屋間で比較した。2008 年 8 月から 2009 年 2 月にかけて，試験区で 3,869 個，対照区で 4,198 個の容器を調査した。最も多い容器は陶器製の瓶で，試験区，対照区いずれにおいても 80% 以上を占めた。試験区の容器指数は，対照区と比較して徐々に減少していき，2009 年 2 月まで 20% 以下の数字を維持した。試験区の家屋指数は，2008 年 10 月に急激に低下し，その後やや上昇傾向にあるものの対照区に比べて低い値を維持した（図 5-6）。オリセットネットを処理した水瓶と処理していない水瓶を比較すると，処理した水瓶の方が幼虫のいない率が有意に高かった（図 5-7）（Tsunoda *et al.*, 2013）。さらに，水瓶に発生する半翅目

の天敵であるミズムシ（*Micronecta* sp.）やカタビロアメンボ科（Veliidae）の半翅目昆虫に対して，オリセットネットは悪影響を与えないことが明らかにされている（Ohba *et al.*, 2015）。

対照区と試験区の両方で，デングウイルスの感染状況をモニタリングした。5人以上の家族がいる世帯を選び，2歳から65歳までの住民から2回，2 mLの血液サンプルを採取した。試験区と対照区から，2008年9月と2009年2月にそれぞれ301名，352名および222名，286名の血液サンプルが採取された。

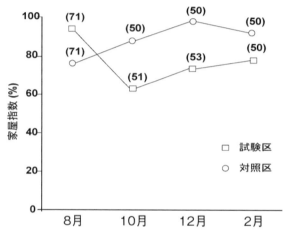

図 5-6　試験区と対照区における家屋指数の推移
括弧内の数字は，調査した家屋数を示す（Tsunoda *et al.*, 2013）

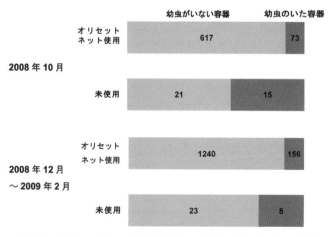

図 5-7　オリセットネットが処理された水瓶とされていない水瓶におけるネッタイシマカ幼虫の発生の違い（Tsunoda *et al.*, 2013）

デング熱ウイルスによるセロコンバージョン（血清転換，ウイルス抗原が陰性となり抗体が陽性となること）は，試験区では 37 例中 23 例（62.2%），対照区では 59 例中 44 例（74.6%）となった（Tsunoda *et al.*, 2013）。

　本試験では，血清有病率に試験区と対照区間に統計的な有意差は出なかったものの，昆虫学的な調査では，オリセットネットとピリプロキシフェンの処理がネッタイシマカの個体数減少に寄与していることが示唆された。ネッタイシマカの発生源となる容器の種類は，地域によって大きく異なる（Focks and Alexander, 2007; Tun-Lin *et al.*, 2009; Arunachalam *et al.*, 2010）。ベトナム南部では，陶器製の水瓶の容器指数が高く，調査地の Tan Chanh においても，水瓶が雨水を貯めるための主要な容器であり，最も重要なネッタイシマカの発生源である。ちなみに，Tan Chanh では，介入試験前の水瓶の普及率は 80%以上，容器指数は 35% であったのに対し，Hanoi 市（ベトナム北部）では普及率 30.2%，容器指数 26.0%（Phong and Nam, 1999），Nha Trang 市（ベトナム中部）では 5.9%，16.3% であった（Tsuzuki *et al.*, 2009b）。したがって，ベトナム南部のデング熱対策においては，主に水瓶に発生するデング熱媒介蚊の抑制が特に重要となる。ベトナム南部では，水道水の供給が不安定であることや水道水の味が好まれないことから，雨水を貯めておく住民が多い（Tran *et al.*, 2010）。Tan Chanh では，蓋を開けた水瓶の底に少量の水が残っていることが観察され，水瓶が媒介蚊の発生源として住民が認識していたとしても，十分にその対策が徹底していないことを示している。アジア諸国では，水の容器に蓋をすることを推奨してはおらず，政府も屋外容器用の蓋の数を十分に供給できていない（Arunachalam *et al.*, 2010）。今回の試験により，水瓶の開口部をオリセットネット素材で覆った蓋の装着が，ネッタイシマカ幼虫の発生率を下げるのに有効であることが示された。一方で，水瓶の蓋があることによって，むしろネッタイシマカ雌の産卵を誘引してしまうという報告もある（Kittayapong and Strickman, 1993; Strickman and Kittayapong, 1993）。したがって，オリセットネットや他のピレスロイド殺虫剤による忌避効果（Siegert *et al.*, 2009）の付与は，水瓶の蓋には不可欠のものと思われる（Seng *et al.*, 2008）。

2-2 オリセットネット素材を用いた
ケニア西部におけるマラリアコントロールの試み

　殺虫剤含浸蚊帳（ITN）や長期残効型殺虫剤含浸蚊帳（LLIN）は，媒介蚊が屋内吸血性（endophagous）であり，かつ吸血時間帯がヒトの就寝時間帯で

ある場合にのみ有効である（Kawada *et al.*, 2014a）。屋内吸血性から屋外吸血性（exophagous）への媒介蚊の行動変化，あるいは深夜から夕方もしくは朝方への吸血時間帯のシフトは，殺虫剤抵抗性と同様に蚊帳の効果を低下させる要因となる。Iwashita *et al.*（2010）は，ケニア西部ビクトリア湖畔の家屋では15歳以下の子供の蚊帳使用率が他の年齢層に比べ低いことを報告している。蚊帳の効果的な使用は，家屋内にそれを容易に設置できるか否かによって強く左右される。容易な蚊帳設置の可否は，通常親とは離れて居間などで就寝する乳幼児以上の年齢の子供にとっては特に重要なポイントであるが，このような場所にはしばしば容易に蚊帳を設置できない場合が多いのが実情である。このため，蚊帳の使用は専ら寝室で就寝する親夫婦とこれに同衾する乳幼児に限られ，残りの家族達は居間で蚊帳なしに就寝している場合が多く認められる。これがこの世代の子供達の高いマラリア原虫保有率に繋がっている。したがって，蚊帳を設置するのが困難な場所に如何に容易に蚊帳を設置するか，あるいはそれができないのであれば蚊帳に代わる他の方法によって蚊の吸血を防ぐことが，この世代の子供達をマラリア罹患から護り，結果的には地域全体の罹患率を低下させることに繋がる。前述したように，アフリカの家屋における屋根と壁の間に存在する空間（eaves）は，マラリア媒介蚊にとってほぼ唯一の侵入経路である（Njie *et al.*, 2009）。家屋の構造を根本的に改変することは，媒介蚊の侵入を防ぐ上で非常に効果的である（Lindsay *et al.*, 2002, 2003）。網戸を備えた改良型住宅や近代的な住宅が，北米やヨーロッパにおけるマラリアの撲滅に貢献したと言われている（de Zulueta, 1994; Tusting *et al.*, 2015）。しかしながら，伝統的な家屋の構造を変えたり，eaves をなくしてしまうことは極めてコスト高であるばかりではなく，一般に窓の少

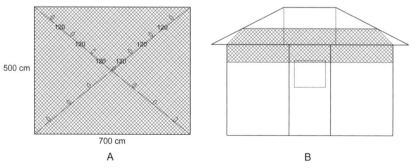

図5-8 オリセットネット素材を使用した天井スクリーン（左）とこれを家屋に設置した図（右）

ないアフリカの家屋では，換気能力の低下による室内環境の劣化の問題に繋がる。したがって，低価格で換気能力も兼ね備えたネットによるスクリーン設置が最も実現可能な方法と思われる（Lindsey *et al.*, 2003; Kirby *et al.*, 2009; Getawen *et al.*, 2018）。オリセットネットは，ポリエチレン製ネット素材にペルメトリン（2% w/w）を練り込み，モノフィラメント糸を押し出して編み込んだ蚊帳で，WHO が推奨する長期残効型殺虫剤含浸蚊帳（LLIN）の中で最も成功した製品の一つである。オリセットネットは，もともと就寝者の圧迫感軽減や風通しをよくするための粗い網目（メッシュ）サイズ（11 holes/cm²）を特徴としており，上記の用途には格好の材料と思われた。

　そこで，オリセットネットの素材を用いた小規模スケールの試験をケニア西部 Nyanza 州の Mbita で 2010 年から 2011 年にかけて実施した（Kawada *et al.*, 2012）。*Anopheles gambiae* s.s., *Anopheles arabiensis*, *Anopheles funestus* s.s. の 3 種がこの地域の主要マラリア媒介蚊であり 3 種ともピレスロイドに対して抵抗性を有する（Kawada *et al.*, 2011a）。オリセットネットと同じ素材のネットを 7 × 5 m の長方形のシート状に縫合し，対角線上にネットを天井に固定し易いようにリング状のバンドを付けたものを作製した（図 5-8）。実験は，ケニア西部 Nyanza 州 Mbita district にある Nyandago 村の家屋から，予備採集によって蚊密度の高い家屋 3 軒（NYAND 6, 8, 11）を選択した。これらの家屋は，1 つの玄関ドア，1 つか 2 つの小さな窓，そして eaves（壁の上部と屋根の間の隙間）を有するという，ケニアの農村における一般的な構造と大きさを有していた。2 軒の家屋（NYAND 8 と 11）を天井スクリーン介入家屋とし，1 軒（NYAND 6）を対照家屋とした。NYAND 8 と 11 はベッドルーム 1 室とリビングルーム 1 室がパーティションで仕切られており，NYAND 6 はベッド

図 5-9　天井スクリーンを設置
スクリーンの裾は，eaves を塞ぐ形でタッカーによって壁に貼り付けた。

図 5-10　天井スクリーン設置後，くつろぐ家族

ルーム 2 室とリビングルーム 1 室がパーティションで仕切られていた。1 軒あたり 1.5 枚 (7 × 5m + 3.5 × 5m) の天井スクリーンを設置した。天井部をネットで覆うとともに，eaves を塞ぐために天井から垂れ下がった部分は建築用のタッカー (ステープラーの針を壁などに打ち付ける器具) で壁に密着させた (図 5-9)。

天井スクリーンは，2010 年 5 月 26 日に家屋に設置し (図 5-10)，2011 年 2 月 11 日まで約 9 ヵ月間設置したままにした。その後 (2011 年 2 月 18 日)，ネットの素材は同じだがペルメトリンを処理していない未処理の天井スクリーンを設置し，さらに 1 週間後 (2011 年 2 月 25 日) に，介入家屋 (NYAND 8 と NYAND 11) に新しいペルメトリン含浸天井スクリーンを再設置した。蚊の採集は，壁や家具の下などに早朝休息しているハマダラカを，電動式吸虫管 (C-cell aspirator, BioQuip Products, CA, USA) を用いて行った。

NYAND 6，8，11 で採集された *Anopheles gambiae* s.l. 雌成虫の総数は 40 頭で，その 97.5% が *Anopheles arabiensis*，残りの 2.5% は *Anopheles gambiae* s.s. であった。一方，*Anopheles funestus* s.l. は 1,088 頭で，*Anopheles funestus* s.s. が 88.8%，*Anopheles rivulorum* が 11.2% であった。ペルメトリン含浸天井スクリーンの処理家屋 NYAND 8 と 11 では，天井スクリーンを設置した後，1 日あたりの採集蚊数が劇的に減少し，ネット撤去までの 9 ヵ月間に亘って低密度を維持した。一方，無処理の天井スクリーンを設置した対照家屋 (NYAND 6) では，調査期間中に亘って高い蚊密度が維持された (図 5-11)。天井スクリーンを撤去すると，ペルメトリン含有天井スクリーンを設置していた家屋においても採集されるハマダラカ数が上昇したが，新しい天井スクリーンを設置すると採集数は再び激減した (図 5-12) (Kawada *et al.*, 2012)。

Lindsay *et al.* (2003) は，同様なスクリーンに関する実験結果より，殺虫剤処理したスクリーンと未処理のスクリーンの防護効果にほとんど差がないことを報告している。著者らが使用したネットはデルタメトリンを含有するネットであり，蚊に対する忌避性が低かったのが原因かも知れない。これに対し，本研究では，殺虫剤 (ペルメトリン) を含浸させたネットをバリアとして使用することの重要性が強調された。すなわち，オリセットネットの粗いメッシュサイズ (11 holes/cm²) は室内の換気効果を維持する役割を果たすが，無処理の同素材のネットだと蚊の侵入を防止する効果が低いのに比べ，忌避性の高いペルメトリンを含有するネットを設置することによって，より高い侵入防止効果を発揮することが明らかとなったのである。本試験における対象蚊

は *Anopheles arabiensis* と *Anopheles funestus* s.s. であり，これらの蚊個体群が *kdr* を高い頻度で有する *Anopheles gambiae* s.s. 個体群に比べてピレスロイドに対する忌避性が高いこと（Kawada *et al.*, 2014b）も良好な結果の一因かも知れない。ペルメトリンは，その高い忌避効果によって，蚊の侵入に対する有効なバリアーとして機能することが証明され，新たな自己防衛技術の有力な候補となることが期待された。

　筆者らは，上記の予備試験結果を踏まえて，天井スクリーンの介入によるケニア西部での大規模試験を実施した（Minakawa *et al.*, 2022）。調査地域は，予備試験に使用した地域と同じケニア西部 Gembe East 地区一帯とした。総面積約 46 k㎡を，12 のクラスターに分けた。クラスターの平均面積は 3.8 k㎡であった。介入群では対象 1,162 軒のうち 1,073 軒（92%）に天井スクリーンが設置され，合計 2,260 張りの LLIN（オリセットネット）が配布された（1 張り辺り 2 名の計算）。天井スクリーンを設置しない対照群では，1,084 軒のうち 1,028 軒（95%）に 2,112 張りの LLIN が配布された。訓練を受けたフィールドアシスタントが各戸を訪問し，居住者数，年齢，性別，蚊帳の数，GPS を使った地理座標を記録した。生後 7 ヵ月から 10 歳までの子どものリスト

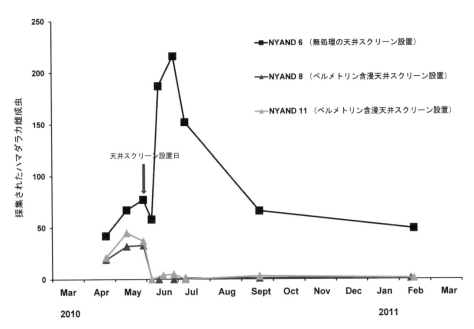

図 5-11　天井スクリーンを設置した家屋における採集ハマダラカ雌成虫数の推移
（Kawada *et al.*, 2012）

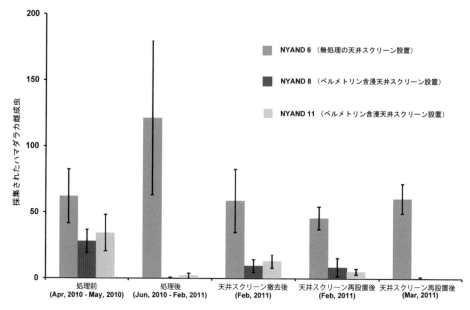

図 5-12　天井スクリーンの設置，撤去，その後の再設置による採集ハマダラカ雌
成虫数の推移（Kawada *et al.*, 2012）

を作成し，その中から各クラスターに 150 人の子どもを選び，マラリア陽性
率の調査を行った。全住民に対しインフォームドコンセントを行い，選ばれ
た子どもとその保護者を各クラスター内に設置された検査センターに招集し，
各児童の腋窩温測定，熱帯熱マラリア感染を検出するための簡易検査（Rapid
Diagnostic Test, RDT），携帯型ヘモグロビン光度計によるヘモグロビン濃度測
定のための採血を行った。血液はろ紙に載せて保存し，その後，PCR 法で熱
帯熱マラリア原虫の存在を検査した。RDT が陽性で体温が 37.5 ℃以上の小児
にはコアテム剤（アルテミシニン・ルメファントリン合剤）が投与された。
また，ヘモグロビン濃度が 11.0 g / dL 未満の小児には鉄剤が投与された。

　ベースラインの昆虫学的調査では，2009 年 4 月から 2011 年 2 月までの間に，
無作為に選んだ 8 クラスターにある 80 の調査用家屋で 13,620 頭のハマダラカ
を採集した（3,200 回のスプレイシートキャッチ法による）。そのうち 3,973 頭
（29%）が *Anopheles funestus* s.l., 9,647 頭（71%）が *Anopheles gambiae* s.l. であった。
またベースラインの疫学調査では，無作為に選んだ 1,200 人の子どものうち
849 人（71%）のデータを解析した結果，熱帯熱マラリア陽性率は 64%，平均
ヘモグロビン濃度は 10.3 g / dL であった。

　介入 3 ヵ月後の昆虫学的調査では，198 軒の家屋から合計 774 頭のハマダラカが採集され（*Anopheles gambiae* s.l. 99%，*Anopheles funestus* s.l. 1%），介入家屋におけるハマダラカ数の有意な減少が見られた。介入 10 ヵ月後，199 軒の家屋を対象とした 2 回目の調査で 201 頭のハマダラカが採集され（*Anopheles gambiae* s.l. 54%，*Anopheles funestus* s.l. 46%），介入家屋での減少は 10 ヵ月後も有意であった。介入後の最初の疫学調査における個人レベルでの熱帯熱マラリア陽性率は，介入群で 27%，対照群で 45% であった。クラスター・レベルの解析では，介入群は対照群に比べ 50% の陽性率減少となった。また，介入 12 ヵ月後，18 ヵ月後では，個人レベルでの熱帯熱マラリア陽性率は，介入群で 27% および 17%，対照群で 47% および 28% で，クラスター・レベルの解析では，介入群は対照群に比べそれぞれ 41%，40% の陽性率減少となった。また，個人レベルのヘモグロビン濃度は，介入 5 ヵ月後と 12 ヵ月後に介入群で高くなったが，18 ヵ月後には両群で同レベルとなった（Minakawa *et al.*, 2022）。

　本研究により，子どもの熱帯熱マラリア感染を減らすには，天井スクリーンと LLIN の組み合わせが LLIN 単独よりも効果的であることが示された。天井スクリーンにより LLIN に付加される効果は，殺虫剤による屋内残留散布（IRS）など他の媒介蚊対策ツールよりも大きいことが示唆された。ピレスロイド系殺虫剤で処理した LLIN は，ピレスロイド抵抗性の蚊がいる地域においても物理的バリアとして有効であるという報告がなされている（Paaijmans and Huijben, 2020）。また，天井スクリーンは，物理的に居住者を保護する一方で人間の臭気を通過させ，eaves から屋外の蚊を誘引し，屋根と天井スクリーンの間の空間で殺虫剤によって捕殺されると Lindsay *et al.*（2003）は言っている。さらに，殺虫剤で処理した天井スクリーンは窓やドアから侵入した蚊にも有効である可能性がある。なぜなら，第 4 章で述べたように，多くの蚊は天井や家屋の高い位置で休息する傾向があるからである（Kawada *et al.*, 2021）。

3. 常温揮散ピレスロイド（メトフルトリン）を徐放化した空間忌避デバイスによる媒介蚊コントロールの試み

3-1 メトフルトリン含有空間忌避デバイス（Metofluthrin-impregnated Spatial Repellent Device, MSRD）の開発

　メトフルトリン（SumiOne®）（第3章，図3-3）は，近年開発された新しいタイプのピレスロイドである。その特長である高い殺虫効力と常温で揮散可能な高い蒸気圧，そしてこの特長を生かした常温揮散デバイスの可能性については第3章で述べたとおりである。メトフルトリンの特長を生かした常温揮散デバイスがこれまでに幾つか開発されてきた。筆者らの初期段階の実験では，メトフルトリンをアセトンで溶かし多層構造の紙（デングリ紙）に処理しただけの簡単なデバイスを使用した（図5-13A）。デングリ紙は，英語で表現するとハニカムシートで，蜂の巣状の小室を多数有する構造を保ち，通常は平らに折りたたまれた状態であるが，これを開く（でんぐり返す）と立

200 mg / デングリ紙

4.4% / プラスティックネット

5% / プラスティックプレート

10% / プラスティックネット

図5-13　メトフルトリン含有常温揮散樹脂デバイスの変遷

体的な構造となる，七夕の飾り等で良く使用される紙である。古来より世界中にあったようで，日本には（恐らく中国から）江戸時代頃に輸入されて広まったようである。

　筆者らは，まず手始めに長崎大学医学部構内にタープ型テントを張り，このデバイスとドライアイスを誘引源とした CDC トラップを中央に設置して，構内に自然発生するヒトスジシマカのトラップへの捕獲数を無処理区と比較することで効果確認を行った（図 5-13A）。屋外での試験であり，この種のデバイスを扱うのは初めての経験だったので，効果については半信半疑であったが，結果は良好で，7 週間以上の空間忌避効果が確認された。また，メトフルトリンの効果は同薬量のトランスフルトリンよりも優れることが分かった（Argueta *et al.*, 2004a）（図5-14）。この結果に自信を得た筆者らは，インドネシア，ロンボク島の野外条件で，現地のハマダラカ（主に *Anopheles balabacensis*）およびネッタイイエカを対象としたフィールド試験を実施した。メトフルトリンを含浸させたデングリ紙を家屋内（図 5-15A）や屋外（図 5-15B）に設置してヒトやウシを吸血しに飛来する蚊の個体数を無処理区と比較したところ，国内のヒトスジシマカと同様に良好な空間忌避効果を示した（Kawada *et al.*, 2004a, 2004b）。しかし，試作品のデングリ紙は湿気に弱く，高温多湿のインドネシアの気候下では，湿気を吸って伸びきってしまい，ハニカム構造が保

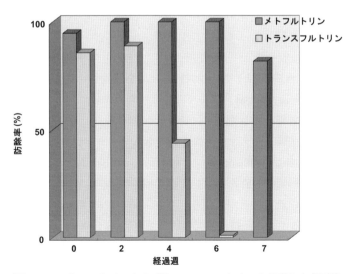

図 5-14　メトフルトリンおよびトランスフルトリンを処理した多層構造紙（デングリ紙）によるヒトスジシマカ成虫に対する空間忌避効果（Argueta *et al.*, 2004a）

図 5-15 メトフルトリン含有多層構造紙（デングリ紙）によるフィールド試験
A: 家屋への設置，B: 人を囮にした 2 重構造のネットトラップ（Kawada *et al.*, 2004a, 2004b）。

てないことがわかった。そのため，国内の試験でもインドネシアでの試験でも，デングリ紙は試験時以外は取り外して室内で保管していたために，実際の残効性は試験結果よりも短いと思われた。

　デングリ紙の欠点を克服するために，筒状のプラスチックネットにメトフルトリンを練り込んだ樹脂製剤が開発された（以下デバイス No.1 とする；20g のネットに 1,000 mg のメトフルトリンが練り込まれている）（図 5-13B）。インドネシアの Lombok 島には，ブルガと呼ばれる屋根と床だけの東屋が家屋の近傍にあり，夕方や朝方の食事や祈り，団欒に使われているが，これがマラリア媒介の原因になっている。上記のブルガにおいてこのデバイス No.1 を使用した実験を行ったところ，1 軒のブルガあたり 4 個のデバイスを仕掛けることによって 14 週間以上高い空間忌避効果を持続させることができた（図 5-16）（Kawada *et al.*, 2005a）。ブルガのような開放条件でメトフルトリンデバイスが空間忌避効果を示したことは特筆すべきである。同じくデバイス No.1 を使用した実地試験を，デング熱媒介蚊であるネッタイシマカを対象として，ベトナムの Do Son（Hai Phong 市）で実施した。ベトナムでの試験は，室内にデバイスを吊す形で行われたが，1 部屋に 1 個のデバイス No.1 の設置で少なくとも約 6 週間の効力持続が確認されたが（図 5-17）（Kawada *et al.*, 2005b），実用場面を考えると更なる持続時間の延長が望まれた。

　そこで次の段階として，新しい樹脂形態と処方のデバイス No. 2（12.3g のプラスチック樹脂に 600 mg のメトフルトリンが練り込まれている）が試作された（図 5-13C）。デバイス No. 2 は，有効成分の揮散率をデバイス No.1 の約

半分に減少させたものである（図5-18）（川田ら，2006a）。このデバイスによるネッタイシマカを対象とした実地試験をベトナムの My Tho 市（Tien Giang province）の家屋で実施したところ，床面積 2.6 ㎡あたり 1 個のデバイス No. 2 設置で，約 8 週間の持続効果が確認された（Kawada *et al.*, 2006b）。My Tho 市での試験では，家屋内の温度，湿度，開放度がメトフルトリンの効力に及ぼす影響についても調査した。気温が高いベトナムの南部の家屋は，都市部に

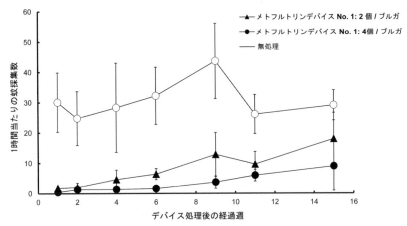

図 5-16　メトフルトリン含有樹脂デバイス（No. 1）によるインドネシア，ロンボク島のブルガにおける採集蚊（ネッタイイエカおよび *Anopheles sundaicus*）の推移（Kawada *et al.*, 2005a）

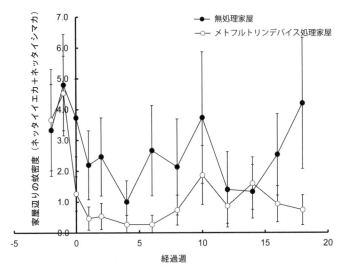

図 5-17　メトフルトリン含有樹脂デバイス（No. 1）によるベトナム，Do Son の家屋における採集蚊（ネッタイイエカおよびネッタイシマカ）の推移（Kawada *et al.*, 2005b）

おいても図 5-19 に示したように，開放度が高くなっている。メトフルトリン
の空間忌避デバイスは，屋外条件においても空間忌避効果を発揮するが，こ
のような家屋内では，環境条件の違いによってどのような効き方をするので
あろうか？　そこで，環境パラメーターとして，1 日の平均室温，平均湿度，
床面積，部屋の体積，開放面積を測定した。開放面積（総窓面積，総換気口
面積，その他の開口部面積，ドア面積の半分（ドアは開閉されるので）の総和）
をそれぞれ説明変数とし（図 5-20），目的変数は採集されたネッタイシマカの

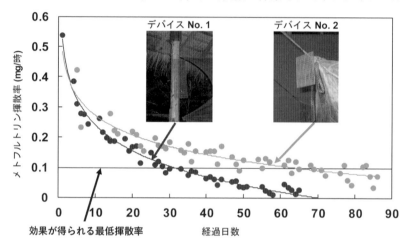

図 5-18　メトフルトリン含有樹脂デバイス（No. 1 および No. 2）からの有効成分
　　　　揮散率の経過時間に伴う変化（川田ら，2006a）

図 5-19　メトフルトリン含有樹脂デバイス
（No. 2）を設置したベトナム My Tho 市
の家屋内部の構造

数とした。結果を表 5-4 に示したが，平均室温が高いほど採集される蚊の数が少なく，家屋の開放度が高いほど蚊の数が多くなるという傾向が得られた（Kawada *et al.*, 2006b）。これは良く考えてみれば，部屋の開放度が低ければ（換気量が少ないので）室温も低くなり，侵入してくる蚊の数も減る，という当たり前の現象を証明しただけの結果であり，メトフルトリンの空間忌避効果と環境要因の関係が隠されている可能性はあるが，これを直接証明できるデータとはならなかった。この課題に対するもう少しクリアな証明については，後に述べるメトフルトリンの揮散量と環境要因の関係調査を行った次節で再考察を行うこととする。

　さらに，デバイス No. 2 を使用したマラリア媒介蚊 *Anopheles gambiae* s.l. に対する空間忌避効果試験をタンザニアの Kongo 村（Bagamoyo district）で実施した（Kawada *et al.*, 2008）。表 5-5 は，ベトナムの My Tho 市とタンザニアの Kongo 村の家屋におけるデバイス No. 2 の効果と環境要因をまとめたものである。Kongo 村の家屋は My Tho 市の家屋に比べて平均気温は低く，逆に相

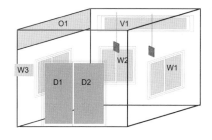

図 5-20　家屋の開放面積の計算法（川田ら，2006b）

表 5-4　My Tho 市の家屋における環境パラメーターとメトフルトリンのネッタイシマカに対する空間忌避効果の多変量解析結果

	Regression coefficient	(SE)	Standardized partial coefficient	P
平均室温	-3.82	0.648	-0.341	0.0097
補正開放面積	1.18	0.155	0.637	0.0047
補正開放面積 / 体積	43.2	17.1	0.226	0.0854

対湿度は高いことがわかる。また，床面積と家屋の体積は My Tho 市の家屋が Kongo 村の家屋を上回るが，体積あたりの窓などの開口部の割合が Kongo 村の家屋では My Tho 市の家屋の 2 倍近くになり，Kongo 村の家屋がより「開放的」であることがわかる。このように，アフリカの家屋の構造はベトナムの家屋に比べより開放的で，空間忌避効果には不利な条件であると思われるが，18 週に亘って無処理家屋に比べて 98.7% の個体数減少が見られた（Kawada et al., 2008）。

　上記の種々の試験で考慮されていなかったのは，媒介蚊のピレスロイド抵抗性である。2008 年以降の調査により，ベトナム南部のネッタイシマカ（Kawada et al., 2009ab）や，ケニアの主要マラリア媒介蚊である Anopheles gambiae s.s., Anopheles arabiensis, Anopheles funestus s.s.（Kawada et al., 2011a, 2011b）やネッタイイエカ（Itokawa et al., 2013）はいずれも高いピレスロイド抵抗性を有していることが明らかとなり，東南アジアにおけるネッタイシマカやアフリカにおけるマラリア媒介蚊，および全世界の熱帯地域に生息するネッタイイエカのピレスロイド抵抗性は既に普遍化しているのが現状である。したがって，上記試験における対象媒介蚊の多くはピレスロイド抵抗性であったことが推察される。電位感受性ナトリウムチャンネルの kdr ミューテーション（L1014S）をほぼ 100% 近く有するケニアの Anopheles gambiae s.s. 個体群に対してメトフルトリンのデバイス No. 3（図 5-13D）の空間忌避効果を評価したところ，処理直後においてこのデバイス 2 個 / 10 ㎡処理で無処理区との有意な採集蚊数の減少が見られ，1 ヵ月後も有意差は得られないものの個体数

表 5-5 ベトナム（My Tho）とタンザニア（Bagamoyo）の家屋の環境ファクターと
　　　　メトフルトリン空間忌避デバイスの効力

環境ファクター	試験地 (年) - 対象蚊[2]	
	My Tho (2005) - ネッタイシマカ	Bagamoyo (2006) - ガンビエハマダラカ
平均室温 (°C)[1]	29.1 (0.8)	24.8 (0.7)
平均湿度 (% RH)[1]	70.1 (5.1)	75.3 (3.9)
床面積 (m^2) / House	32.1 (10.5)	22.0 (14.1)
体積 (m^3)	129.3 (59.4)	58.7 (45.7)
総開放面積 (m^2)	6.6 (5.0)	5.7 (4.3)
開放面積 / 体積	0.051	0.098
メトフルトリンデバイス処理数 / m^2	0.31	0.52
有効成分量 (mg) / m^2	191	320
有効期間 (週)	8	> 18

[1] 2006年6月20日 - 8月3日(Bagamoyo); 2005年6月20日 - 9月4日 (My Tho)
[2] 括弧内の数字は標準誤差

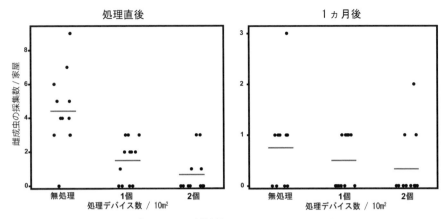

図 5-21 ケニアのピレスロイド抵抗性 *Anopheles gambiae* s.s.（VSSC のミューテーション L1014S を 100% 近く有する個体群）に対するメトフルトリン常温揮散樹脂デバイス（No. 3）の空間忌避効果（Kawada *et al.*, 2017ab）

減少が認められた（図 5-21）（Kawada *et al.*, 2017ab）。*Kdr* はピレスロイドの作用点における抵抗性であり，第 2 章で述べたように忌避効果にも影響を与えると思われるが（Kawada *et al.*, 2014b; Morimoto *et al.*, 2022），このような抵抗性個体群に対してもメトフルトリンの空間忌避効果が認められたことは注目すべきであろう。ピレスロイド抵抗性因子の違い（代謝抵抗性，作用点の感受性低下，皮膚透過性の低下など）とピレスロイドの忌避効果との関係についてはまだ解明されていない点が多い。メトフルトリンの実用効果の評価と並行した上記の作用性解明が今後の課題である。

3-2 MSRD からの有効成分の揮散と環境要因の関係

　MSRD の有効期間は，時間の経過に伴う有効成分の揮散量によって決定されるが，これは有効成分を含有する樹脂からのブリード速度を決定するポリマーの種類や密度などの製剤的要因によって調節することが可能である。揮散速度が速いと高い効果が速効的に出るが，有効期間は短くなる。一方，揮散速度が遅いと効果が長時間持続する可能性があるが，効果が期待できなくなる最小の揮散率より速度が低下すると十分な空間忌避は期待できなくなる。MSRD の有効期間には，上記のような製剤的な要因だけでなく，室温や換気量などの室内環境要因も重要であると思われる。筆者らは，マラウイ南東部の典型的な農村家屋において，家屋内に設置した MSRD からのメトフルトリンの揮散量を化学分析により検出し，家屋構造，室温や換気量などの室内環

境因子が MSRD からのメトフルトリンの揮散に与える影響について調査した。

マラウイ南東部の Zomba 地区の Likangara にある隣接した 2 村（Chliko 村と Chilore 村）で調査を実施した。第 4 章で述べたように，ゾンバ地区はマラリア流行地域に位置し，主要なマラリア媒介蚊は *Anopheles arabiensis* と *Anopheles funestus* s.s. である。いずれの媒介蚊もピレスロイドと DDT に対して高い代謝抵抗性を有しているが，電位感受性ナトリウムチャネルにおける変異は検出されていない。調査地の家屋はほとんどが泥レンガで建てられている。レンガには窯で焼いた焼成レンガと天日で乾燥しただけの乾燥レンガの 2 種類あり，家屋はトタン屋根と茅葺き屋根の 2 種類に大別される。100%ではないが，焼成レンガによって建てられた家屋はトタン屋根，乾燥レンガの家屋は茅葺き屋根であることが多く，トタン屋根の家にはアフリカの家屋に特有の eaves が無いことが多い（図 5-22）。

調査は，雨期である 2015 年 1 月から 5 月にかけて，Chiliko 村のトタン屋根家屋 19 軒と茅葺き屋根の家屋 21 軒を調査対象として実施した。MSRD はデバイス No. 3（8 × 15 cm のポリエチレン製ネット材にメトフルトリン 10%w/w を含浸させたもの）を使用し，床面積 10 ㎡あたり約 2 枚あるいは約 3 枚となるように家屋内に設置した（図 5-22）。40 軒の家屋には，マイクロデータロガーを MSRD と同じ高さの位置に吊り下げて，2 時間間隔で室温を記録した。

図 5-22　マラウイ Zomba 地区の典型的家屋
A: トタン屋根を有する焼成レンガ作りの家屋，B: 茅葺き屋根を有する日干しレンガ作りの家屋，C: トタン屋根の家屋の多くは eaves 構造を持たない，D: 茅葺き屋根の家屋の多くは eaves 構造を有する。

MSRD 設置から 4 ヵ月後（2015 年 5 月）に全ての MSRD を回収し，MSRD 中のメトフルトリン残存量をガスクロマトグラフィーで分析した。家屋内のハマダラカの採集は，午前中にスプレーキャッチ法により行った。

　トタン屋根家屋と茅葺き屋根家屋の室温の変化を図 5-23 に示した。日中（6:00〜18:00）および夜間（20:00〜04:00）の平均室温は，トタン屋根家屋ではそれぞれ 28.7 ℃ および 25.5 ℃，茅葺き屋根家屋では 26.0 ℃ および 25.1 ℃ となり，いずれのタイプの家屋でも日中の室温は夜間の室温よりも有意に高かった。また，トタン屋根家屋と茅葺き屋根家屋の室温の差は，日中，夜間共にトタン屋根家屋が有意に高く，さらに，日中と夜間の室温の差はトタン屋根家屋が茅葺き屋根家屋よりも有意に高かった（Kawada *et al.*, 2022）。

　MSRD 処理家屋 20 軒（トタン屋根家屋 8 軒,茅葺き屋根家屋 12 軒）について，MSRD 中に残存するメトフルトリン量の化学分析を行ったところ，トタン屋根家屋および茅葺き屋根家屋それぞれ 62 個の MSRD 中のメトフルトリンの平均残存率（% w/w）は，トタン屋根家屋で 3.81 %,茅葺き屋根家屋 1.68 %（未使用の MSRD 中のメトフルトリン含量は 10.6 %）となり，トタン屋根家屋における残量が茅葺き屋根家屋に比べて有意に多いことがわかった（図 5-24 左）。MSRD を設置していた 4 ヵ月間の平均室温と家屋ごとの MSRD 中のメトフルトリン平均残存量をプロットすると，茅葺き屋根家屋では残量と平均室温の間に相関は認められなかったのに対し，トタン屋根家屋では相関計数は低いものの正の傾きを示し，室温が高いほどメトフルトリンの揮散量が少なくなることが示された（図 5-24 右）（Kawada *et al.*, 2022）。

　MSRD 設置前のトタン屋根家屋における蚊の平均採集数は 1.67 頭，茅葺き屋根家屋では 2.99 頭であり，トタン屋根家屋よりも茅葺き屋根家屋で有意に多かったが，MSRD 設置後の採集数は，トタン屋根家屋で 0.95，茅葺き屋根家屋で 0.67 にまで減少し，有意な違いは見られなかった（図 5-25）（Kawada *et al.*, 2022）。

　本調査により，トタン屋根家屋の方が茅葺き屋根家屋よりも日中の室温が高いことが示されたが，これは主に 2 つの屋根材に対する日射の影響の違いによるものと思われる。ほとんどの茅葺き屋根家屋には，屋根と壁の間に eaves があるのに対して，トタン屋根家屋の多くにはこれがないため，2 種類の屋根の間の換気量の違いも温度差に寄与している可能性がある。今回調査した茅葺き屋根の家屋（21 軒）は全て eaves を有していたが，トタン屋根家屋 19 軒のうち 1 軒にしかこの特徴は見られなかった。最近の他の研究では，

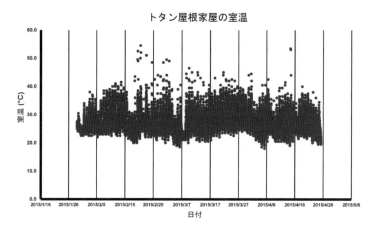

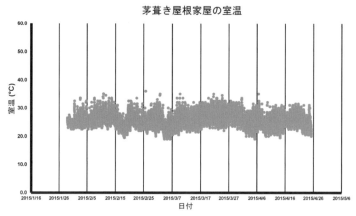

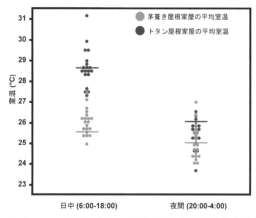

図 5-23　マラウイ Zomba 地区のトタン屋根家屋と茅葺き屋根家屋内の平均室温
の違い（Kawada *et al.*, 2022）

eaves を有する茅葺き屋根家屋と eaves を持たないトタン屋根家屋とでは，換気量に大きな差があることが報告されている（Knudsen *et al.*, 2020）。また，先に述べたように，タンザニアの茅葺き屋根家屋の開放度（開放面積／家屋の容積）は，ベトナム南部のコンクリート製家屋の 2 倍である（Kawada *et al.*, 2008）。

　MSRD 中のメトフルトリン残量の分析結果は予想外のものであった。すなわち，MSRD からのメトフルトリンの揮散量と室温は僅かながら負の相関を示し，室温が高いほどメトフルトリンの揮散量が減少することが示されたの

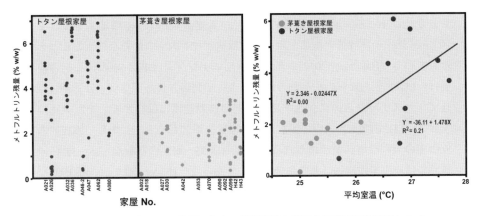

図 5-24　マラウイ Zomba 地区のトタン屋根家屋と茅葺き屋根家屋に設置したメトフルトリン含有樹脂デバイス中の有効成分残存量（左）と，平均室温と残存量との関係（右）（Kawada *et al.*, 2022）

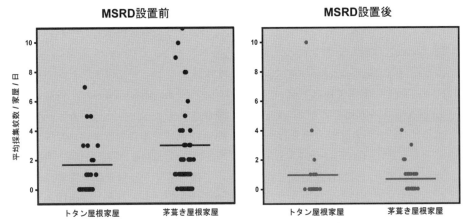

図 5-25　マラウイ Zomba 地区のトタン屋根家屋と茅葺き屋根家屋へのハマダラカ侵入数（Kawada *et al.*, 2022）

である。このことから，MSRD のプラスチック表面にブリードしたメトフル
トリンの主な揮散要因は温度ではなく別の微気象要因，すなわち家屋の構造
の違いから生じる換気による空気の流れである可能性が示唆された。室内が
閉鎖的であればあるほど，換気量は少なくなり室温は高くなるが，これがメ
トフルトリンの揮散量を減少させているのである。セルロース系の紙からの
メトフルトリン放出を予測するために考案された数理モデルでは，気化が温
度のアレニウス関数として依存し，空気中の物質移動係数は風速に線形に依
存することが明らかにされている（Bal et $al.$, 2017）。上記モデルを設計するた
めの実験データによると，温度が 10 ℃ 違ってもメトフルトリンの揮散量に生
じる変化は 10^{-4} mol 以下であるのに対し，風速が 0.2 m / sec 増加するだけで
10^{-4} mol 以上の揮散量の増加が起こり，風速が最も大きな影響を与えることを
示している（Bal et $al.$, 2017）。低密度ポリエチレン（LDPE）中の添加剤の消
失は，LDPE 表面からの添加剤の消失によって制御され，ポリマー分子を通過
してプラスチック表面に到達する添加剤の移動速度に依存する。また温度の
上昇は，LDPE フィルム中の添加剤の放出量を増加させる。しかし，添加剤の
放出率の大幅な増加が認められる温度範囲は 35〜115 ℃ であり，25〜35 ℃ の
範囲では放出率の増加は非常に低いものであった（Haider and Karlsson, 1999）。
上記の論文における添加剤をメトフルトリンと置き換えて考えると，本調査
による家屋内の平均室温の温度範囲（20〜30 ℃）における温度上昇によって
発生する MSRD 表面へのメトフルトリンの移動は非常に低いことが類推され
る。したがって，メトフルトリンの揮散の大部分は，温度上昇ではなく換気
による空気の流れによって促進されると判断できる。

　家屋の開放性は，蚊の家屋内への侵入に影響を与える。屋根と壁の間の隙
間（eaves）は蚊の主要な侵入経路と考えられており，この eaves を塞ぐだけ
で家屋内の $Anopheles$ $gambiae$ s.l. の数が 66 % 減少した という報告がある（Njie
et $al.$, 2009）。屋内で休息するハマダラカのうち，$Anopheles$ $arabiensis$ の数は
eaves を有する家屋の方が eaves を塞いだ家屋よりも多く，さらに茅葺き屋根
家屋についてのみ比較分析を行っても，eaves を開けた場合の方が塞いだ場合
よりも有意に $Anopheles$ $gambiae$ s.l. 数が多かった（Ondiba et $al.$, 2018）。本調
査においても，MSRD を処理しない条件下では，茅葺き屋根家屋で採集され
たハマダラカ雌蚊の数はトタン屋根家屋のほぼ 2 倍であったが，MSRD の介
入により，トタン屋根家屋でも茅葺き屋根家屋でも蚊の侵入が減少し，侵入
数の差は 2 つの屋根のタイプ間で有意ではなくなった（図 5-25）。

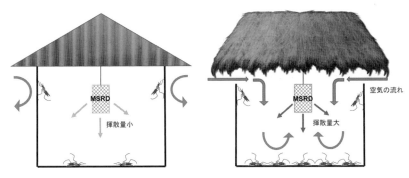

図 5-26　eaves 構造を有しないトタン屋根家屋と，eaves 構造を有する茅葺き屋根家屋に MSRD を設置した場合の空気の流れと，侵入してきたマラリア媒介蚊に対する効果の模式図

　本調査により，MSRD を処理した茅葺き屋根家屋は，蚊の侵入確率は高いが，室内の換気率が高いことによる空気の流れによって，メトフルトリンの揮散量も多くなり，蚊に対する空間忌避性が高くなることがわかった。これとは対照的に，eaves がないトタン屋根家屋では，室内の気流が少ないためにメトフルトリンの揮散は抑制されるが，蚊の侵入確率も低いために，結果的に茅葺き屋根家屋と同様な MSRD の効果が期待できる（図 5-26）。さらに，Lindsay *et al.*（2019）が報告しているように，トタン屋根は茅葺き屋根に比べて室温の上昇を招き，蚊の寿命を短くするばかりでなく，マラリア原虫の発育に悪影響を及ぼす可能性がある。次節で述べるが，マラウイの試験地では，半数以上の家屋が茅葺き屋根であったが，LLIN（オリセット・プラス）と MSRD を 10 ㎡あたり 2 枚ずつ 3 ヵ月間隔で併用することで，媒介蚊の密度が長期に亘って減少することを筆者らは明らかにした（Kawada *et al.*, 2020）。アフリカ農村部の家屋の大半を占める eaves 構造を持つ藁葺き屋根の家屋は，蚊が侵入する確率が高いが，このような家屋構造は換気率が高いために室内の気流により MSRD からのメトフルトリンの揮散率も高く，侵入蚊数の減少につながると考えられる。そして，家屋構造がより閉鎖的な家屋や都市部の家屋では，MSRD のより長い効果持続時間が期待できる。

3-3 マラウイのマラリア流行地域における MSRD と LLIN の併用による介入試験

　本節では，新規の自己防衛手段としての可能性を持つ MSRD と LLIN との併用による，ピレスロイド抵抗性蚊の個体群密度抑制，および子供のマラリ

ア感染抑制を目的とした介入試験結果について考察する。調査地は，マラウ
イ共和国 Zomba 地区東部の Chiliko 村，Chilore 村，Lamusi 村の隣接 3 村で実
施した（図 5-27）。マラリアは同地区における主要な感染症の一つであり，死
亡原因の 60% 以上を占めている（Zomba District Health office, 2009）。調査地
に発生する主要なマラリア媒介蚊（*Anopheles arabiensis*, *Anopheles funestus* s.s.）
の殺虫剤感受性については，第 4 章で述べたが，いずれの種もピレスロイド
や DDT に代謝抵抗性を有する。

　まず，MSRD の用法用量を決定するために，Chiliko 村の家屋を使用して小
規模な試験を行った。古い蚊帳を撤去した 29 軒の家屋にオリセット・プラス
（ペルメトリン 2% と PBO 1%（w/w）を含有する新しい LLIN）を配布し，11
軒は対照区とした（従来のオリセットネット（ペルメトリン 2%（w/w）を含
有する）を使用）。オリセット・プラスを配布した 29 軒のうち 10 軒に MSRD
（8 × 15cm のポリエチレン製ネット材にメトフルトリン 10%（w/w）を含有す
るもの）を 10 ㎡あたり 2 個となるように設置，残りの 9 軒には 10 ㎡あたり 3
個を設置した。介入試験は，2015 年 1 月 22 日に開始した。

　介入後のスプレーキャッチ法によるハマダラカ採集（2015 年 1 月〜4 月）
によって，40 軒の家屋で採集された雌蚊の総数は，*Anopheles arabiensis* 232 頭，
Anopheles funestus s.s. 82 頭であった。雨期の初めと中頃（2015 年 1 月〜2 月）
に は，*Anopheles arabiensis* 157 頭，*Anopheles funestus* s.s. 17 頭 と，*Anopheles*

図 5-27　マラウイ Zomba 地区の介入試験
家屋への MSRD 設置。

arabiensis が優占種であったが，雨期の終わり（2015 年 3 月～4 月）には，*Anopheles funestus* s.s. の占める割合が上昇した（*Anopheles funestus* s.s. 65 頭，*Anopheles arabiensis* 75 頭）。介入前，介入 1 週間後，介入 1 ヵ月後，介入 2 ヵ月後，介入 3 ヵ月後において，採集蚊数の減少はオリセット・プラス＋ MSRD（10 ㎡あたり 2 個，3 個いずれにおいても）で処理した家屋で最も大きかったが，処理後 3 ヵ月目には若干の採集数上昇が認められた（図 5-28）。したがって，MSRD の単回処理の有効期間は 10 ㎡あたり 2 個で 4 ヵ月未満であると考えられた。さらに，実用コスト削減の観点から，家屋への MSRD の処理数は 10 ㎡あたり 2 個が望ましいと思われた。本調査地では，通常 11 月から 5 月上旬までが雨期であり，この時期が蚊の繁殖期となる。したがって，この 6 ヵ月の期間をカバーするためには，2 回の MSRD の処理が必要であると考えられる（Kawada *et al.*, 2020）。

　次に，2015 年 5 月から 2016 年 6 月にかけて，オリセット・プラスと MSRD の併用による小児のマラリア感染率への影響調査を含めた大規模試験を行った。Chilore 村（215 軒），Chiliko 村（120 軒），Lamusi 村（408 軒）の全戸を介入試験対象家屋とした。古い蚊帳を取り除いた後，住民全員をカバーする

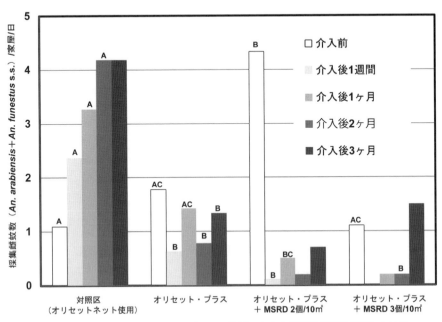

図 5-28　MSRD とオリセット・プラスの併用による小規模予備試験前後における採集雌蚊数の推移（Kawada *et al.*, 2020）

のに十分な数のオリセット・プラスを全戸に配布した。MSRD は，10 ㎡あた
り 2 個の割合で 1 回処理する方法（Lamusi 村）と，3 ヵ月の間隔を開けて 2
回処理する方法（Chilore 村）の 2 種類の介入方法を採用した。Chiliko 村は対
照区とした（オリセットネットを使用）。2015 年 12 月 9 日～10 日にオリセッ
ト・プラスの配布を行い，2 村における MSRD の第 1 回介入は 2016 年 1 月 6
日～12 日まで，Chilore 村における MSRD の第 2 回介入は 2016 年 4 月 22 日
～23 日に実施した。2 村における家屋内のハマダラカ採集は，それぞれ 20 軒
を無作為に選択して行った。

　無作為に選んだ 40 戸の家屋で採集したハマダラカ雌成虫の総数は，187
頭　の *Anopheles gambiae* s.l.（*Anopheles arabiensis* 185 頭，*Anopheles gambiae*
s.s. 2 頭），および 77 頭の *Anopheles funestus* s.l.（*Anopheles funestus* s.s. 71
頭，*Anopheles rivulorum* 2 頭，*Anopheles parensis* 4 頭）であった。採集された
Anopheles arabiensis と *Anopheles funestus* s.s. における熱帯熱マラリアのスポロ
ゾイト陽性率は，Chilore 村でそれぞれ 16.4%，20.5%，Lamusi 村でそれぞれ 5.7%，
11.1% と，いずれも非常に高い値を示した。MSRD による 2 つの方法での介
入による蚊の数の差は，介入前および介入後 1，2，3 ヵ月では有意ではなかっ
たが，4 ヵ月後には有意差があり，MSRD 単回処理では 4 ヵ月後に空間忌避
効果が低下するが，MSRD の 2 回目の処理によって高い空間忌避効果が継続

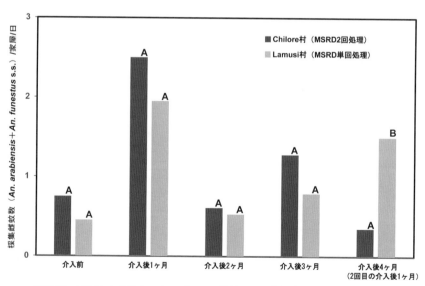

図 5-29　MSRD とオリセット・プラスの併用による大規模介入試験前後における
採集雌蚊数の推移（Kawada *et al.*, 2020）

したことがわかる（図 5-29）（Kawada *et al.*, 2020）。

　10 歳未満の子供の事前採血は，2015 年 5 月 5 日から 8 日にかけて，Chilore 村で 74 人，Chiliko 村で 61 人，Lamusi 村で 112 人に対して実施した。介入後の採血は，2016 年 5 月 2 日〜3 日に，Chilore 村で 50 人，Chiliko 村で 44 人，Lamusi 村で 105 人を対象に実施した。各子供の指から血液サンプル（5 μL）を採取し，簡易迅速診断キット（RDT）によりマラリア原虫の存在を判断した。さらに 100 μL の血液を PCR 分析用のろ紙に載せ，実験室に持ち帰り PCR によるマラリア原虫の確認を行った。熱帯熱マラリア陽性の子供には，アルテミシニン / ルメファントリン合剤のシロップを投与して治療した。MSRD を処理した 2 村（Chilore 村，Lamusi 村）は，統計的な有意差は出なかったものの，いずれも介入前に比べ介入後に熱帯熱マラリア原虫の感染率が低下した（図 5-30）。多くの熱帯熱マラリア陽性の子供の体温が正常範囲内であったことから，これらの子供は大多数の村の成人とともに不顕性感染者であると思われた。このような不顕性感染者は，MSRD や LLIN の介入のみによっては直接影響を受けないマラリア原虫を保有し，吸血する蚊に生殖母体細胞を供給し続けるために，急激な感染率低下は見られないと考えられる（Maeno *et al.*, 2008; Nakazawa *et al.*, 2011）。MSRD や LLIN の介入によって蚊の吸血頻度が減少することは，スポロゾイトのヒトへの感染頻度を減少させるだけでな

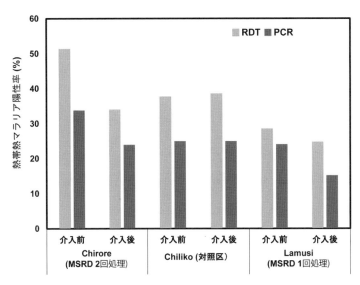

図 5-30　MSRD とオリセット・プラスの併用による大規模介入試験前後における 10 歳以下の子供の熱帯熱マラリア陽性率の変化（Kawada *et al.*, 2020）

く，ヒトから蚊への生殖母体の感染率も減少させることになり，トータルの感染率が徐々に低下していくことを意味する。したがって，MSRD を用いた継続的な介入による蚊のヒトからの血液摂取の抑止は，マラリア治療薬などとの併用によって，さらに効果的な結果をもたらすと思われる（Kawada *et al.*, 2020）。

　メトフルトリンがピレスロイド抵抗性の蚊に有効であるメカニズムは，ペルメトリンやデルタメトリンなどのフェノキシベンジルアルコール系ピレスロイドと，トランスフルトリンやメトフルトリンなどのテトラフルオロベンジルアルコール系ピレスロイドの化学構造の違いにより説明できる可能性がある。チトクローム P450 関連の代謝解毒酵素がフェノキシベンジルアルコール部位に好ましく結合し，テトラフルオロベンジル部位には結合しないため，トランスフルトリンがピレスロイド抵抗性の蚊の防除に有効であるとする報告がある（Horstmann and Sonneck, 2016）。また，ペルメトリン抵抗性のネッタイイエカに対するトランスフルトリンとメトフルトリンの抵抗性比はペルメトリンよりもはるかに小さい（Argueta *et al.*, 2004b）。

　空気中に揮散したメトフルトリンの蚊に対する空間忌避剤としての作用機序は興味深い。気中のメトフルトリンに接触したネッタイシマカは，忌避効果ではなくメトフルトリンの速やかなノックダウン効果と高い致死力により，結果的にヒトの吸血が抑制されるとする報告がある（Ritchie and Devine, 2013）。また，メトフルトリンの常温揮散デバイスを設置した部屋では，ほとんどのネッタイシマカ成虫は忌避によって部屋から逃亡することなく，死亡するかノックダウン状態になったという（Rapley *et al.*, 2009）。一方，これらの報告とは逆に，メトフルトリンを処理した人工小屋での実験において，*Anopheles gambiae* s.s. の顕著な忌避性が報告されている（Stevenson *et al.*, 2018）。この相反する試験結果は，宿主嗜好性の異なる蚊種の違いによるものかもしれない。いずれにせよ，メトフルトリンの空間忌避性は，致死効果，興奮忌避効果（Excito-repellency），寄主探索意欲の減退効果など，複数の効果が複合的に作用した結果であると考えられる。タンザニアのマラリア媒介蚊発生地帯に複数の同形状の実験小屋を設けて，自然発生する *Anopheles arabiensis* とネッタイイエカ *Culex quinquefasciatus* を対象とした興味深い実験結果がある。メトフルトリンの空間忌避デバイス（MSRD）を処理した家屋において，蚊の密度が減少する原因として，①屋内への侵入阻止効果，②家屋内でのノックダウンあるいは致死効果，③家屋内での吸血阻止効果，④家

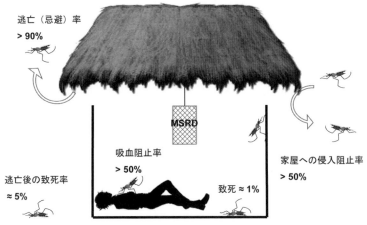

図 5-31　メトフルトリン空間忌避デバイスの蚊に対する空間忌避効果
（川田・大橋，2022）

屋内から屋外への逃亡（忌避）効果の 4 つが考えられるが，このそれぞれの寄与度を実験的に示したのである（図 5-31）。この実験によると，メトフルトリンを家屋に処理することによって，①家屋内への侵入数は半減し，②家屋内での致死個体は 1% 程度，③吸血率（牛を使用）は半減以下，そして④家屋から屋外への逃亡は，通常の 70% から 90% に上昇し，さらに逃亡個体の致死率は 5% 程度であった（川田・大橋，2022; Ohashi *et al.*, unpublished）。これがメトフルトリンによる空間忌避の実態のようである。ピレスロイド抵抗性蚊に対するメトフルトリンの作用機序の解明と，MSRD を用いたフィールドでの空間忌避効果のさらなる検証は，マラリア流行地での防除対策にブレークスルーをもたらす可能性がある。

3-4 空間忌避デバイスの国内事情

　メトフルトリンやトランスフルトリンを使用した主に樹脂製の非加熱蒸散デバイスは，既に国内でも販売されている。しかし，これらの製品のパッケージに「対象害虫：蚊」という文言が書かれた製品は数少ない。多くの製品の対象害虫として効能書きに書かれているのは「ユスリカ・チョウバエ」であり，しかも使用はあくまでも屋外あるいは家屋のドアや窓の屋外部分となっている。

　そもそも，殺虫剤はなぜ医薬品あるいは医薬部外品の範疇に置かれるのであろうか？　厚生労働省の定める「医薬品，医療機器等の品質，有効性及び

安全性の確保等に関する法律」（略して薬機法）には，「人又は動物の疾病の診断，治療又は予防に使用されることが目的であって機械器具等でない物」が医薬品の定義の一つにあり，衛生害虫の防除を目的とする殺虫剤は感染症等を媒介する生物を防除することでこれら疾病の予防に使用されると解釈されることより，医薬品として扱われる。また，医薬部外品の定義の一つに「人又は動物の保健のためにするねずみ，はえ，蚊，のみその他これらに類する生物の防除の目的に使用される物であって機械器具等でないもの」であって「人体に対する作用が緩和な物」が定められており，殺虫剤や殺鼠剤が該当する。したがって，保健衛生上の危害の発生や拡大を及ぼす害虫をヒトの健康のために排除する目的で使用される殺虫剤は，医薬品あるいは医薬部外品として薬機法に則った製造，販売をしなければいけないのである。

　殺虫剤を薬機法下で製造，あるいは製造・販売するためには，その殺虫剤は「製造販売承認」を取得する必要があり，殺虫剤を製造する工場は厚生労働省からの製造業許可を受けなければならない。「製造販売承認」を取得するためには，殺虫剤の製造方法や規格及び試験方法はもとより，安定性試験（長期保存試験，過酷試験，加速試験），効力試験，および毒性試験（急性毒性，反復毒性，眼・皮膚感作性）の結果が要求されており，これらの全てを総合的に判断して承認される。また，新規有効成分を含む殺虫剤の場合は，有効成分に対して更に薬理試験，薬物動態試験（吸収・分布・代謝・排泄），遺伝毒性試験，（がん原性試験），生殖発生毒性試験などのデータが要求される。これらは，ヒトに対する臨床試験の必要性が無いことを除けば人体に投与する医薬品と基本的に同じ項目で，製剤の有効成分となる新規の殺虫剤原薬であれば5億円以上の費用が必要となる。既存の殺虫剤原薬を用いた製剤品であれば費用は低く抑えられるが，それでも剤形や用法・用量によっては数千万円の費用が必要となる場合がある。これが，日本国内で殺虫剤を新しく世に出すための必要条件となっているのである。

　さらに，空間忌避デバイスのように忌避効果を謳った製品を出すために，日本国内でハードルとなっていることがある。殺虫剤のあり方を示す「殺虫剤指針」は厚生省（当時）によって1960年に通知され，数度の改正を経て1990年版が利用されている。指針には殺虫剤の効力試験法などが記載されているが，1990年の改正当時にも害虫の忌避試験方法の詳細は定められていなかった。したがって，忌避効果を謳った製品を客観的に評価することが出来なかったのである。2017年に殺虫剤指針を改定するためのパブリックコメン

ト募集があり，28 年ぶりの改正が行われ，翌 2018 年に「殺虫剤指針 2018」が制定された。この新しい指針には忌避試験方法も織り込まれており，ハードルはやや低くなったと言えるが，薬機法に基づく製造販売承認を受けた製品だけが「防蚊」を謳った製品として世に出る事が出来るという最大のハードルは依然として高いままである。

〔引用文献〕（第 5 章）

Alonso PL, Lindsay SW, Armstrong JRM, Conteh M, Hill AG, David PH, Fegan G, de Francisco A, Hall AJ, Shenton FC (1991) The effect of insecticide-treated bed nets on mortality of Gambian children. *Lancet*, 337: 1499–1502.

Argueta TBO, Kawada H, Takagi M (2004a) Spatial repellency of metofluthrin-impregnated multilayer paper strip against *Aedes albopictus* in the outdoor conditions, Nagasaki, Japan. *Medical Entomology and Zoology*, 55: 211–216.

Argueta TBO, Kawada H, Sugano M, Kubota S, Shono Y, Tsushima K, Takagi M (2004b) Comparative insecticidal efficacy of a new pyrethroid, metofluthrin, against colonies of Asian *Culex quinquefasciatus* and *Culex pipiens pallens*. *Medical Entomology and Zoology*, 55: 289–294.

Arunachalam N, Tana S, Espino F, Kittayapong P, Abeyewickreme W, Wai KT, Tyagi BK, Kroeger A, Sommerfeld J, Petzold M (2010) Eco-bio-social determinants of dengue vector breeding: a multicountry study in urban and periurban Asia. *Bulletin of World Health Organization*, 88: 173–84.

Bal V, Gayasena V, Bibals R, Avhad AP, Chakrabarty D, Bandyopadhyaya R (2017) Modeling and experiments on release of metofluthrin from a thin cellulosic-polymer film. *Chemical Engineering Research and Design*, 118: 31–40.

Boreham PFL, Port GR (1982) Distribution and movement of engorged females of *Anopheles gambiae* Giles (Diptera: Culicidae) in a Gambian village. *Bulletin of Entomological Research*, 72: 489–495.

Curtis CF, Myamba J, Wilkes TJ (1996) Comparison of different insecticides and fabrics for anti-mosquito bednets and curtains. *Medical and Veterinary Entomology*, 10: 1–11.

Dabire RK, Diabate A, Baldet T, Paré-Toé L, Guiguemde RT, Ouédraogo JB, Skovmand O (2006) Personal protection of long lasting insecticide—treated nets in areas of *Anopheles gambiae* s.s. resistance to pyrethroids. *Malaria Journal*, 5: 12.

Darriet F, Robert V, Vien DP, Molez J-F, Carnevale P (1984) First evaluation of permethrine impregnated bed-nets for malaria vector control in West Africa pilot village. Calgary, University of Calgary: 33.

Das ML, Roy L, Rijal S, Paudel IS, Picado A, Kroeger A, Petzold M, Davies C, Boelaert M (2010) Comparative study of kala-azar vector control measures in eastern Nepal. *Acta Tropica*, 113: 162–166.

Department of Health Long An province (2008) National dengue surveillance of Long An province. Tan An, Vietnam.

Department of Health Long An province (2009) National dengue surveillance of Long An province. Tan An, Vietnam.

de Zulueta J (1994) Malaria and ecosystems: from prehistory to posteradication. *Parassitologia*, 36: 7–15.

Dinesh DS, Das P, Picado A, Davies C, Speybroeck N, Ostyn B, Boelaert M, Coosemans M (2008) Long-lasting insecticidal nets fail at household level to reduce abundance of sandfly vector *Phlebotomus argentipes* in treated houses in Bihar (India). *Tropical Medicine and International Health*, 13: 953–958.

Emami MM, Yazdi M, Guillet P (2009) Efficacy of Olyset long-lasting bednets to control transmission of cutaneous leishmaniasis in Iran. *Eastern Mediterrsnean Health Journal*, 15: 1075–1083.

Faiman R, Cuño R, Warburg A (2009) Control of phlebotomine sand flies with vertical fine-mesh nets. *Journal of Medical Entomology*, 46: 820–831.

Focks DA, Alexander N (2007) Multicountry study of *Aedes aegypti* pupal productivity survey methodology: Findings and recommendations. *Dengue Bulletin*, 31: 192–200.

Getawen SK, Ashine T, Massebo F, Woldeyes D, Lindtjørn B (2018) Exploring the impact of house screening intervention on entomological indices and incidence of malaria in Arba Minch town, southwest Ethiopia: A randomized control trial. *Acta Tropica*, 181: 84–94.

Graves PM, Brabin BJ, Charlwood JD, Burkot TR, Cattani JA, Ginny M, Paino J, Gibson FD, Alpers MP (1987) Reduction in incidence and prevalence of *Plasmodium falciparum* in under 5-year-old children by permethrin impregnation of mosquito nets. *Bulletin of World Health Organization*, 65: 869–877.

Grothaus RH, Haskins JR, Schreck CE, Gouck HK (1976) Insect repellent jacket: Status, value and potential. *Mosquito News*, 36: 11–18.

Haider N, Karlsson S (1999) Migration and release profile of Chimassorb 944 from low-density polyethylene film (LDPE) in simulated landfills. *Polymer Degradation and Stability*, 64: 321–328.

Horstmann S, Sonneck R (2016) Contact bioassays with phenoxybenzyl and tetrafluorobenzyl pyrethroids against target-site and metabolic resistant mosquitoes. *PLoS One*, 11: e0149738.

Igarashi A (1997) Impact of dengue virus infection and its control. *FEMS Immunology and Medical Microbiology*, 18: 291–300.

Itoh T, Okuno T (1996) Evaluation of the polyethylene net incorporated with permethrin during manufacture of thread on efficacy against *Aedes aegypti* (Linnaeus). *Medical Entomology and Zoology*, 47: 171–174.

Itokawa K, Komagata O, Kasai S, Kawada H, Mwatele C, Dida GO, Njenga SM, Mwandawiro C, Tomita T (2013) Global spread and genetic variants of the two CYP9M10 haplotype forms associated with insecticide resistance in *Culex quinquefasciatus* Say. *Heredity*, 111: 216–226.

Iwashita H, Dida GO, Futami K, Sonye G, Kaneko S, Horio M, Kawada H, Maekawa Y, Aoki Y, Minakawa N (2010) Sleeping arrangement and house structure affect bed net use in villages along Lake Victoria. *Malaria Journal*, 9: 176.

Jeyalakshmi,T, Shanmugasundaram R, Murthy PB (2006) Comparative efficacy and persistency of permethrin in Olyset net and conventionally treated net against *Aedes aegypti* and *Anopheles stephensi*. *Journal of American Mosquito Control Association*, 22: 107–110.

Kasili S, Kutima H, Mwandawiro C, Ngumbi PM, Anjili CO, Enayati AA (2010) Laboratory and semi-field evaluation of long-lasting insecticidal nets against leishmaniasis vector, *Phlebotomus (Phlebotomus) duboscqi* in Kenya. *Journal of Vector Borne Diseases*, 47: 1–10.

Kawada H (2017a) Possible new controlling measures for the pyrethroid-resistant malaria vectors. *Annals of Community Medicine and Practice*, 3: 1019.

Kawada H (2017b) Potential control measures for pyrethroid-resistant malaria vectors. *Acta Horticulturae*, 1169: 59–72.

川田　均・大橋和典 (2022) アフリカのマラリア媒介蚊に対する空間忌避製剤の効力と作用性評価. 殺虫剤研究班のしおり 第 92 号 : 24–44.

Kawada H, Maekawa Y, Tsuda Y, Takagi M (2004a) Laboratory and field evaluation of spatial repellency with metofluthrin-impregnated paper strip against mosquitoes in Lombok Island, Indonesia. *Journal of American Mosquito Control Association*, 20: 292–298.

Kawada H, Maekawa Y, Tsuda Y, Takagi M (2004b) Trial of spatial repellency of metofluthrin-impregnated paper strip against *Anopheles* and *Culex* in shelters without walls in Lombok, Indonesia. *Journal of American Mosquito Control Association*, 20: 434–437.

Kawada H, Maekawa Y, Takagi M (2005a) Field trial of the spatial repellency of metofluthrin-impregnated plastic strip against mosquitoes in shelters without walls (Beruga) in Lombok, Indonesia.

Journal of Vector Ecology, 30: 181–185.

Kawada H, Yen NT, Hoa NT, Sang TM, Dan NV, Takagi M (2005b) Field evaluation of spatial repellency of metofluthrin impregnated plastic strips against mosquitoes in Hai Phong city, Vietnam. *American Journal of Tropical Medicine and Hygiene*, 73: 350–353.

Kawada H, Saita S, Shimabukuro K, Hirano M, Koga M, Iwashita T, Takagi M (2006a) Effectiveness in controlling mosquitoes with EcoBio-Block® S - a novel integrated water purifying concrete block formulation combined with the insect growth regulator pyriproxyfen. *Journal of American Mosquito Control Association*, 22: 451–456.

Kawada H, Iwasaki T, Loan LL, Tien TK, Mai NTN, Shono Y, Katayama Y, Takagi M (2006b) Field evaluation of spatial repellency of metofluthrin-impregnated latticework plastic strips against *Aedes aegypti* (L.) and analysis of environmental factors affecting its efficacy in My Tho city, Tien Giang, Vietnam. *American Journal of Tropical Medicine and Hygiene*, 75: 1153–1157.

川田　均・Loan LL・Tien TK・Mai NTN・高木正洋 (2006a) メトフルトリンを含有した常温揮散製剤の蚊に対する空間忌避効果に関する検討 (5) ベトナム・ミトー市の民家におけるネッタイシマカを対象とした新樹脂製剤の残効性試験. 第 58 回日本衛生動物学会大会（長崎）. 衛生動物, 57 (Supplement): 51.

川田　均・岩崎智則・Loan LL・Tien TK・Mai NTN・庄野美徳・片山泰之・高木正洋 (2006b) メトフルトリンを含有した常温揮散製剤の蚊に対する空間忌避効果に関する検討 (6) ベトナム・ミトー市の民家における環境要因が効力に及ぼす影響についての調査. 第 58 回日本衛生動物学会大会（長崎）. 衛生動物, 57 (Supplement): 52.

Kawada H, Temu EA, Minjas JN, Matsumoto O, Iwasaki T, Takagi M (2008) Field evaluation of spatial repellency of metofluthrin-impregnated plastic strips against *Anopheles gambiae* complex in Bagamoyo, coastal Tanzania. *Journal of American Mosquito Control Association*, 24: 404–409.

Kawada H, Higa Y, Nguyen TY, Tran HS, Nguyen TH, Takagi M (2009a) Nationwide investigation on the pyrethroid susceptibility of mosquito larvae collected from used tires in Vietnam. *PLoS Neglected Tropical Diseases*, 3: e0000391.

Kawada H, Higa Y, Komagata O, Kasai S, Tomita T, Nguyen TH, Luu LL, Sánchez RAP, Takagi M (2009b) Widespread distribution of a newly found point mutation in voltage-gated sodium channel in pyrethroid resistant *Aedes aegypti* populations in Vietnam. *PLoS Neglected Tropical Diseases*, 3: e0000527.

Kawada H, Dida GO, Ohashi K, Komagata O, Kasai S, Tomita T, Sonye G, Maekawa Y, Mwatele C, Njenga SM, Mwandawiro C, Minakawa N, Takagi M (2011a) Multimodal pyrethroid resistance in malaria vectors *Anopheles gambiae* s.s., *Anopheles arabiensis*, and *Anopheles funestus* s.s. in western Kenya. *PLoS One*, 6: e24323.

Kawada H, Futami K, Komagata O, Kasai S, Tomita T, Sonye G, Mwatele C, Njenga SM, Mwandawiro C, Minakawa N, Takagi M (2011b) Distribution of a knockdown resistance mutation (L1014S) in *Anopheles gambiae* s.s. and *Anopheles arabiensis* in Western and Southern Kenya. *PLoS One*, 6: e24323.

Kawada H, Dida GO, Ohashi K, Sonye G, Njenga SM, Mwandawiro C, Minakawa N, Takagi M (2012) Preliminary evaluation of the insecticide-impregnated ceiling nets with coarse mesh size as a barrier against the invasion of malaria vectors. *Japanese Journal of Infectious Diseases*, 65: 243–246.

Kawada H, Ohashi K, Dida GO, Sonye G, Njenga SM, Mwandawiro C, Minakawa N (2014a) Preventive effect of permethrin-impregnated long-lasting insecticidal nets on the blood feeding of three major pyrethroid-resistant malaria vectors in western Kenya. *Parasites & Vectors*, 7: 383.

Kawada H, Ohashi K, Dida GO, Sonye G, Njenga SM, Mwandawiro C, Minakawa N (2014b) Insecticidal and repellent activities of pyrethroids to the three major pyrethroid-resistant malaria vectors in western Kenya. *Parasites & Vectors*, 7: 208.

Kawada H, Nakazawa S, Shimabukuro K, Ohashi K, Kambewa EA, Pemba DF (2020) Effect of metofluthrin-impregnated spatial repellent devices combined with new long-lasting insecticidal nets (Olyset® Plus) on pyrethroid-resistant malaria vectors and malaria prevalence - Field trial in southeastern Malawi. *Japanese Journal of Infectious Diseases*, 73: 124–131.

Kawada H, Gabriel DO, Sonye G, Njenga SM, Minakawa N, Takagi M (2021) Indoor resting places of the major malaria vectors in western Kenya. Japanese *Journal of Environmental Entomology and Zoology*, 32: 47–52.

Kawada H, Nakazawa S, Ohashi K, Kambewa EA, Pemba DF (2022) Effect of indoor environmental factors and house structures on vaporization of active ingredient from spatial repellent devices in rural houses in Malawi. *Japanese Journal of Infectious Diseases*, 75: 288–295.

Kirby MJ, Ameh D, Bottomley C, Green C, Jawara M, Milligan PJ, Snell PC, Conway DJ, Lindsay SW (2009) Effect of two different house screening interventions on exposure to malaria vectors and on anaemia in children in The Gambia: a randomised controlled trial. *Lancet*, 374 : 998–1009.

Kittayapong P, Strickman D (1993) Distribution of container-inhabiting *Aedes* larvae (Diptera: Culicidae) at a dengue focus in Thailand. *Journal of Medical Entomology*, 30: 601–606.

Knudsen JB, Pinder M, Jatta E, Jawara M, Yousuf MA, Søndergaard AT, Lindsay SW (2020) Measuring ventilation in different typologies of rural Gambian houses: a pilot experimental study. *Malaria Journal*, 19: 273.

Kroeger A, Lenhart A, Ochoa M, Villegas E, Levy M, Alexander N, McCall PJ (2006) Effective control of dengue vectors with curtains and water container covers treated with insecticide in Mexico and Venezuela: cluster randomised trials. *British Medical Journal*, 332 (7552): 1247–1252.

Lengeler C, Snow RW (1996) From efficacy to effectiveness: insecticide-treated bednets in Africa. *Bulletin of the World Health Organization*, 74: 325–332.

Lindsay IS, Mcandless, JM (1978) Permethrin-treated jackets versus repellent-treated jackets and hoods for personal protection against black flies and mosquitoes. *Mosquito News*, 38: 350–356.

Lindsay SW, Emerson PM, Charlwood JD (2002) Reducing malaria by mosquito-proofing houses. *Trends in Parasitology*, 18: 510–514.

Lindsay SW, Jawara M, Paine K, Pinder M, Walraven GEL, Emerson PM (2003) Changes in house design reduce exposure to malaria mosquitoes. *Tropical Medicine and International Health*, 8: 512–517.

Lindsay SW, Jawara M, Mwesigwa J, Achan J, Bayoh N, Bradley J, Kandeh B, Kirby MJ, Knudsen J, Macdonald M, Pinder M, Tusting LS, Weiss DJ, Wilson AL, D'Alessandro U (2019) Reduced mosquito survival in metal-roof houses may contribute to a decline in malaria transmission in sub-Saharan Africa. *Scientific Reports*, 9: 7770.

Lines JD, Curtis CF, Myamba J, Njau R (1985) Tests of repellent or insecticide impregnated curtains, bednets and anklets against malaria vectors in Tanzania. World Health Organization, WHO/VBC/85.920.

Maeno Y, Nakazawa S, Dao LD, Yamamoto N, Giang ND, Hanh TV, Thuan LK, Taniguchi K (2008) A dried blood sample on filter paper is suitable for detecting *Plasmodium falciparum* gametocytes by reverse transcription polymerase chain reaction. *Acta Tropica*, 107: 121–127.

Minakawa N, Kawada H, Kongere JO, Sonye GO, Lutiali PA, Awuor B, Isozumi R, Futami K (2022) Effectiveness of screened ceilings over the current best practice in reducing malaria prevalence in western Kenya: a cluster randomized controlled trial. *Parasitology*, 149: 944–955.

Morimoto Y, Kawada H, Minakawa N (2022) Repellency as an ultimate countermeasure for *Aedes* mosquito control. XXVI International Congress of Entomology, 18–22 July 2022, Helsinki, Finland.

Nakazawa S, Culleton R, Maeno Y (2011) In vivo and in vitro gametocyte production of *Plasmodium falciparum* isolates from Northern Thailand. *International Journal of Parasitology*, 41: 317–323.

Nam VS, Yen NT, Kay BH, Marten GG, Reid JW (1998) Eradication of *Aedes aegypti* from a village in Vietnam, using copepods and community participation. *American Journal of Tropical Medicine and*

Hygiene, 59: 657–660.

Nam VS, Yen NT, Holynska M, Reid JW, Kay BH (2000) National progress in dengue vector control in Vietnam: survey for Mesocyclops (Copepoda), Micronecta (Corixidae), and fish as biological control agents. *American Journal of Tropical Medicine and Hygiene*, 62: 5–10.

Nam VS, Yen NT, Duc HM, Tu TC, Thang VT, Le NH, San LH, Loan LL, Huong VTQ, Khanh LHK, Trang HTT, Lam LZY, Kutcher SC, Aaskov JG, Jeffery JAL, Ryan PA, Kay BH (2012) Community-based control of *Aedes aegypti* by using *Mesocyclops* in southern Vietnam. *American Journal of Tropical Medicine and Hygiene*, 86: 850–859.

Nguyen LAP, Clements ACA, Jeffery JAL, Yen NT, Nam VS, Vaughan G, Shinkfield R, Kutcher SC, Gatton ML, Kay BH, Ryan PA (2011) Abundance and prevalence of *Aedes aegypti* immatures and relationships with household water strage in rural areas in southern Viet Nam. *International Health*, 3: 115–125.

Njie M, Dilger E, Lindsay SW, Kirby MJ (2009) Importance of eaves to house entry by anopheline, but not culicine, mosquitoes. *Journal of Medical Entomology*, 46: 505–510.

Ohba S, Huynh TTT, Kawada H, Le LL, Ngoc HT, Hoang SL, Higa Y, Takagi M (2011) Heteropteran insects as mosquito predators in water jars in southern Vietnam. *Journal of Vector Ecology*, 36: 170–174.

Ohba S, Trang TTT, Kawada H, Loan LL, Ngoc HT, Hoang SL, Takagi M (2015) The effect of Olyset® Net to the mosquito larvae and their Heteroptera predators in water jars in southern Vietnam. *Japanese Journal of Infectious Diseases*, 69: 262–265.

Ondiba IM, Oyieke FA, Ong'amo GO, Olumula MM, Nyamongo IK, Estambale BBA (2018) Malaria vector abundance is associated with house structures in Baringo County, Kenya. *PLoS One*, 13: e0198970.

Paaijmans KP, Huijben S (2020) Taking the 'I' out of LLINs: using insecticides in vector control tools other than long-lasting nets to fight malaria. *Malaria Journal*, 19: 73.

Phong TV, Nam VS (1999) Key breeding sites of dengue vectors in Hanoi, Vietnam, 1994–1997. *Dengue Bulletin*, 23: 67–72.

Port GR, Boreham PFL (1982) The effect of bed nets on feeding by *Anopheles gambiae* Giles (Diptera : Culicidae). *Bulletin of Entomological Research*, 72: 483–488.

Rapley LP, Russell RC, Montgomery BL, Ritchie SA (2009) The effects of sustained release metofluthrin on the biting, movement, and mortality of *Aedes aegypti* in a domestic setting. *American Journal of Tropical Medicine and Hygiene*, 81: 94–99.

RBM (1999) The global partnership to Roll Back Malaria. Initial period covered July 1998–December 2001 (preparatory phase: July 1998–December 1999). Proposed strategy and workplan. Draft 3.1b/12 July 1999, World Health Organization, Geneva.

Ritchie SA, Devine GJ (2013) Confusion, knock-down and kill of *Aedes aegypti* using metofluthrin in domestic settings: a powerful tool to prevent dengue transmission? *Parasites & Vectors*, 11: 262.

Ross R (1923) Memoirs with a full account of the great malaria problem and its solution. John Murray, London, pp. 566.

Rozendaal JA (1989) Self-protection and vector control with insecticide-treated mosquito nets (a review of present status). World Health Organization, WHO/VBC/89.965.

Schreck CE, Posey K, Smith D (1978) Durability of permethrin as a potential clothing treatment to protect against blood-feeding arthropods. *Journal of Economic Entomology*, 71: 397–400.

Schreck CE, Kline D, Smith N (1979) Protection afforded by the insect repellent jacket against four species of biting midge (Diptera: Culicoides). *Mosquito News*, 39: 739–742.

Seng, CM, Setha, T, Nealon, J, Chantha, N, Socheat, D, Nathan MB (2008) The effect of long-lasting insecticidal water container covers on field populations of *Aedes aegypti* (L.) mosquitoes in Cambodia. *Journal of Vector Ecology*, 33: 333–341.

Sharma SK, Tyagi PK, Upadhyay AK, Haque MA, Mohanty SS, Raghavendra K, Dash AP (2009) Efficacy of permethrin treated long-lasting insecticidal nets on malaria transmission and observations on the perceived side effects, collateral benefits and human safety in a hyperendemic tribal area of Orissa, India. *Acta Tropica*, 112: 181–187.

Siegert PY, Walker E, Miller JR (2009) Differential behavioral responses of *Anopheles gambiae* (Diptera: Culicidae) modulate mortality caused by pyrethroid-treated bednets. *Journal of Economic Entomology*, 102: 2061–2071.

Stevenson JC, Simubali L, Mudenda T, Cardol E, Bernier UR, Vazquez AA, Thuma PE, Norris DE, Perry M, Kline DL, Cohnstaedt LW, Gurman P, D'hers S, Elman NM (2018) Controlled release spatial repellent devices (CRDs) as novel tools against malaria transmission: a semi-field study in Macha, Zambia. *Malaria Journal*, 17: 437.

Strickman D, Kittayapong P (1993) Laboratory demonstration of oviposition by *Aedes aegypti* (Diptera: Culicidae) in covered water jars. *Journal of Medical Entomology*, 30: 947–949.

Tran HP, Adams J, Jeffery ALJ, Nguyen YT, Vu SN, Kutcher SC, Kay BH, Ryan PA (2010) Householder perspectives and preferences on water storage and use, with reference to dengue, in the Mekong Delta, southern Vietnam. *International Health*, 2: 136–142.

Tsunoda T, Kawada H, Huynh TTT, Luu LL, Le SH, Tran HN, Vu HTQ, Le HM, Hasebe F, Tsuzuki A, Takagi M (2013) Field trial on a novel control method for the dengue vector, *Aedes aegypti* by the systematic use of Olyset® Net and pyriproxyfen in Southern Vietnam. *Parasites & Vectors*, 6: 6.

Tsuzuki A, Huynh T, Tsunoda T, Luu LL, Kawada H, Takagi M (2009a). Effect of existing practices on reducing *Aedes aegypti* pre-adults in key breeding containers in Ho Chi Minh City, Vietnam. *American Journal of Tropical Medicine and Hygiene*, 80: 752–757.

Tsuzuki A, Vu TD, Higa Y, Nguyen TY, Takagi M (2009b) High potential risk of dengue transmission during the hot-dry season in Nha Trang City, Vietnam. *Acta Tropica*, 111: 325–9.

Tun-Lin W, Lenhart A, Nam VS, Rebollar-Tellez E, Morrison AC, Barbazan P, Cote M, Midega J, Sanchez F, Manrique-Saide P, Kroeger A, Nathan MB, Meheus F, Petzold M (2009) Reducing costs and operational constraints of dengue vector control by targeting productive breeding places: a multi-country non-inferiority cluster randomized trial. *Tropical Medicine and International Health*, 14: 1143–1153.

Tusting LS, Ippolito MM, Willey BA, Kleinschmidt I, Dorsey G, Gosling RD, Lindsay SW (2015) The evidence for improving housing to reduce malaria: a systematic review and meta-analysis. *Malaria Journal*, 14: 209.

Vanlerberghe V, Villegas E, Oviedo M, Baly A, Lenhart A, McCall PJ., Van der Stuyft P (2011a) Evaluation of the effectiveness of insecticide treated materials for household level dengue vector control. *PLoS Neglected Tropical Diseases*, 5: e994.

Vanlerberghe V, Villegas E, Jirarojwatana S, Santana N, Trongtorkit Y, Jirarojwatana R, Srisupap W, Lefèvre P, Van der Stuyft P (2011b) Determinants of uptake, short-term and continued use of insecticide-treated curtains and jar covers for dengue control. *Tropical Medicine and International Health*, 16: 162–173.

World Health Organization (1989) The use of impregnated bed nets and other materials for vector-borne disease control. Geneva, Switzerland: WHO/VBC/89.981.

World Health Organization (2001) Review of Olyset Net; Bifenthrin 10% WP. Report of the Fifth WHOPES Working Group Meeting.

第6章

敗軍の将，兵を語らず

（ダメ研究者がこの本を書くに至るまでの
ダメ研究人生に関する長い後書き）

1. ダメ研究人生の始まりと顛末

　私はダメ研究者である。どんな分野においても言えることであるが，何かを成し遂げる人達は，生まれ持った素質を持つ天才型と，さほど恵まれていない才能を努力で補う努力型の2タイプに分かれると思う。研究という思考活動は，これまで世の中に存在しなかった原理や法則を発見する先駆的研究と，既に世の中に存在する社会現象や生物現象を解析してその理由付けをする後駆的研究（聞こえは悪いが）があるが，前者の研究と天才型研究者，後者の研究と努力型研究者はほぼ1：1対応しているような気がする。天才型研究者は，若い時代からその頭角を現す。時々報道されるように，成熟した研究者が思いも付かないようなアイデアや発明を，まだ研究という思考活動の手順さえ知らないであろう中学生や高校生が成し遂げてしまうのはその1例である。

　一方で，"Serendipity"と言う言葉がある。適当な日本語訳は見つからないが，「思わぬモノを偶然に発見する才能」という意味である。イギリスの小説家であり政治家のホレス・ウォルポールが1754年に生み出した造語とされ，彼が子供時代に読んだ「セレンディップの3人の王子」という童話にちなんだものだそうである。ちなみに，"Serendip"とは，セイロン島（スリランカ）のことである。私がこの言葉に初めて接したのは，30年以上前に読んだアーサー・C. クラーク（「2001年宇宙の旅」の原作者，30歳代後半からスリランカに居住）の「スリランカから世界を眺めて」（早川書房，1988）という自伝的エッセイ集の冒頭の章である。同じ頃，住友化学の宮本純之さん（故人）によって行われた退職前の講演でもこの"Serendipity"と言う言葉が使われていた。"Serendipity"は，「才能」とされるが，ルイ・パスツールの言葉に，「観察の領域において，偶然は構えのある心にしか恵まれない」とあるように，実験の失敗や挫折に陥ったときに，そのどん底から何かを発見する能力は，やはり天性のモノと言うべきであろう。キュリー夫妻によるラジウムの発見，アレクサンダー・フレミングによるペニシリンの発見，最近では田中耕一氏による高分子質量分析法の発明など，数多くの例が挙げられる。今，自分の過去を振り返ると，この"Serendipity"の欠如によって，私は幾つもの重要な発見を見逃してきたような気がする。文字通り「後の祭り」ではあるが・・・。

　後駆的研究者の端くれとして，ダラダラと研究生活を送ってきた私である

が，数少ない研究成果の中には，ある程度自負できるモノもある。これから研究の道を進もうとしている人達，あるいはその途上で悩みを抱えている人達の一助になるかどうかは分からないが，長い後書きとして私のダメ研究者としての半生を以下に記述する。

1-1 少年時代から学生時代
昆虫学者（？）を志した動機

　思い起こせば，夏休みの自由研究として小学校時代にやった，家の縁側の下に生えてくるコニシキソウの葉っぱの数を毎日数えるだけという不毛の研究が私の最初の研究だったかも知れない。才能の欠片も感じられない自由研究であったが，植物の葉っぱが毎日少しずつ増えていくのを観察したり，飼育していた亀や蛙をボーッと眺めているのが好きだった私は，何時しか自分は理系人間であると思い込むようになっていった。自然科学や昆虫学を専門とする人達は，この時点で昆虫採集や標本作りに勤しみ，必要な知識を身につけていくものであるが，周囲に山歩きや昆虫採集を趣味とする隣人や友達がいなかった私はそうはならなかった。元来，コレクターの素質があるので，この時代に昆虫採集を始めていたら，おそらくはもう少しマシな昆虫学者になっていたかもしれない。特に運動が好きなわけでもなかったが，街の柔道スポーツ少年団に入団して，黒帯を取るのが当面の将来の夢となった。地元の高校の理数科に進学してからも柔道は続けていたが，部員不足のために1年で廃部となった。週に1回隣町から師範が来てくれて，1対1で乱取りの練習をしばらく続けていたが，その師範の先生も来なくなり，茨城県の県西地区新人戦の3位決定戦で，地元中学の1年先輩に数秒であっけなく1本負けしたのが高校柔道生活の最後となった。この時点ではまだ自分の将来についての具体的な希望はなく，自衛官になって戦闘機のパイロットになりたいという子供じみた夢を作文に書いた記憶がある。

　柔道をやめて暇になった私は，大学進学という漠然とした目標のために，遅れていた受験勉強と読書を始めた。読書の動機は極めて不純で，高校の図書室の可愛い司書さんの顔を見に行けることと，図書カードを自分の名前で埋め尽くすためという意味不明のものだった。誰も借りそうもないできるだけ分厚い本を選んで，ディケンズの「ピクウィック・クラブ」などという高校生にとってはあまり面白くない本を読み耽っていたが，そんな本の中に「虫の惑星」（ハワード・エンサイン・エヴァンズ著，日高敏隆訳，早川書房，

図6-1 虫の惑星

1983）（図 6-1）があった。内容についてはほとんど記憶にないし，訳者の日高敏隆先生のお名前も知らなかったが，おそらくこの本が私の人生を決定したのだと思う。大学に進学して生物学を学びたいと思い出したのもこの本のおかげである。最近，ネットで古本を買い求めてみたが，所謂マニアックな昆虫ではなく，トンボ，蝶，ハエ，ゴキブリ，ナンキンムシなどの身近な昆虫について書かれた本であった。私が興味を示した理由がわかった。

大学時代

　茨城県の田舎町に住んでいた私は，何故か電車で通学可能な東京の大学には興味がなかった。一人息子ではあったが，なんとか親と離れて暮らしたいという希望が強かった。京都の街を選んだのは，「学生の街」という何となくアカデミックな雰囲気に憧れたせいだと思う。中学，高校の同級生のうち私を含めて 5 人が，大学は様々ではあるが京都の街で暮らすことを選んだ。当時はまだ学生運動が盛んで，時計台にはどうやって書いたのか白いペンキで「○○○粉砕」という文字があったり，今では禁止になってしまった立て看板が林立し，教室には所狭しとアジテーション張り紙がベタベタと貼ってあった。大学は高校の延長と勘違いしていた私は，黙っていても教育を授けてくれるモノと思っていたが，自分から何かをしようと動き出さない限り大学は何もしてくれないと言うことに次第に気付き始めた。せっかく大学にまで来たのだから，専門的な勉強を入学したての頃からどんどんしておけば良かったと今では若干後悔している。

　弱いながらも取り柄と言ったら小学校から続けている柔道くらいしかない私は，再び柔道を始めることになる。国立大学の柔道部なんて同好会みたいなもんだろうと高をくくっていたが，当てが大きく外れた。週 6 日の猛練習，試合前の合宿時には 1 日に午前と午後 2 回の練習に明け暮れる日々となった。何度も逃げ出そうと思ったが，同期入部の人数が少なかったために一人抜けるダメージが大きかったことと，時々開催されるすき焼きコンパが最高に楽しかったことから，結局 4 年間ダラダラと続けることになった。寝技中心の練習で片耳が潰れ，今でもバイクのヘルメットは長時間被っていられない。耳介にはめ込むタイプのイヤホンも装着できない。3 回生になると専門の講義や実習が始まる。午後は実験や実習となるが，柔道の練習と重なってしまう。

実習に出るか柔道をやるかで毎日葛藤することになる。どちらに出ても後ろめたい気持ちが残った。

　当時の京都大学農学部農林生物学科には，昆虫学，遺伝学，応用植物学，植物病理学の4講座があり，それぞれの教官が講義や実習を担当していた。PCR（Polymerase Chain Reaction）などという技術はまだなかったし，細胞からDNAを抽出するのに様々な操作を経て3日程掛かっていた記憶がある。この白い糸のようなモノがDNAですと言われても，実感は沸かなかった。昆虫学は生態学中心の研究室だったので，実習と言っても手を動かす実験的なものはなかった。死んだゴキブリを教官が持ってきて，こいつの絵を描いてくださいという実習もあった。そんな実習のなかでも，同級生達がみな口を揃えて記憶に残っていると回顧する実習は，毎週1回バスをチャーターして京都近隣の山に行き，そこに自生する樹や花の名前を教えて貰うという言わば遠足のような実習であった。私は金魚の糞として最後尾をついて回るだけで，覚えた植物名は片手で数えるほどしかなかった。最高学府まで来て，こんな遠足をやっていて良いのか？と，当時はその意義を理解できなかったが，生物の名前を知ると言うことは，生物学を志す者にとっては最も根本的で重要な事だと，遅ればせながら今では痛感している。

　大学3回生，4回生の専門課程では，卒論提出は必須ではなく，必要単位数にさえ達していれば卒業はできた。不本意ながらも柔道に明け暮れていた私は，研究室に出入りすることも少なく，全く目立たない存在であった。柔道部4回生は夏の七大学定期戦が終わると部を卒業することになる。定期戦は各15名の選手による勝ち抜き戦である。1週間前の練習試合で太ももを負傷し，まともに歩くこともできなくなった私は，みんなの足を引っ張ることになってしまった。太ももに打って貰った痛み止めの注射の場所が悪かったようで，右足の感覚が全くない状態で5分間をただただ必死に逃げ回って引き分けに持ち込むのが精一杯だった。柔道部を卒業したダメ研究者は，今度こそ真面目に勉強しようと，大学院受験に向けて準備を始めた。

　私は，卒業まであと半年しかないという間抜けなタイミングで，当時の昆虫学教室教授の巌俊一先生（故人）に卒論テーマの相談をした。忙しそうにしていた先生からは，「ヒラタアブはどうかね？」という有り難いサジェッションを頂いた。春になると花の近辺で停止したようにホバリングしている黄色と黒の縞模様のヤツである。ホバリングしながら，植物に寄生しているアブラムシの近傍に産卵しようとしているのである。孵化した幼虫は，ヒル

のような独特の動きでアブラムシに食い付いてこれを軽々と持ち上げ，体液を吸うのである。ヒラタアブの実験をするに当たり，餌となるアブラムシを飼育しようとしたが，そのためにはまずアブラムシの餌となる植物（ムギ）を育てる必要があった。ダメ研究者は，ここでムギを病気で枯らしてしまい，アブラムシの飼育さえできなくなる。もう時間切れ。最初の挫折である。

大学院時代

　大学院は，昆虫オタクやオーバードクターが蠢めく昆虫学ではなく，昆虫生理学で日本のファーブルとも言われた石井象二郎先生（故人）のおられた農薬生物学を選んだ。但し，石井先生はその年に既に退官されていた。大学院は合格したものの，卒論研究はできずにくすぶっていた時，背中から突然声を掛けてきたのが当時の農薬生物学講座で助手をされていた北村實彬先生だった。農薬生物学の講座は，農学部本館とは離れた農薬研究施設という場所にあり，化学と生物の2つの講座が共存していた。いずれも昆虫のフェロモンなどの生理活性物質の研究をしており，講座間の垣根は低かった。北村先生は，元々は化学畑の出身であったが，当時ブームになっていたカメムシ類の研究に興味を持っていた。カメムシの研究は理学部でも行われており，学部を越えたカメムシ研究会のようなものがあり，定期的に会合を持ったりしていた。私の人生を決定した「虫の惑星」の訳者である日高敏隆先生（故人）にお会いしたのもこの時である。北村先生は，クサギカメムシの生態学的研究を始めようとしており，私も北村先生の指導の下でその片棒を担ぐことになった。他の人達がナスフラスコ片手にフェロモンを抽出している研究室で，泥臭いフィールド研究が始まったのである。

　クサギカメムシは，春から秋にかけては果樹などを食害する農業害虫であるが，ちょうど鞍馬の火祭りが行われる10月末になると越冬を開始する（図6-2）。越冬は身を隠せる木の洞や洞窟で営まれると思われるが，ヒトが住む建築物もカ

図6-2　越冬実験のために作製した小屋の片隅で越冬するクサギカメムシ

メムシにとって良好な寝床
を提供する。京都の鞍馬や
北山以北に住む人達は，毎
年越冬のために民家に侵入
してくるクサギカメムシや
スコットカメムシに悩まさ
れている。冬になると京都
市の北約 35 km に位置する
芦生演習林の宿泊所に越冬
中のカメムシを採集に行く
（図 6-3）。押し入れの布団を
取り出すと，畳んだ布団の

図 6-3　採集のためにバイクで芦生演習林に（バイクは，研究室の先輩である佐久間正幸先生所有の，当時既にビンテージ化していたヤマハ RD250）

隙間から何百頭ものカメムシが採集される。北村先生の提案で，まずはクサ
ギカメムシの飼育実験から着手し，これが諦めかけていた私の卒論テーマと
なった。クサギカメムシは，卵を保護したり，集合して縄張りを作ったりと
いう昆虫学的興味をそそる様な行動は取らず，2 齢幼虫以降はどんどん分散し
ていってしまう。幼虫の飼育実験によって，高密度が幼虫の発育に負の効果
をもたらすという結果をまとめて卒論は出来上がった。

　日本応用動物昆虫学会（応動昆）で，人生初の学会発表を行ったものの，
会場の真ん前に座っていたカメムシを良く知る偉い先生から「クサギカメム
シは集合しないから，その結果は当たり前」と指摘されて，返す言葉もなく
撃沈。次の挫折である。しばらくは意気消沈して，この結果を論文として公
表することも断念した。しかし，自分自身が還暦をとうに超した今考えると，
この言葉は二十歳そこそこの若い研究者に掛ける言葉としてはあまりにも思
慮に欠け，同時に若者の研究意欲を削ぐ石頭的な発言であったと思う。「当た
り前」と最初っから決めつけていては何も始まらないし，「当たり前」の実験
から「当たり前ではない」事実が発見できる可能性があるからである。挫折
にもめげず，修士課程の 2 年間は，週に 2 回叡電に乗って鞍馬まで採集に行っ
て，アクリルケースに詰め込んだカメムシを電車で運ぶ変な学生として有名
になったり，一晩中カメムシが交尾する回数をカウントしたりしてしつこく
クサギカメムシを追い続けた挙げ句，ダメ研究者の修士論文が出来上がり，
これを元に応動昆に英文で初めての投稿を行った。稚拙な内容で，今となっ
ては恥ずかしい限りだが，唯一の成果はクサギカメムシの交尾時間が他のカ

メムシに比べて極めて短いことと，何回も交尾を繰り返すことの発見である。雄が自身の遺伝子を残す戦略として，トンボのように雌の貯精嚢から前の交尾相手の精子を掻き出してしまったり，交尾時間を長くすることで他の雄がパートナーと交尾することを邪魔したりする事が知られているが，クサギカメムシはそんなことはお構いなしに乱交するようである。成虫は冬の越冬期を例外として，夏期は集合せずに低密度で存在するために交尾の機会は希で，わざわざ他の雄を邪魔するような戦略を取る必要がないのかも知れない。この論文に，クサギカメムシの雌雄の交尾行動について説明した下手くそな絵を載せたが，その最初の行動に「雄が頭部で激しく床を叩いて振動させて雌に自分を認識させる」というようなことを書いている。当時は，その観察止まりでこれを深く掘り下げることはできなかったが，後年多くの研究者が，クサギカメムシのコミュニケーション手段としての「振動」について注目している。まさに "Serendipity" の欠如がもたらした結果であるが，これらの論文に辛うじて私の論文が引用されているのがせめてもの慰めである。当時は，「研究テーマとしては地味な存在のカメムシ」という先入観を持ってクサギカメムシに接していたが，それは全くの間違いだったのである。あろうことか，私が研究していた1980年代から現在に至る数十年間に，このカメムシのアジアから全世界への広範囲な侵略があり，今では世界的大問題となっているようである。大学院時代の後半には，寄生蜂（未同定）や寄生バエがクサギカメムシの個体群に少なからぬ影響を与えていることを知ったり，多回交尾をする性質を利用してコバルト60の放射で雄を不妊化する実験をしたりしたが，その全てが中途半端に終わっている。ところが，今ではこのような研究がクサギカメムシを駆除するための研究の主幹となっている。私が投稿した稚拙な3報の論文の引用数が今になってどんどん増加しているのは，嬉しいような恥ずかしいような複雑な気持ちである。

　将来の生活設計が決まらないまま，博士課程に進学することにした。当時の国立大学の授業料は，今とは比較にならないほど安かったし，育英会の奨学金や塾講師その他のアルバイト代が稼げたので，生活に困ることはなかった。ずっとカメムシ研究を引っ張って頂いていた北村先生は農水省に転属となり，研究室では孤立感を味わっていた。分野は違ったが，研究室で机を並べていた同級生野村美治さんは一足先にアース製薬(株)に，バイク仲間で酒飲み友達だった長久保有之さんは，住友化学にそれぞれ就職していった（彼らとは今でも親交があり，特にアース製薬開発部の野村美治さんとは共同研

究の形で 20 年以上お世話になっている）。それでも先輩の福井昌夫先生や佐久間正幸先生，同僚の高林純示さんや野田隆志さんにアイデアを頂いたり議論したりして，なんとか研究は続けていた。先に述べたように，雄のカメムシにコバルト 60 を照射して不妊化を試みたり，映画のエイリアンのように春先にカメムシ成虫の交尾器の付け根から大きな幼虫が脱出してくる寄生バエの寄生率を調べたりした。しかし，"Serendipity" 欠如のダメ研究者は次第に研究テーマに限界を感じ出し，さらには，このままでは将来路頭に迷うという危機感から，大学の研究生活からの脱却を考えるようになった。指導教官だった高橋正三先生にお願いして，幾つかの就職先を紹介して頂いたが，その一つが住友化学(株)（当時は住友化学工業(株)）であった。ちょうど，京都で国際昆虫学会が開催されており，宝塚にある同社の研究所の宮本純之主席（故人）が参加されるので，履歴書を持参せよとのことであった。急いで履歴書を作成し，京都国際会議場までバイクを走らせて履歴書を手渡したのが，私のサラリーマン研究者人生の始まりであった。

1-2 会社の研究員時代

ベクターコントロールの道に

　住友化学の研究所や事業部開発部での計 19 年は，ハエ，カ，ゴキブリに代表される衛生害虫の防除薬開発に終始することになる。ダメ研究者が配属されたのは，農薬開発第三研究室という部署で，当時の主力製品である各種ピレスロイドの薬事申請業務や新規化合物の開発研究，国内外の顧客（殺虫製剤の有効成分の販売先）への技術サービスを主な業務としていた。ピレスロイドとは，シロバナムシヨケギク（除虫菊）に含まれる殺虫成分（ピレトリンなど）の基本的な化学構造を模して合成された殺虫性化合物群の総称である。ピレスロイドが配合された殺虫製剤には，蚊取り線香，蚊取りマット，蚊取りリキッド，エアゾール，燻煙剤，油剤，乳剤等々と様々な製剤があるが，ハエ，カ，ゴキブリを使用したこれらの製剤の評価には専ら「チャンバー」と呼ばれる大小様々な試験室（あるいは箱）が使用される。新入社員の 1〜2 年間は，専らこのチャンバーを使用した殺虫試験に従事した。ピレスロイドによって影響を受けたハエ，カ，ゴキブリが「ノックダウン」したり「フラッシングアウト」したりすることを初めて知った。試験後のチャンバーは，次の試験のために綺麗に洗浄しなければならない。この洗浄作業で，毎日頭から水浸しになったり，指がふやけたりしながら，さすがのダメ研究者も，「毎

日これではかなわん」と思い始め，憂鬱になることもしばしばであったが，先輩達の仕事を学んでいくに従って，単純なチャンバーの試験にも立派な「科学」が存在することを知った。さらに，その「科学」が製品の価格を決定したり，顧客との価格交渉の理由付けになっていることを知った。

住友化学の研究所時代に幾つかの開発研究テーマを担当することになったが，私が入社する数年前に殺虫剤のスクリーニング試験でたまたま見つかった昆虫幼若ホルモン様物質（Juvenile hormone Mimic, JHM）の衛生害虫防除分野での開発がその中で最も大きなテーマであった。蚊取り線香やエアゾール剤と言った家庭薬とは異なり，ハエやカの幼虫を相手にする公衆防疫剤となることから，再び屋外のフィールドでの調査や試験が多くなった。直属の上司であった新庄五朗さんの指導の下，研究所のある兵庫県宝塚市から，社用車やバイクを運転して大阪の能勢町に毎週1〜2回通い，点在する防火用水に散布したJHM候補化合物の効果を見たり，養鶏場のケージ下に堆積する糞に散布した後のイエバエ成虫の数の変化を記録したりした。席を並べていた研究室の先輩，牧田光康さんからは様々なことを学ばせていただいた。牧田さんは，昆虫学を学んだ経験はなく，私が入社する数年前まで大阪にある住友化学の春日出工場で染料の製造をしていたたたき上げの方である。宝塚の研究所に移って来られてから，当時の千葉衛生研究所林　晃史先生の元で研修を受けて，微量滴下法（トピカルアプリケーション）などの殺虫試験技術を習得され，以降黙々と殺虫試験を続けられていた。工場出身の牧田さんは，常に作業の省力化や自動化を心がけており，昆虫の飼育法や試験法に関する様々なアイデアを提案し，それを実現させていた。この考え方は，私の研究にも後々生きてくることになる。

住友化学の製品を利用した海外の感染症媒介昆虫防除をプロモートすることを目的としたベクターコントロールチームが発足したのもこの頃である。研究所のメンバーと海外事業部のメンバーからなる混成チームである。後にマラリア対策用のオリセットネット（ピレスロイドを含有した長期残効型蚊帳）を開発して著名人となった伊藤高明さん（故人）がチームリーダーであった。事業部側のリーダーは川崎秀二さん（故人），これに私，庄野美徳さんなどがチームに加わった。屋内残留散布剤としてのフェニトロチオン水和剤や，ピレスロイドを配合する超微量（Ultra Low Volume, ULV）散布用製剤の販売促進をチームの主な目的としたが，開発中のJHMの最終候補となったコード番号S31183の化合物（ピリプロキシフェン）も，このベクターコントロール

チームの武器の一つとなった。チームメンバーは，アジア，オセアニア，アフリカ，中南米のいずれかを担当し，各々の地域において政府開発援助のバックアップや，自社剤の各国政府や JICA 専門家への紹介，フィールド試験の立ち会いなどを行った。

　ベクターコントロールについての知識が全くなかった私は，まず米国のサウスカロライナ大学で毎年行われていた Comprehensive Vector Control という 7 週間のショートコースに武者修行のために派遣された。生まれて初めての海外であった。米国に旅立つ同じ飛行機に，新任のニューヨーク駐在員として向かう隅田敏雄さんが同乗しており，右も左もわからない私を，国際線が降り立つケネディ国際空港から国内線に乗り換えるラガーディア空港までタクシーで送って頂いた。「じゃ，頑張って！」と肩を叩かれて別れてからはずっと一人で，かなり心細かったのを覚えている。ショートコースには，インドから 12 名，スリランカから 3 名，中米のベリーズから 2 名，ケニアから 1 名，そして私の計 19 名が参加していた（図 6-4）。講義と実習は，"Wedge" と呼ばれるサウスカロライナの海岸沿いにある奴隷時代のプランテーションの建物の中で缶詰状態で行われた（図6-5, 6）。宿舎もその敷地内なので，缶詰と言うよりは刑務所に近かった。英会話のままならなかった私は，講義どころか日常生活での会話のやりとりも不自由で，四苦八苦した。蚊の分類もしたことのなかった私であったが，実際の蚊の標本を使って成虫や幼虫を分類する実習はとても興味深く，唯一 100% 理解できた内容であった。当時は知るよしもなかったが，その分類の講義は R. F. Darsie（故人）という蚊の分類学の大家

図 6-4　サウスカロライナ大学 "Wedge" でのショートコース参加者
左から 1 番目，3 番目はコーディネーターの Tidwell 夫妻。

図 6-5　Comprehensive Vector Control のショートコースが行われたサウスカロライナ大学 "Wedge"

図6-6　超微量（ULV）散布機の実験風景（中央の白い帽子がDarsie先生）
（米国サウスカロライナ大学）

が受け持っていた。輸入中古タイヤによる日本のヒトスジシマカの米国への侵入が問題視され始めた頃で，先生も調査の準備をしていたらしく，ヒトスジシマカに関する日本語の論文（たしか「衛生動物」の論文だったと記憶している）を渡されて英訳を頼まれた。当時はインターネットなどなく，一般的な英和辞典しか持っていなかった私は，かなりの意訳で専門用語を英語に直して先生に渡した。冷や汗ものであるが，ダメ研究者の私にとってはこれも良い勉強となった。最近になって，ネパールのネッタイシマカの調査をしたときに見つけた論文がDarsie先生の論文であった。1990年の先生の調査では，少なくともKathmandu周辺にはヒトスジシマカは分布するがネッタイシマカは分布していなかったという重要な情報を提供する論文で，ひょっとしたら私の拙い英訳が先生のお役に立っていたかも知れないと思うと感慨深い。

　“Wedge”でのショートコースが終わると，参加者はそれぞれ自国に帰ってベクターコントロールに関連した仕事に戻るわけであるが，寝食を共にしたという連帯感は良い人間関係を築くことになる。E-メールもなかった時代だったので，ショートコース修了後は参加者との情報のやりとりはあまりなかったが，コーディネーターだったTidwell夫妻が離婚したという悲しいお知らせをTidwell夫人から手紙で受け取ったり，何年も経ってからスリランカからの参加者から会社に電話があって旧交を温めたり，年度は違うが同じショートコース参加者にパプア・ニューギニアでたまたま会って，共通の話題に花が咲いたりと，このコースに参加したことは少なからず私にとっては良い経験となった。

　会社に戻った私は，再び元の業務に戻ることになる。何とかピリプロキシフェンの薬事法製造承認にこぎ着け，小さなマーケットながら細々と売れるようになっていった。ベクターコントロールチームでは，オセアニアの担当をさせて貰い，ソロモン諸島やパプア・ニューギニアに短期間の出張をするようになった。当時ソロモン諸島には，長崎大学熱帯医学研究所の鈴木　博

先生と金沢大学の岡沢孝雄先生が JICA の専門家として赴任されており，ピリプロキシフェンのハマダラカ幼虫を対象としたフィールド試験などで大変お世話になった（図 6-7, 8）。その後，Florida 島を 4 区画に区切ったフェニトロチオン水和剤の屋内残留散布剤としてのフィールド試験をソロモン諸島国政府が実施

図 6-7　ハマダラカ *Anopheles farauti* 幼虫の採集（ソロモン諸島）

図 6-8　ピリプロキシフェンの効果確認中の共同研究者 Bakote'e（左から 2 番目），鈴木　博先生（左から 3 番目）と岡沢孝雄先生（左から 4 番目）（ソロモン諸島）

図6-9 ソロモン諸島国 Florida 島の残留散布チーム

図6-10 フェニトロチオン水和剤の屋内残留
散布（ソロモン諸島）

することになった（図6-9, 10）。海外協力隊の若者2人が島に貼り付いて，マラリア媒介蚊（*Anopheles farauti* と *Anopheles punctulatus*）の個体数調査や住民の血液中に存在するマラリア原虫の有無の顕微鏡による診断を行った。何回か彼らを訪問して労をねぎらったが，辛い仕事を淡々とこなしている彼らを見ると，この調査が彼らのこれからの人生にプラスとなってくれることを願わずにはいられなかった。

ダメ研究者，殺虫剤抵抗性に白旗を掲げる

　会社での研究生活は14年間に及んだ。後半の数年間は，畜舎のイエバエの殺虫剤抵抗性と直面することになる（図6-11）。年に2回ほど，宮崎県の豚舎を訪れては，当時のヤシマ産業(株)斎賀丈範さん，椿洋一郎さん（故人），田村佳子さんらのお世話になり，さらに同僚の高田容司さんなども加わって，抵抗性イエバエの防除トライアルを実施し，抵抗性イエバエ対策剤と銘打った製剤を幾つか開発した。養鶏場や養豚場は，大体民家の少ない郊外にあることが多く，ここに発生するイエバエ，オオイエバエ，ヒメイエバエといったハエ類は，他からの個体群の移入のない地理的に極めて限定された場所で

世代を繰り返すことになる。業者さんはハエ類の発生を抑えるために殺虫剤を使用するが，通常2週間程度で世代交代するハエ類は，上記のような状況下では驚くほど早く殺虫剤に抵抗性を示すようになる。ハエの発生数が減らなくなると，さらに強い殺虫剤を使ったり，散布量を増やしたりしてこれに対処せざるを得なくなる。そうすると，ハエはさらに抵抗性を強めるという悪循環に陥る。日本国内のほとんどの場所でこの悪循環が起こっている。

図 6-11　ごみ埋め立て地（東京・夢の島）におけるスミラブ粒剤の散布（筆者）

　殺虫剤には，安全性が高く効力も高い各種ピレスロイド剤が使用されることが多いが，どのピレスロイドも殺虫剤としての作用点は同じであるために，種類を変えることにはあまり意味がない。通常使用されるフェノキシベンジルアルコール分子を有するピレスロイドに比べ，それ以外のアルコール分子を有するピレスロイドは，抵抗性イエバエのノックダウンを速めることができるが，致死させる力は弱くなる。代謝を抑える協力剤を配合したり，作用機作の異なる有機リン剤などの殺虫剤との合剤にしたりと，様々な工夫を凝らしてみたが，結局害虫を殺すことを目的とする限りは抵抗性の発達は避けられないというのが結論となった。先に述べた昆虫ホルモン様物質（JHM）についても同じ事が言える。当初は理想の殺虫剤と思われた JHM も，多用すると早期に抵抗性発達が起こることが実験的に証明されてしまった。殺虫剤を開発する企業にとって，抵抗性の研究は極めて大事なものであると同時に，ある意味では触れてはならないタブー的な側面もある。画期的な対策法が見つからない限り，販売促進は進めたいものの，過度な使用は控えて欲しいと言わざるを得ないジレンマに陥ることになる。ダメ研究者はここで白旗を掲げることになる。

1-3 長崎大学での第二の人生

ダメ研究者，大学に戻る

　企業の研究者の常として，私も14年の研究生活の後に東京の本社に転勤となった。大阪の茨木市に小さな一戸建ての家を購入したばかりの時期に，東京へ引越すことになった。家族（妻と子供3人）を伴っての会社借り上げのマンション暮らしとなったが，私の都合で子供達からは住み慣れた家や友人を奪うことになってしまった事を申し訳なく思っている。私自身も父親の転勤で何度も転校したが，転校は子供にとってはかなりなストレスになると思う。大阪の家は他人の手に手放すことになったが，皮肉なことに，開発部は私の転勤の3年後に私が元居た宝塚の研究所内に移転することになり，この時点で家族を東京に置いたまま単身赴任生活をすることになってしまった。生活環境事業部開発部では，幾つかの自社新規開発品の他に，既存の製品の用途拡大，他社からの導入候補化合物，シロアリ防除剤を含む木材保護関連製品，答えの得られない抵抗性対策問題等々，一人では処理しきれないようなたくさんのテーマを抱え込んだ。国内外の他社との製品開発に関わる契約書作成という業務がこれに加わる。ストレスフルな職場環境であったが，開発部長の浅尾修一郎さんや宮門正和さん，先輩の栗原雄司さんや同僚の片山泰之さん，安藤千枝さんが部内の空気を和らげてくれたおかげで，かろうじて楽しく仕事ができた。週に1回から2回のペースで東京—大阪間を往復し，何とか業務をこなしてはいったが，終始感じていたのは，自分自身の手を動かして実験データを得ることができないことへの苛立ちであった。チームをまとめて大きな予算を動かし，一つのテーマを完成させていくことよりも，ダメ研究者ながら世間から見ればつまらない些細な疑問をコツコツと地味に明らかにしていく作業への憧れがずっと燻っていた。

　そんなときに1本の電話が鳴ったのである。電話口には，当時の長崎大学熱帯医学研究所教授の高木正洋先生の声が響いた。高木先生が長となっている生物環境分野（現在の病害動物学分野）の教官として長崎に来ないかということであった。高木先生は，日本衛生動物学会の分科会的な組織 Vector Ecology and Control Association（VECA）を主催されており，疾病媒介蚊の生態研究ばかりではなく，これに根ざした防除の研究にも理解を示されていた。私もこの分科会には学会の度に参加させて貰っており，大学の先輩という関係でありながらも，高木先生には近づきがたい畏敬の念を持って接していた。

この有り難いお誘いに対して，ダメ研究者が果たしてやっていけるのかという不安はあったものの，私の背中を強く押したのは，燻っていた研究への憧れと，当時既に2年間の単身赴任生活を送っており，大阪に居ても長崎に居てもあまり状況は変わらないだろうという投げやりな安心感だった。話はトントン拍子で進み，結局年度の半ば（9月）に19年間勤めた住友化学を退職することを決心した。途中で仕事を投げ出して夜逃げするような形となってしまい，会社の上司や同僚，さらには付き合いのあった他社の方々には多大の迷惑をおかけしたことと思う。恨まないで頂きたい。

　高木先生のおられた病害動物学分野は，主に疾病媒介蚊の生態研究を主なテーマとしていた。研究の舞台はアジアやアフリカの熱帯地域である。当時助教としておられた都野展子先生（現在は金沢大学）もアフリカのケニアに長期出張したまま帰っておらず，しばらくは会えなかった。少なからず縁のようなものを感じたのは，会社時代にソロモン諸島でお世話になった鈴木博先生がJICA専門家の任期を終えて，隣の部屋におられたことである。熱帯医学研究所に移った最初の半年ほどは，疾病媒介蚊に関する知識を高めるための勉強と自分の研究テーマ探しに費やした。サラリーマン気分がなかなか抜けず，研究室の雰囲気にもなじめず，部屋に閉じこもりきりだったので，周囲からは厄介な変人がきたと思われていたかも知れない。会社の開発部時代は，潤沢な出張費を思う存分使って，好きな時に好きな所に出張できていたが，予算が限られている大学ではそうもいかない。何をするにしても自分で研究費を稼がないといけないのが大前提で，情報収集のための出張にしても，その理由に関連した研究予算からの支出でなければならない。大学に赴任したての私に研究予算があるわけがなく，しばらくは実験のための資材は自費で賄うか，高木先生のスネを齧らざるを得なかった。

　いきなりフィールドに出て調査する勇気もアイデアもなかったので，まずは実験室内でできる行動実験に的を絞った。ネッタイシマカとヒトスジシマカはいずれもデング熱媒介蚊として重要な種であるが，生息場所や行動が異なることが生態的調査によって何となく知られていた。私は，両種の生態的な違いの原因として，蚊の視覚に注目した。当時横浜市立大学におられた蟻川謙太郎先生にお願いして，蚊の複眼の構造を観察する方法を学び実験に移った。蚊の頭部をパラフィンに固定し，ミクロトームで薄い切片を切り出して蚊の複眼の断面図を顕微鏡で撮影するという手法であるが，当時別の大学から来て卒業研究のお手伝いをした島袋　梢さん（現在は神戸常盤大学）には

多大な実験協力を頂いた。この実験と同時に，赤外線通過センサーを利用して蚊の吸血行動を自動で記録できる装置を考案し，両種の行動実験も試みることで，一定の成果を得たと自負している。

デング熱媒介蚊を防除するための新しい試み（ベトナム）

長崎大学での第二の人生が始まって1〜2年が過ぎたとき，殺虫剤を開発する会社に19年間勤めた経験上，やはり自分の役目はこの経験を生かしたモノであるべきだし，周囲の目もそう見ていると言うことに気づき始めた。そこで，まずはベトナムのHanoi市にあるNIHE（National Institute of Hygiene and Epidemiology）のNguyen Thi YenさんやNguyen Thuy Hoaさん，Ho Chi Minh市のPasteur InstituteのLuu Le Loanさんの協力を得て，当時住友化学が販売を開始した常温揮散ピレスロイド（メトフルトリン）を使用した空間忌避デバイスによるネッタイシマカ防除試験を実施することにした。メトフルトリンは，当初は折りたたみ式のハニカム構造を有する紙（デングリ紙）にしみ込ませただけのデバイスであった（図6-12）。この初期のデバイスについては，当時インドネシアのLombok島に駐在していた前川芳秀先生（現在，国立感染症研究所）の協力の下，いくつかの予備的試験を行っており，長期の残効性は望めないものの蚊に対する空間忌避効果は十分期待できることが証明されていた。その後，幾つかの改良を重ね，現在ではプラスティック樹脂に含浸させて持続性も併せ持つデバイスに進化している。その進化の途中過程にある試験デバイスについての効果確認をするわけである（図6-13, 14）。当時は，調査地のデング熱媒介蚊（ネッタイシマカ）の殺虫剤感受性のチェックも行わずに試験を行っていたが，後に実施したベトナム全土のネッタイシマカのピレスロイド感受性調査結果から考えると，かなりのピレスロイド抵抗性を発達させた個体群だったと思うが，結果は良好なものであった。

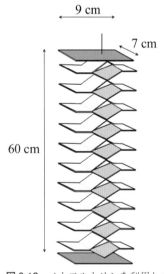

図6-12 メトフルトリンを利用した空間忌避デバイスの初期タイプ（デングリ紙）

ベトナムの農村部では，飲料水その他の確保のために水瓶を使用する。大きな水瓶

図6-13 メトフルトリンを含有する
樹脂デバイス（ベトナム，Haiphong）

図6-14 メトフルトリンを含有する樹脂デバイス
（ベトナム，My Tho）

が大量に家屋の周囲に並べられるが，これがネッタイシマカの発生源となっている。東南アジア諸国では，この水瓶にテメフォスという有機リン化合物を投入して幼虫を殺すことを防除の一手段としていたが，当時のベトナムでは，このような殺虫剤の使用は認められておらず，専ら水瓶に蓋をすることや，幼虫が発生しにくい環境作りが実践されていた。蚊幼虫の天敵となるコペポード（ケンミジンコの1種）を飼育して増やし，人海戦術で家々の水瓶に放つという方法も行われていた。私は，上記のメトフルトリン含有樹脂デバイスを水瓶の蓋に取り付けて，ネッタイシマカ成虫が水瓶の水に産卵しないような空間忌避的防除法を思い付き，Ho Chi Minh の Pasteur Institute の Trang T. T. Huynh と共に早速実験してみた。結果は非常に興味深いもので，メトフルトリンによる空間忌避効果は抜群であるが，同時にメトフルトリンが水中のコペポードを殺してしまうことがわかった。

　そこで次に，まずは水瓶にネッタイシマカが産卵しないように，全ての水瓶に蓋をすること，さらにこの蓋に有効成分が蒸散して水中に溶け込まないと思われるピレスロイドを含有するネットを併用することを思い付いた。既に世の中に出回っていて，この目的にとっておきだったのが，ペルメトリンを有効成分とするオリセットネットであった。ベトナムはもともと社会主義国家なので，政府機関主体でコミュニティに働きかければ，物事は驚くほど迅速に進む。あっという間に，試験用の水瓶の蓋が調達できた（図6-15）。ベッドネットに縫製する前のオリセットネットの反物はベトナムの工場で製造しているので，これも容易く手に入った（図6-16, 17）。あとは人海戦術である。

図6-15 試験用に準備したトタン製
の水瓶の蓋（ベトナム，Tan Chanh）

図6-16 オリセットネット反物を水瓶蓋用にカッ
ト（ベトナム，Tan Chanh）

図6-17 水瓶にオリセットネット
付きの蓋をセット（ベトナム，Tan
Chanh）

Ho Chi Minh 市の南 30 km に位置する Tan Chanh で，400 軒ほどの家を対象とした中規模試験を開始することになった。試験開始前後の昆虫学的調査は，NIHE に駐在していた熱帯医学研究所の角田　隆先生（現在，茨城県園芸試験場）に指揮を執ってもらい，デング熱抗体の検査には長谷部太教授の力をお借りした。

kdr ハンター誕生

2006 年から 2008 年にかけての 3 年間は，大学のベトナム拠点のスタッフとして Hanoi の NIHE（National Institute of Hygiene and Epidemiology）に赴任していた比嘉由紀子先生（現在，国立感染症研究所）が計画していたベトナムのシマカの分布調査に同行して，ネッタイシマカとヒトスジシマカのピレスロイド抵抗性を調査した。ピレスロイド抵抗性には幾つかの種類があるが，作用点であるナトリウムチャンネルのミューテーションによってもたらされる抵抗性（knockdown resistance, kdr）が最も厄介な問題である。DNA のシーケンシングが一般的でなかった時代には，このミューテーションの有無を確かめるためには，一つの染色体上に視覚的にわかる表現型（複眼が白いなど）を示す遺伝子マーカーを持つ個体を作り，この系統と野生系統を掛け合わせることで，どの染色体のどの辺りの位置に抵抗性遺伝子が存在するかを推定するという極めて煩雑な方法を取らざるを

得なかった。現在では，DNA シーケンシングをすることによって，遺伝子上のどの部位の塩基配列にどんな塩基置換があるかを知る事ができる。この手法には全く明るくなかった私は，国立感染症研究所の冨田隆史先生，葛西真治先生，駒形　修先生から手ほどきを受け，熱帯医学研究所の共同実験室にあったシーケンサーを使って，ネッタイシマカの電位感受性ナトリウムチャンネル（Voltage-Sensitive Sodium Channel, VSSC）のミューテーションを解析する技術を身につけた。

　生物を使った実験は，生物のコンディションや試験環境の違いによって結果が微妙に異なるのが普通で，そのために反復回数を増やしたり，結果を統計処理したりする必要が生じる。これに対して，シーケンシングによって出た答えは何回やっても一つである。このある意味数学的な解の出方が私には向いていたのかも知れない。この手法を使ってさらに発展的な研究にまで高める能力もやる気もなかったダメ研究者は，ただひたすら世界各地の *kdr* を追い求めることのみを喜びとする *kdr* ハンターとなっていった。虫を採集し，バイオアッセイし，シーケンシング用のサンプルを作り，酒を飲んで寝るというバカ単純作業が，ベトナムを皮切りに，ミャンマー，ネパール，ケニア，マラウイ，ガーナ，そして日本で繰り返されていった（図 6-18）。

　ベトナムでの 3 年間に亘る調査で，F1534C というネッタイシマカの VSSC のポイントミューテーションが広範囲に分布していることが発見された。*kdr* ハンターと化したダメ研究者は，ここでも "Serendipity" 欠如による失態を露呈することになる。第 4 章で詳しく述べているが，この F1534C の頻度は比較的高かったものの，F1534C の頻度分布とネッタイシマカのピレスロイド抵抗性には，有意な相関性が見出せなかったのである。特に中央高地（Highland area）においては，明らかなピレスロイド低感受性が見出されたのにもかかわらず，F1534C がほとんど分布していないことが不可解な問題として残った。当時は，*kdr* ではない代謝

図 6-18　放置タイヤからの幼虫採集（ネパール，Bharatpur）

抵抗性が Highland では重要な抵抗性因子ではないかと予想し，ベトナムの関係部署（NIHE やホーチミンのパスツール研）に Highland での再調査を行うための働きかけをした。代謝抵抗性を明らかにするためには，ピレスロイドの協力剤添加による生きたサンプルを使用したバイオアッセイが必要だったからである。しかし，両関係部署からはあまり良い返事は返ってこなかった。Highland 地域は，それぞれの関係部署だけでは決定できない政治的な理由があったようである。何も出来ないまま 10 年以上経った現在に至って，やっとこの疑問が解決されることになる。近年になって注目され出した VSSC ミューテーションである L982W が重要な役割を負っていたのだ。感染研の葛西先生の依頼により，ベトナムにおける過去の採集サンプルの DNA について再解析を行ったところ，この L982W ミューテーションが F1534C よりも高頻度でベトナム全土に存在していたことがわかった。しかも，L982W の頻度分布はベトナム南部に集中しており，F1534C が検出されなかった中央高地においても高頻度で検出され，ピレスロイド抵抗性と L982W 遺伝子頻度との間には強い相関があることがわかった。つまり，十数年以上前の採集サンプルに答えは既にあったのだった。

住友化学との共同研究でアフリカへ

ある日，古巣の住友化学からメールが入った。当時の大庭成弘常務，津田重典農業化学業務室長，そして梅村武明農業化学品研究所長（故人）が長崎大学熱帯医学研究所を訪問したいという内容であった。ベクターコントロールチームの活動やオリセットネットの成功が功を奏したのか，住友化学としては今後更にベクターコントロール事業に注力したい（後にベクターコントロール事業部が発足することになる），については長崎大学熱帯医学研究所との共同研究を行って，新しい感染症媒介蚊防除技術を開発していきたいというのが主な趣旨であった。こうして，住友化学が多大な共同研究費を負担し，高木先生を代表者とする長崎大学熱帯医学研究所チームと住友化学農業化学品研究所チームとの共同研究契約が締結された。熱帯医学研究所とケニア中央医学研究所（KEMRI）との間の共同研究プロジェクト（NUITM-KEMRI プロジェクト）にも一部の予算が回された。

研究の対象となるフィールドは，当時ケニアの International Center of Insect Physiology and Ecology（ICIPE）で活動していた皆川　昇先生（現在の熱帯医学研究所病害動物学分野教授）がフィールドとしていたケニア西部のビクトリ

ア湖畔地区である。それ以降現在に至るまで, 当初に比べれば予算規模は縮小されてはいるが, 元同僚の庄野美徳さんや石渡多賀男さんのおかげで住友化学との共同研究は継続されている。

　それまで, アフリカにはタンザニアに3回ほど調査に出かけた程度で, しかもカウンターパートにお願いした仕事を側で見ているだけだった私は, お世辞にもフィールド学者とは言えなかった。自分自身の考えで調査を計画し, 自分自身の身体でフィールドを歩き回り, 結果を出す本当のフィールド調査を行うには絶好の機会である。共同研究のフィールド調査のメンバーとして全く期待はされていなかった私であるが, そんな動機の元に高木先生にお願いしてメンバーに加えて貰うことにした。必要機材を買い集めて予めケニアに送っておき, 当時ポスドクだった前川芳秀先生（現在, 国立感染症研究所）と共にケニアに向かった。2009年の春のことである。

　まずは, 調査に必要な車の調達である。ケニアには日本製の中古車がたくさん走っているが, かなり高価である。しかも, オートマティック車よりマニュアル車の方が値段が高く, 需要が大きいので手に入りにくい。オートマティック車は故障した時に修理が困難であるというのが理由のようだ。大都会のナイロビではまだしも, これから向かうビクトリア湖畔の村ではまずまともな修理は望めない。中古車屋を何軒も回ったが, 10万km走ったマニュアル車が4万km走ったオートマ車よりも価格が高いのには驚いた。結局, 走行距離4万5,000kmのトヨタのオートマ車, ランドクルーザー・プラド（千葉県の釣り好きが使っていた痕跡があった）と, 信じがたいが新車だというトヨタ（タイ製）のハイラックス（こちらはマニュアル車）をそれぞれ300万円ほどで購入した。こうして, 手探りながら調査の準備が次第に整っていった。最初の3年ほどは, 1年の3分の2ほどはケニアの調査地で暮らしていたと思う。

　Nairobiから調査地までは, 車でシャカリキになって走って約8時間かかった。Nyanza州のKisumuというケニア第3位の街までは, 比較的道路が整備されており比較的スムーズに来られる。Kisumuからのルートには二つあって, 一つはビクトリア湖岸を北回りで西に90kmほど進んだ所にあるフェリー乗り場からフェリー（図6-19）で行く方法, もう一つは南回りで250km陸路で行く方法である（図6-20）。Kisumuから行くのであれば圧倒的にフェリーを使った方が早くしかも楽であるが, Kisumuには寄らずにKericho（お茶の産地）→ Rongo経由で行くのであれば, 陸路でもフェリーでも時間はさほど変わらない。ただし, 陸路には若干危険が伴う。毎年5月と11月頃に訪れる雨期に

図 6-19　Mbita の港に停泊中のフェリーボート（ケニア，Mbita）

図 6-20　ビクトリア湖岸を走る陸路

なると，大水で道路が遮断されて通れなくなる（図 6-21）。遮断されていなくても，ドロドロの泥濘になって，車がスタックすると一巻の終わりである（図6-22）。雨は降らなくても，目的地の Nyanza 州 Mbita まで 40 km の Homa Bayからの道はとんでもない悪路で，漬物石のような大きな石ころと陥没が続き，まるで月面を走っているのかのような感覚になる。車の運転が嫌いではない私は，陸路を好んで走ったが，この過酷な道路状況に加えて，車の故障が怖い。パンクは日常茶飯事。

　ある日，Kericho から下る山道で夜になってしまい，車がエンストしてしまったことがある。原因がわからず，野宿を覚悟していた所に通りかかった現地の人が手伝ってくれて，電気系統の単純な断線とわかり野宿を免れたが，今思うと冷や汗ものである。ケニアのヒトの親切が身にしみた。日本ではこうはいかなかったであろう。トヨタのプラド君には数万 km 走ってもらい，非常にお世話になった。悪路の運転で酷使したため，サスペンションは 4 本とも交換することになった。毎日のようにパンクを続けていたためにチューブレスタイヤも穴だらけとなり，しまいにはタイヤの中にチューブを入れて，普

図 6-21　突然空が一転かき曇り，とんでもない土砂降りになるが，数分で止み，何事も無かったように晴れ上がる（ケニア，Mbita）

図 6-22　泥道でスタックしたバスとトレーラー　この後，私の車でバスを引っ張り上げることになる（ケニア，Mbita）。

通のチューブタイヤとして走行し
ていた（図6-23）。エンジンも悲鳴
を上げていたようで，5年ほど頑
張って貰ったが，ついにちょっと
した坂道も登れなくなってしまい，
泣く泣く廃車となってしまった。

ケニアでの調査

調査地の中心になるビタには
ICPE の研究所があり，多くの研究
者がここを拠点として調査を行っ
ていた。私は，NUITM-KEMRI プ

図6-23　パンクは日常茶飯事（ケニア，Mbita）

ロジェクトが借りている ICICE 内の宿泊施設 2 棟の一つを仮の住まいとした。
2 階には 3 部屋あり ICIPE を訪れる研究者が泊まれるようになっていた。1 階
はキッチンとリビングルームであるが，キッチンにサーマルサイクラー（PCR
の機械）などの実験機器を置き，リビングルームは蚊の飼育室兼実験室とし
て使わせて貰った（図6-24, 25）。アフリカのマラリア媒介蚊をマジマジと見
たこともなかった私は，まず調査地周辺の発生源となる場所を巡って幼虫を
採集することから始めた（図6-26, 27）。当時は全く無知であったが，水辺に

図6-24　ICIPE 宿泊施設のキッチン
を実験室に
写真は採集した蚊の DNA 抽出をして
いるところ（写真右は，後に命の恩人
となる Fredric Sonye）（ケニア，Mbita）。

図6-25　リビングは飼育室兼実験室にした
手前は，WHO チューブで殺虫剤感受性試験をしてい
るところ（ケニア，Mbita）。

図 6-26 ビクトリア湖畔のハマダラカ発生
源調査（ケニア，Gembe 地区）

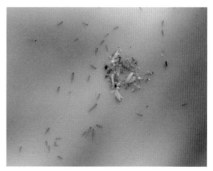

図 6-27 水溜まりに発生するハマダラカ
Anopheles arabiensis 幼虫（ケニア）

はワニが生息し，年に何人かはワニの犠牲になる。発生源調査中「ワニに気
をつけろよー」とよく声を掛けられ，ジョークと思って聞き流していたが，
実際には危険を伴っていたらしい。知らないと言うことは恐ろしいモノであ
る。同様に湖畔に生息するカバは夜行性なので昼間襲われることはないが，
夜になると湖岸から道路を挟んだメイズ畑にまで出張してきて，不幸な遭遇
者を噛み殺すこともあるらしい。採集してきた幼虫を実験室で飼育して，羽
化した成虫について殺虫剤感受性試験を行った。調査した地域では *Anopheles
arabiensis* が主な種で，同じ *Anopheles gambiae* グループの *Anopheles gambiae*
s.s. は希であること，いずれもピレスロイドに対して抵抗性であるが，前者は
代謝抵抗性，後者は *kdr* ミューテーションによる作用点の抵抗性であること
がわかった。

　調査地のハマダラカの実態が大体わかってきたので，次に現地でマラリア
対策として使われている長期残効型殺虫剤含浸蚊帳（LLIN）がどの程度現地
のハマダラカに有効であるのか？，これが有効ではない原因は何か？，その
原因を克服する手段は何か？等のテーマについて調査を行った。成虫の調査
は，アフリカでは Spray Sheet Catch という方法をよく用いる。これは，民家
に大量のピレスロイド殺虫剤（最近ではエアゾール製剤が用いられる）を噴
霧し，床に敷いた白いシーツにノックダウンしてくる成虫を集めるという方
法である（図 6-28, 29）。かなり力業（ちからわざ）の無茶な方法であるが，
成虫の数だけを調べるのには簡便で良い方法である。また，ゴキブリなど蚊
以外の害虫も退治できるので，住民の調査協力を得やすいと言う利点を持っ
ている。しかし，殺虫剤の影響が数日残るので連続した調査ができない，殺
虫剤抵抗性の蚊を 100% 捕獲できているか疑問，生きた成虫を採集する目的

には不向き，エアゾール製剤を調達するために資金が必要という欠点がある。私は，採集した成虫から次世代を得たかったので，専らこの方法ではなく，早朝に民家を訪れて，吸血後に土壁に休息している成虫を電動吸虫管で捕獲する方法を取った（図 6-30）。

　調査地の家屋は，土と牛糞をこね合わせて木枠に塗り固めた壁に囲まれた構造をしており，屋根は茅葺きかトタン葺きである（図 6-31）。早朝で外は明るくなってはいるが，窓の少ない民家の中は真っ暗なので，懐中電灯で壁を照らしながらの採集になる。視力の悪い人には不向きな仕事である。近眼

図 6-28　ピレスロイド配合エアゾール剤による Spray Sheet Catch 法（1 名は家屋の中にスプレー，他の 1 名が外に蚊が逃げ出さないように家の外部からスプレーする）（タンザニア）

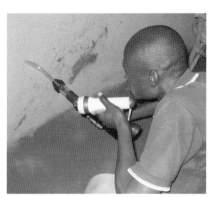

図 6-30　電動吸虫管によるハマダラカ成虫の採集
カメラのフラッシュで明るく写っているが，実際には真っ暗である。人物は，調査アシスタントの Fredric Sonye（ケニア）。

図 6-29　スプレー後に白いシーツにノックダウンした蚊を回収する（タンザニア）

図 6-31　調査地の典型的家屋（ケニア）

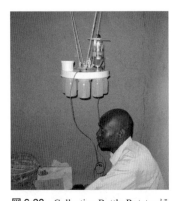

図 6-32 Collection Bottle Rotator に CDC トラップを装着
　バッテリーは，トラップ用と Rotator 用に 2 個必要（ケニア）。

図 6-33 調査中に車が泥道でスタックするのは日常茶飯事（ケニア）

図 6-34 早朝の湖を船で調査地まで（ケニア）

に加えて老眼が進んできた私には辛い仕事であったが，慣れてくると視力の優れた現地スタッフに負けないくらいの捕集成果を上げられるようになった。米国の John W. Hock 社が販売している Collection Bottle Rotator Model 1512（図 6-32）という高価な機械を購入して，家屋に侵入するハマダラカが何時頃にヒトを吸血しているかについても調査したが，夕方 2 時間ほど掛けて調査地に移動して Collection Bottle Rotator を装着した CDC トラップを仕掛け，次の日の早朝にまた車で 2 時間の道のりをトラップ回収に出かけるという調査を 100 回以上続けた（図 6-33）。Mfangano という島でこの調査を行ったときには，船外機付きのボートを使って同様な調査を繰り返した（図 6-34）。この機械は，プログラム可能なタイマーによって，装着した 8 つのボトルホルダーを回転させ，希望の時間帯にボトル内にトラップされた蚊の数を記録できるというものだが，バッテリー切れやその他のアクシデントでプログラム通りに装置が動かないことが時々ある。その場合はデータが取れないということになるが，ダメ研究者は意外とこういうトラブルには落胆することなく，ただ闇雲に反復を増やしていった。

新しいマラリア媒介蚊対策を考える

　調査地は，ケニアでも有数のマラリア浸淫地である。子供達の熱帯熱マラリア原虫陽性率は 30% 以上に達する。長期残効型殺虫剤含浸蚊帳（LLIN）の配布は 2000 年頃から始まり，10 年間でそこそこの成果は上げていたが，マラリアの減少率は予想外に低かった。LLIN を正しく使用していれば，ハマダラカに吸血される機会が激減してマラリアは確実に減っていくはずであるが，そうならない理由に LLIN の普及率の高さの影に隠された「不都合な真実」がある。その一つは，適正な LLIN の使用がなされていないことである。調査地の LLIN を見ると，明らかに大きな穴が開いてしまっているものが多く見られる。殺虫剤（主にペルメトリンやデルタメトリンといったピレスロイド剤が使用されている）が配合されているとは言え，穴が開いてしまっていてはハマダラカは容易に LLIN の中に侵入できてしまう。もう一つの理由は，LLIN を使用できない子供が想像以上に多いことである。配布された LLIN は寝室のベッドに常設され，その家の夫婦と乳児はその中で寝られるが，乳離れした子供達は別室（リビングルームなど）で寝ることになる。リビングルームにはベッドは置かれていないために，LLIN の常設はできない。家具や椅子などを利用して LLIN を毎晩張らなければならないと言う事態になる（図 6-35，36）。私が「フネスタスハウス」と呼んでいた家では，毎朝ハマダラカ成虫の採集に行く度に 50〜100 頭近い *Anopheles funestus* s.s. の雌が採集でき，しかもそのほとんどが吸血済みの成虫であった（図 6-37）。この家には，毎晩 5〜6 名の子供が LLIN 無しに寝かされているという話であった。これでは，マラリア

図 6-35　リビングルームに張られた LLIN（オリセットネット）の中で眠る赤ちゃん（ケニア）

図 6-36　リビングルームのソファの脚を利用して LLIN を張って眠る子供と，あぶれて LLIN を使用できない子供（ケニア）

図 6-37　電動吸虫管で 1 軒の家から採集されたハマダラカ雌成虫
ほぼ100％が吸血している。次の朝採集しても同じだけの吸血蚊が採れる（ケニア）。

ケニアの家屋

マラウイの家屋

ガーナの家屋

タンザニアの家屋

図 6-38　アフリカの家屋に普通に見られる換気用の eaves

に罹らないでいる方が難しい。

アフリカの家屋（特に農村地域）は，主に換気のために屋根と壁の間に「eaves」と呼ばれる隙間を作る場合が多い（図 6-38）。これは，泥と牛の糞を混ぜ固めて作られたテンポラリーな家（数年経つと老朽化して建て替える）でもレンガやブロックで作られたパーマネントな家でも普通に見られる構造である。ハマダラカは当然この隙間を軽々と通り抜けて家屋に侵入してくる。これでは，LLIN をいくら適正に使っていても，就寝前や早朝に LLIN から出た時に蚊の餌食になってしまう。そこで，苦肉の策として考え出したのが，「天井スクリーン」であった。住友化学は，オリセットネットの樹脂製造から縫製までをタンザニアやベトナムの工場で行っており，蚊帳にする前のネットは反物として手に入る。まず，このオリセット反物を縫製して，図 6-39 のようなシート状のネットを作って貰った。これを家屋の屋根に取り付けるわけであるが，思いのほか作業は大変で，3 人のスタッフが作業を終了す

図 6-39　オリセット天井スクリーン
オリセットネットの反物を縫製してシートを作成（家の梁に取り
付け安いように，取っ手となる輪を数ヵ所に配置した）（ケニア）。

るのに1時間ほど掛かった（図6-40）。100% eaves を塞げるわけではなかったが，
蚊の家屋内への侵入を防ぐ効果は抜群だった（図 6-41）。その後の大規模な調
査で，天井スクリーンの設置が侵入蚊の数と子供のマラリア陽性率を数年間
に亘って減少させることを皆川先生が率いる現地の調査スタッフが証明した。
この調査は現在も継続中である。

図 6-40　天井スクリーンを取
り付けているところ
家屋の屋根部に取り付け，垂
れた部分は eaves を塞ぐ様にタッ
カーで貼り付けた（ケニア）。

図 6-41　天井スクリーンを取り付けた家で快適そうに
くつろぐ家族（ケニア）

2. それでもダメ研究人生は続く

企業から大学に移り，私の研究フィールドは，以前にもまして海外に向けて広がった。そのため，日本にいたら考えられないような困難な経験もさせられた。それでも，さまざまな人たちに出会い，支えられて研究者人生を過ごしてこられたと思う。

2-1 海外での困難な経験
ダメ研究者，マラリアに罹る

毎朝の調査地での蚊の採集はケニア滞在中の日課となっていた。家々の人達とも顔見知りになり，彼らの朝食をお裾分けして貰うことも多くなった。メイズの粉をお湯で溶いて固めたウガリや，ポーリッジという，恐らく稗か何かとメイズの粉を混ぜてお湯で溶いたお粥のようなものが彼らの好物である。メイズが収穫される時期になると，これを茹でたり焼いたりして食べる。メイズは堅めのトウモロコシで，歯ごたえがあってとても美味しい（図6-42）。ある朝，村のおばあちゃんに茹でたメイズをお裾分けに貰った。茹でてからだいぶ日数が経っていたらしく，なんとなく納豆臭がしていた。せっかくのお裾分けを断るわけにもいかないので，その場で頂いたのだが，宿舎に戻ってから発熱と腹痛が同時に起こった。以前食あたりになったときに，風邪薬と胃薬を同時に飲んで回復したことがあったので，その時も同じように対処したが，発熱が収まらなかった。ソファーで1時間ほど寝たら，不思議なことに何事もなかったように熱が引いた。その日は，住友化学から調査に来ていた大橋和典さんをKisumuの空港まで送る予定だったので，午後から車でKisumuに向かった。KisumuからNairobiに行く飛行機は翌朝だったので，夜はインド料理を数本のタスカービール（図6-43）とともに味わってホテルに戻ったが，再び悪寒に襲われた。

図6-42 LLIN（オリセットネット）の上で干されるメイズ（ケニア）

普段は利用しないインペリアルホテルという Kisumu ではかなり高級なホテルのバスタブにお湯を張って入ったのは良いが，熱い湯船に浸かってもガタガタと震えが止まらないのに気付いた。今まで味わったことのない奇妙な感覚で，これまで知り得た病気の知識を総動員して考えた挙げ句，これはマラリアに違いないと確信した。

図 6-43　渇いた喉にはタスカービール
タスカーは英語で牙を持つ動物（象）のこと（ケニア，Kisumu の Manba Hotel で）。

　翌日も体調が戻らず頭痛が激しかったので，大橋さんには一人で空港までタクシーで行って貰い，さてどうしたものかとホテルで考え悩んでいると，調査のアシスタントをして貰っていた Fredric Sonye から携帯に電話があった。たまたま Fredric は Kisumu に来ており，甥っ子と一緒に家のある Mbita まで帰りたいので，車に乗せてくれとのことであった。なんという幸運であったろう。早速私は症状を伝え，Kisumu の病院に連れて行って貰えるよう Fredric に頼んだ。Aga Khan というインド系の病院に連れて行って貰い，血液を採取して原虫の存在を確認して貰った。この検査では原虫は発見されなかったが，明らかにマラリアの症状だったので，女医さんが念のためにコアテム錠（アルテミシニンとルメファントリンの合剤）と痛み止めを処方してくれた。その後，Fredric と甥っ子を乗せて，3 時間の道のりを Mbita まで向かったが，熱で意識朦朧だった上に，前日の雨で道がかなり酷い状態だったのと，車に乗り慣れない Fredric の甥っ子が酔って血反吐を吐き，何回も停車せざるを得なかったのには閉口した。ヘトヘトになりながら Mbita に帰り，昆虫調査のヘッドをしていた Gabriel Dida に頼んで，簡易テストキット（Rapid Diagnostic Test, RDT）で診断したところ，熱帯熱マラリアのバンドがくっきりと出た。アフリカ的ユーモアのたっぷりな Gabriel には「Congratulations!」と祝福された。

　早速その日の夜からコアテム錠を飲み出した。夜になると，急激に発熱した。ちゃんとした体温計がなかったので，理科の実験に使うような棒温度計で体温を測ったが，目盛りは 39 ℃を示していた。発熱と酷い倦怠感でトイレに立つのも一苦労だった。階段は，老人のように 1 段上り下りする度に休まないといけなかった。排尿する度に真っ赤な血尿が出たが，「これはコアテム

がマラリアに冒された赤血球と戦って勝った証拠かな？」と呑気に考えていた。マラリアは風邪と異なり，喉が痛くなったり，咳が出たり，鼻水が詰まって呼吸ができなくなると言うような症状は全く出ない。「これは，インフルエンザよりは楽かな？」と，更に呑気に思った。不思議なことに，身体が全く動かせないのに食欲だけはある。マシな料理を作る気力も体力もないので，お粥を炊いてすする日が続いた。コアテム錠は，3日間朝晩の2回飲み続けたが，確かに効果はあったようで，4日目には体力が戻り始めた。結局，全快するのに1週間ほど掛かった。体重が激減したが，久しぶりの入浴は天国のように気持ちが良かった。普段は感じない，生きていることの幸福感を味わった。マラリア・ハイと言うヤツだろう。

　マラリアが全快してから，罹患の原因についてあれこれ考えてみた。Mbitaの宿舎にはネッタイイエカは大量に飛んでくるので，就寝時の蚊帳は必須であるが，ハマダラカは滅多に飛んでこないので，ここに居住している限りはマラリア・フリーである。蚊の採集を行うのは専ら早朝で，一番危険な夜の採集はやったことはない。朝採集される雌蚊はほとんどがたっぷり吸血した後なので，刺される危険性はほとんどない。結局行き着いたのは，自分が採集してきて産卵させるために飼育していた雌蚊に刺されたと言う間抜けな結論であった。今から思えば笑い話で済んでいるが，マラリアと気付かずに放っておいたら，命を落とす危険があった。KisumuにたまたまFredricが居てくれたことはある種の奇跡としか考えられない。マラリア罹患に限らず，ケニアでは色々と無茶なことをしてきたが，ダメ研究者にも神様が付いていてくれたのかも知れない。

　マラリアに罹って得たもう一つの知識は，現地の人がコアテム錠を使用するときの用法用量が，正規の用法用量の半分以下であると言うことである。コアテム錠は，田舎の薬局でも300円程度で購入できる。日本人にとっては，風邪薬を買うのと同様な気軽な値段であるが，ケニアで300円と言えばちょっと高めの日給に相当する。その価値観が，薬を処方する医師にも使用する患者にも根強いのだと思うが，推奨される用法用量を下回る治療は，十分な原虫の除去ができないと言うことにつながり，結果的には原虫のマラリア薬に対する抵抗性発達を促すことになる。実際，世界各地でアルテミシニンに対する原虫の抵抗性が問題化しているが，上記のことも原因の一つではないかと思っている。

ケニアからマラウイへ

　マラリアに罹って懲りたわけではないが，ダメ研究者は調査フィールドを
ケニアからマラウイにシフトすることにした。ケニアに 5 年半通った 2014 年
のことである。ケニアでは，天井スクリーンの大規模なインターベンション
試験が皆川先生の指揮によって継続されており，今後の成果は先生に託す形
になった。マラウイでは，天井スクリーンとは異なる新たなマラリア蚊防除
手法を試す計画があった。研究経費はケニアと同じく住友化学との共同研究
予算と，初めて採択された JSPS の科学研究費である。ケニアから必要な機材
をマラウイに送る作業から始めた。自重 50 kg 以上ある UPS（無停電装置）や
サーマルサイクラー，PCR に必要な試薬類や装置，Collection Bottle Rotator や
電動アスピレーターなどの採集用具一式を空輸して貰った。NUITM-KEMRI
の事務関係を一手に引き受けて頂いている齊藤幸枝さんには最後まで非常に
お世話になった。

　マラウイには，マラウイ大学 Chancellor College が Zomba という街にある。
Zomba はかつてのマラウイの首都で，大学や政府機関が今でも存在している。
Chancellor College とは，以前 JICA と熱帯医学研究所が参画する共同プロジェ
クトがあり，当時私の同僚であった比嘉由紀子先生，二見恭子先生や前述の
前川芳秀先生が滞在して，調査や実験設備を整えていてくれたので，現地で
の準備はほとんど必要なかった（図 6-44, 45）。マラウイでは，LLIN や天井ス
クリーンに変わる新しいマラリア媒介蚊防除手段として，常温揮散タイプの
ピレスロイドを含有する空間忌避デバイスの試験を計画していた。そのため

図 6-44　Chancellor College の実験室
　PCR が可能な機器が揃っていた（マラ
ウイ）。

図 6-45　調査中滞在していたゲストハウス
　調度類や家電が一通り揃っており，快適だった（マ
ラウイ）。

に，定年退職を間近にしていた熱帯医学研究所の原虫学者，中澤秀介先生に
協力を仰ぐことにした。中澤先生には定年退職後も調査に協力して頂いてい
る。調査には，比嘉先生達が使用していたホンダの CRV をしばらく使用して
いたが，こちらも老朽化が激しく，修理代だけでもかなりの負担になるばか
りでなく，本来はマラウイ政府に税金を支払う必要があるが，外国人に課せ
られる税金が新車が買えるくらいの金額であったために，止むなく廃車にす
ることになった。どこに行ってもアフリカは自動車事情で悩まされる。以降
は，調査の度にレンタカーを借りることにしたが，この金額もバカにならな
かったし，その割にはとんでもない車を使わされる事がよくあった。ある日，
首都 Lirongwe に近い北部の調査地からの帰り道で，別の車で同行していたカ
ウンターパートの Dylo Pemba 先生が，「お前の運転している車（イスズのビッ
グホーンだったと思う）がおかしい」と言い出し，タイヤホイールをチェッ
クしてみると，ホイールを車軸に固定するナットの6本のうち4本が吹っ飛
んでなくなっていた（図6-46）。知らずに運転を続けていたら，タイヤが外れ
て一大事になるところだった。レンタカー屋に連絡して，別の車を運んで貰

うのに，道端で4時間ほど道草を食
う羽目になった。

マラウイの調査地は，Zomba から
車で1時間ほどの村で，周囲は広大
な水田に囲まれている（図6-47, 48）。
Chiliko，Chilore，Lamusi の3つの村
を対象としたが，こちらの子供の熱

図 6-46 ホイールのナットが4本吹っ飛ん
だレンタカーのタイヤ

図 6-47 Zomba 高原の裾野から見た Zomba
市街

図 6-48 調査地周辺に広がる水田（マラウイ）

図 6-50　典型的な調査地の家屋
左側が日干しレンガ，右側は焼成レンガででき
ている（マラウイ）。

図 6-49　マラリアで地べたに寝込む子供
（マラウイ）

帯熱マラリア保有率はケニアの調査地を上回る値であった（図 6-49）。調査地のハマダラカも，ケニアと同様に *Anopheles arabiensis* と *Anopheles funestus* s.s. が主体で，いずれもピレスロイドに対して代謝抵抗性を有していた。まず，調査家屋を 1 軒 1 軒訪ねて，家屋の大きさ，家族構成，LLIN の使用状況，位置情報などを記録し，調査に当たってのインフォームドコンセントを得るために説明を行う。日本のように戸籍というものは存在しないし，年に数回は大雨やサイクロン，それに伴う洪水などで家屋が破壊され，その度に家屋の状況が変化するために，この聞き込みは調査の度に必要となる。Zomba 周辺の農村の家屋は，庭の粘土質の土を固めてレンガ状にして，これを積み上げて作る。経済的に余裕があれば，レンガは竈で焼かれて焼成レンガにされるが，通常は日向で乾燥しただけの日干しレンガである（図 6-50）。したがって，大雨やサイクロンに見舞われると老朽化した日干しレンガの家はひとたまりもなく崩れてしまう。ケニアの家屋と異なるのは，家の構造だけではなかった。ケニアの家屋は，寝室とリビングに分かれている 2 部屋のレイアウトが多く，ベッドと椅子，テーブル，ソファーなどの家具が揃っている家屋が多かったが，Zomba 地区にはこのような家具が揃っている家屋は少ないような印象がある。地べたに筵を引いて寝ているような家が多かった。

　事前調査が終わると，今度は子供達のマラリア陽性率の調査を行う。専用の針を用いて指をチクッと刺し血液を採取するわけだが，子供にとってこれは恐怖である。親が背中を抱いて安心させながら採血するが，大概の子供は泣き出すことになる（図6-51）。採血した血液は，RDT（Rapid Diagnostic Test）キットに掛けられて数分で陽性か陰性かが判明する。また，血液の一部は PCR に

よる原虫の DNA 分析用に濾紙上に展開される（図 6-52, 53）。熱帯熱マラリア陽性が判明した子供には，アルテミシニン薬が配布される。子供が飲みやすいように工夫されたシロップ剤を使用した（図 6-54）。このマラリア陽性率調査を，中澤先生を中心として，空間忌避デバイスのインターベンション前とインターベンション後に行い，インターベンションの効果を確認した。インターベンションは，常温揮散ピレスロイドのメトフルトリンを含有する樹脂製剤を空間忌避デバイスとして用い（図 6-55），同時に各家屋で使用されていた蚊帳を全て新しい LLIN（オリセット・プラス）で交換し（図 6-56），両者の併用効果を調べることとした。空間忌避デバイスは，明らかにハマダラカの家屋侵入数を低下させ，同時にマラリア陽性率も低下させることが確認された。

図 6-51　子供の採血風景（マラウイ）

図 6-52　PCR 用に濾紙上に塗られた血液（右）と結果待ちの RDT キット（マラウイ）

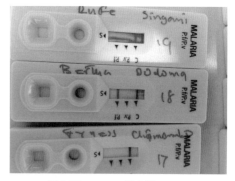

図 6-53　RDT の判定例
上下 2 つは陰性，中央は熱帯熱マラリア（P.f., *Plasmodium falciparum*）陽性（マラウイ）。

図 6-54 熱帯熱マラリア陽性が判明した子供の親にはアルテミシニン配合の
シロップ薬を配る
椅子に座っているのは，共同研究者の Eggrey Aisha Kambewa（マラウイ）。

図 6-55 空間忌避デバイス（メト
フルトリン含有樹脂製剤）を家屋
内に設置（マラウイ）

図 6-56 家族の人数（自己申告制）に比例した数（2人
に1張り）の LLIN（オリセット・プラス）を村人に配
布する（マラウイ）

ダメ研究者，泥棒と停電に悩まされる

　ケニア滞在中は，ICIPE の敷地内で寝泊まりしていたために，セキュリティー
の問題は皆無であった。これに対して，マラウイでは宿にしていたゲストハ
ウスが大学の敷地内にはないために，1日中ガードマンを雇って監視する必要
があった。窓のカーテンを開けると，常にガードマンがこちらを見張ってお

り，あまり気分の良いものではなかったが，次第にこの状況には慣れていった。ガードマンと言っても千差万別で，借金をせびりに来るヤツもいれば，ハナから仕事を放棄しているヤツもいる。ガードマンが泥棒だったということもある。ある日やってきた新任っぽい若いガードマンが，翌朝姿を消してしまったが，小屋に置いてあった発電機のガソリンを盗んで行ったようだった。ガソリン 2 L とその日の日当を天秤にかけて，ガソリンを選択したと言うことだろうか。大学の敷地内も安心はできない，実験室に放置していたノートパソコンを盗まれたことがある。扉は施錠してあったので，密室の犯行である。警察官 2 人が指紋採取キットのような鞄を持って実況見分に来たが，結局指紋採取はしないで，盗難証明書のような書類を残して帰って行った。実験室の窓には格子がしてあったが，赤ん坊か猿くらいの大きさだったら抜けられるほどの間隔の格子だったので，一時は猿を使って盗みを働く猿回し泥棒出現かと本気で推理していたが，これもマスターキーを持っているガードマンがらみの犯行だったらしい。

　そんなこんなで，ガードマンには疑心暗鬼状態であったが，マラウイも悪いヤツらばかりいるわけではない。Kingsley と言う映画俳優のような名前の老ガードマンが，ある日借金をせびってきた。アフリカではこういう場合，貸した金はほぼ100% 戻ってこないので断るべきなのだが，息子の学費が払えないというもっともらしい理由だったので，たしか 3000 クワチャ（日本円で500 円くらい）ほどを貸すことにした。金が戻ってくることはまったく期待もしていなかったので忘れていたのだが，数日後に Kingsley は耳を揃えて 3 枚の 1000 クワチャ札を返しに来たのである。これにはちょっとビックリすると同時に感動すら覚えた。またある日，Veronica という女性ガードマンが扉を叩いてきた。料理をするので塩を貸してくれと言うので，台所にあった塩を貸してやった。ガードマン達は，職場を離れるわけにはいかないので，ゲストハウスの庭や小屋で煮炊きをして食事していた。シマというメイズの粉をお湯で溶いたものを食べるのが普通である。ベロニカが何を料理するのかと興味深く観察していると，鍋には朝収穫した巨大なシロアリが大量に入っていた。これを油で揚げて塩で味付けをして食べるのである（図 6-57）。シロアリの学名まではわからないが，雨期になると雨の前後にこの巨大なシロアリ（チャバネゴキブリ成虫より一回り大きい）が家の電灯めがけて飛んできて乱舞する。翅を落として地上に落ちたヤツを捕まえて食べるのである。Veronica は，今度は皿を貸してくれという。皿に盛って食べるのかと思ったら，塩の

図 6-57　シロアリ料理をするガードゥーマン，Veronica（マラウイ）

図 6-58　メイズ畑で採れる巨大なコオロギも油炒めにして食べる（マラウイ）

お礼にと調理したシロアリの油炒めをこの皿に入れてお裾分けしてくれた。同居していた奥田　隆先生（当時，農業生物資源研究所）や中澤秀介先生とこれを頂いたが，エビのような味だった。マラウイの人は昆虫が大好きである。緑色のバッタやこれまた巨大なコオロギも大好物のようだ（図 6-58）。

　マラウイでもう一つ悩まされ続けたのが停電である。ケニアのビタはかなりの田舎で，停電も頻繁に起こっていたと思うが，ICIPE の敷地内ではほとんど問題にはならなかった。停電は毎日のように瞬間的に起こったが，スタッフがすぐに対応していたので，長時間に及ぶことはなく，PCR などの実験が中断されたことはなかった。マラウイは，国土の 20% 以上が湖の国である。発電は 100% 近くをマラウイ湖から流れる水力で賄っている。しかし，電力需要に対する供給が追いついておらず，常に電力不足の状態にある。Chancellor College では，停電になると発電機が動き出すが，この電力はフリーザー等への供給が優先で，通常の実験機器の運転は UPS（無停電装置）に頼らざるを得ない。サーマルサイクラー（PCR の機械）は 1 回の運転に 2〜3 時間を要するので，UPS のバッテリーが保つかどうかでヤキモキすることになる。おまけに，供給される電圧が一定しないためか，機器の故障が頻繁に起こった。サーマルサイクラーのペルチェ（温度を急激に上げ下げする機械の心臓部）が異常を起こし，警報が鳴ると運転が途中で停止してしまう。この故障で，サーマルサイクラーを 2 台ほど潰してしまった。終いには，実験室のエアコンも故障し，室温が外気温と同じかそれを越えるまでになり，実験ができなくなってしまった。サーマルサイクラーを冷やすために扇風機を購入して対処せざ

図 6-59 エアコンの故障した実験室で、扇風機を使ってサーマルサイクラーを冷やす（マラウイ）

るを得なかった（図 6-59）。これに追い打ちを掛けるように、2019 年にはマラウイを大洪水が襲い、主要な発電所が破壊され、停電がさらに酷い状態となった。送電所が計画停電を開始し、1日の 3 分の 2 は停電という事態になってしまった。一応計画停電の時間帯のアナウンスはあるもの、予期せぬ時に突然停電となることが多かった。この時点で、電気を使用する実験は諦めざるを得なかった。発電所復旧にはまだ時間が掛かるようで、電力供給に関しては現在（2022 年）も同様の状況のようである。

ダメ研究者、マラウイでドローンを飛ばす

大学での研究生活も残すところ数年、マラウイでの空間忌避デバイストライアルも一通り終了、停電で思うように実験もできない、ABS 指針とか言う法律のおかげで蚊のサンプルの持ち帰りも容易でなくなるという逆境下に置かれた私は、これまで色々な国で実施してきたような研究スタイルを諦め、新たな目標を目指すことにした。近年、ドローン関連の市場規模は急激に増加しており、国内市場は 2015 年の 100 億円規模から 2020 年には 1,100 億円以上に成長することが予測されている。ドローンの使用目的は、ホビー用と産業・商用の 2 分野に分類されるが、調査研究目的での使用はまだ発展段階である。ドローンのマニュアル操縦には操縦者のスキルアップが要求されるが、GPS 自立制御、自動帰還・追跡、プログラム飛行、衝突回避といった機能の付加によって、初心者でも容易にドローン操縦が可能になってきている。私の目的は、ドローンによる発生源マップ作成、幼虫密度の高い発生源の特定、そして最終的にはドローンによる特定された発生源への幼虫剤散布である。2018 年より、中澤先生とともに、調査地のマラリア媒介蚊発生源調査や発生源への幼虫剤処理に当たってのドローン使用の可能性に関する検討を開始した。小型のドローン（DJI 社 Mavic Pro）をマラウイに持ち込んで、調査地の

図 6-60　マラウイ調査地でのドローン飛行
皆が空の一点を見つめる。数百 m 離れてしまうと，視力の良い現地の人にしか飛行
するドローンを視認できなくなる（マラウイ）。

上空を飛ばして Geotif という位置情報を備えたマップを作成することから始めた。

　ドローンの飛行は，スマホのアプリを使ってコントロール可能で，離陸から着陸までを全て自動操縦で行える（図 6-60）。Mavic Pro では，結局マップを作成するのが関の山で，それ以上の作業は難しいことを知った。そこで，今度は中型ドローン（DJI 社 Inspire 2）に搭載した 5 波長のマルチスペクトルカメラによる空撮を試みた。数百枚の空撮画像を，各波長ごとに大きな 1 枚の画像として合成した後，微小水域を強調するように正規化水指数（NDWI）を用いて指数化計算を専用ソフトウェアで行い（図 6-61），水域候補として検出した 100 ヵ所近い場所を実際に踏査することにした（図 6-62）。この調査から，益田　岳先生（東京女子医大）にも調査に参加して貰うことにした。益田先生は，ドローンを始めとする最先端機器類の情報や使用法に明るく，全てを任せられる心

図 6-61　正規化水指数（NDWI）を用いて画像化した調査地のマップ
白く写る部分が水域（マラウイ）。

図 6-62 ハマダラカ発生源の幼虫調査（マラウイ）

図 6-63 ドローン（Inspire 2）を操縦する益田先生（マラウイ）

強い助っ人である（図 6-63）。Chancellor College の修士課程の学生 Thomson Ngumbira もこれに加わった（図 6-64）。

　ここまでの検討結果より，正規化水指数（NDWI）が発生源を特定するために有効であることはわかったが，NDWI によって微小な水域を特定することは可能であるが，幼虫の発生の多少を判断して，効率的な発生源調査や集中的な殺幼虫剤散布を行うためには NDWI のみでは難しいこともわかってきた。そこで，次のステップとして，ドローンに登載したカメラによって発生源の幼虫を直接撮影する試みを行った。まず，一眼レフカメラの望遠ズームレンズを用いて，幼虫が撮影可能な撮影距離（高度）と倍率について検討を行い，DJI 社の Matrice 300 とこれに登載するズームカメラ H20（図 6-65）が使用できる可能性が見えてきたため，DJI 社製品を扱っている SkyLink Japan 社にデ

図 6-64 Inspire 2 の姿勢補正をする Thomson Ngumbira と操縦法を教える益田先生（マラウイ）

図 6-65 高倍率カメラ（H20）を搭載したドローン（Matrice 300）

モ撮影を依頼し，京都府南丹市美山町にあるドローンフィールドにおいて撮影実験を行った。その結果，H20 の最大光学ズーム（23 倍）からデジタルズーム 40 倍程度であれば，高度 20〜30 m から水面の幼虫が撮影可能であることがわかった。あとは現地（マラウイ）で実際に水面のハマダラカ幼虫を撮影する実験を待つのみであった。ところがここに来て，研究どころか人生そのものを根底から揺るがすとんでもない地球規模の危機が訪れることになる。

2-2 コロナ襲来（これからが本当のあとがき）

　2020 年 2 月，私，中澤先生，益田先生はマラウイに向かう飛行機の中にいた。出発地の成田では，例によって Addis Ababa 行きのエチオピア航空が飛べなくなり，丸 1 日ホテルで待機させられた。新型コロナ肺炎（COVID-19）という伝染力が強く治療法のない感染症が，中国の武漢を発祥の地として全世界に広まりつつあるというニュースは 1 ヵ月ほど前から流れていた。飛行機の中で感染防止のマスクをしている乗客はほとんど居なかった。マラウイの Blantyre の飛行場では，いつもの黄熱病ワクチン証明（イエローカード）提示に加えて，入口でのアルコールによる手指消毒が義務付けられていた。日本人だけは問診票を書かされた。彼らにとっては新型コロナ肺炎ウイルスが最初に見つかった中国も日本も同じに見えるのだろう。問診票以外には何も要求されず，いつも通りの入国ができた。空港出口にはいつものレンタカーの運転手が出迎えていた。コロナのせいで，調査地やホテルで日本人は差別されるかも知れないという不安もあったが，それは取り越し苦労だった。2020 年 2 月はそういう時期であった。その後，コロナの感染者数はじわじわと増え出し，2020 年 12 月には第 1 のピークを迎える。2020 年 2 月のマラウイ出張以来現在（2022 年 3 月）まで，マラウイどころか国内の出張も制限される事態となっている。そんな危機的状況の中，2022 年 3 月末で私は定年退職となる。住友化学で 19 年，長崎大学でも 19 年間合計 38 年間続いたダメ研究者人生をコロナ騒動の渦中で終えることになる。なんともあっけない，達成感の感じられない幕引きであろうか。この 2 年間，コロナが収束したときのために，マラウイでの調査の準備は細々と続けてきてはいた。国内で購入したドローン（Matrice 300）は，結局外為法に引っかかるという大学の関係部門の判断で，国外には持ち出せないという結論になった。あれこれ考えた挙げ句，マラウイのカウンターパートと業務委託契約を結んで必要な金額を送金し，現地で同型の Matrice 300 とバッテリー一式，高倍率カメラ H20 を購入し

て貰うことにした。普通であればそんな出費は不可能であるが，出張費が丸々浮いているのが幸いして可能となった。

　国内ではこの Matrice 300 + H20 を使用して高高度からのハマダラカ（研究室で飼育している *Anopheles gambiae* s.s.）幼虫撮影の実験を行った。この画像をコンピュータの AI に学習させて，幼虫の密度を推定するシステムを益田先生が開発中である。一方，マラウイでは，カウンターパートの Dylo Pemba 先生が現地の Matrice 300 を使用して，水田の水面にいつものようにプカプカ浮かんでいるであろう *Anopheles arabiensis* の高高度からのズーム写真を撮影してくれるはずである。今年もサイクロンで大きな被害があり，調査地にはしばらくは行けないというメールが最近あったが，洪水は治まったであろうか？

　住友化学を初めとして，複数の企業から共同研究の継続を希望されているので，定年退職後も無給でしばらくは研究活動を続けていこうとは思っているが，コロナがいつ収束するのか？，定年後も年金だけで生活できるのか？，マラウイでの調査はいつ再開できるのか？　等々不安が尽きない今日この頃である。そんな頃，一通の封書が舞い込んできた。北隆館編集部の角谷裕通さん，福田ゆめ子さんからの原稿執筆依頼である。「昆虫と自然」の編集委員会で，矢田　脩先生（九州大学名誉教授）と石井　実先生（大阪府立大学名誉教授）から，「感染症と昆虫」をテーマとして一冊の本にまとめられないかというご提案があったとのことである。非常に光栄なことである。当初は，「環境 ECO 選書」シリーズとしての刊行を提案されていたが，私の専門とする殺虫剤関連の研究はこの「環境 ECO 選書」のコンセプトには合わないような気がした。また，複数の執筆者を募って，私が編者になるという事も考えられたが，そのやり方だとこれまで数多く出版されている同分野の書物と変わり映えしなくなってしまうという危惧と，この機会を利用させていただいて，自分が 40 年間にしてきたことを纏めてみたいという欲求があった。このような私の執筆方針を角谷さんにお伝えしたところ，快く受け入れて頂けた。原稿提出までの期限は 1 年間と言うことであったが，意外とスムーズに筆が進み本書が完成する運びとなった。思えば，企業と大学の研究者の両方を経験し，様々なことを考え試行錯誤を行ってはきたものの，自慢できるような成果を上げてきたとは言いがたい。どの仕事も，突き詰めていけばもっと高みに持って行けそうな研究だったような気がするが，ダメ研究者の能力の限界がそうはさせてはくれなかった。特に殺虫剤抵抗性は，その現象や実態を明らかにすることはできても，それを打破するための画期的な対策は依然として闇の

中である。是非，未来を担う若い研究者達にブレークスルーを期待したい。

　本書を発行するに当たって，これまでお世話になってきた方々のお名前は，長い後書きに書き連ねさせて頂いたごとくである。失念して書き漏らしてしまった方々を含めて，全ての方々に対して改めて謝意を表したい。想えば，多くの方々が既に故人となっている。酒を飲んだり，議論したり，喧嘩したりした記憶が懐かしい。特に，私の人生における転機を作っていただいた，京都大学名誉教授常脇恒一郎先生（大学で農林生物学を学びたいという私の希望を叶えて頂いた），元京都大学柔道部長児島眞平先生（柔道部では不良部員の私を叱咤激励して頂いたばかりでなく，結婚式の仲人まで快くお引き受け頂いた），京都大学名誉教授高橋正三先生（住友化学での第1の社会人人生を与えて頂き，就職後に農学博士まで頂いた），そして長崎大学での第2の人生を歩ませていただいた長崎大学名誉教授高木正洋先生に感謝の意を表する。また，アシスタントとして研究や業務のお手伝いをして頂いた，鈴木美恵子さん（学生時代），仲宗根（旧姓夜久）富美子さん，手嶋（旧姓花浦）美恵さん，井内（旧姓萬戸）美奈子さん，大道（旧姓小山）恵美子さん，藤浦（旧姓藤本）善子さん，山田（旧姓大谷）良子さん，大坪（旧姓神埼）恵さん，ほか旧住友化学農業化学品研究所生活科学グループの全ての同僚の皆さん，木村（旧姓安藤）千枝さん，石田（旧姓小坂）聡子さん，筒井雅子さん，ほか住友化学生活環境事業部の全ての同僚の皆さん（以上住友化学時代），酒本淳子さん，川島恵美子さん，鶴川千秋さん，大庭（旧姓園田）友里さん，佐野直美さん（以上長崎大学時代），その他名前を挙げだしたらキリがなくなる程たくさんの方々にお礼を言いたい。忘れてならないのは，多くの方々にご迷惑を掛けると知りながら勝手に会社を辞めてしまい，通常なら後ろ指を指されても文句の言えない私に，多大な研究費を長期間に亘って支出してくれた住友化学(株)生活環境事業部の庄野美徳さん，石渡多賀男さん，手嶋隼人さん，その他の関係者への感謝である。

　最後に，私の勝手な都合によって何の相談もなく会社を辞めてしまった私を理解してくれて，さらには住友化学での単身赴任生活2年間に加えて長崎大学での19年間の計21年間，単身生活を続けさせてくれた妻（まゆみ）と，父親としての役割をあまり果たせなかった3人の子供達（彩，翔太，芽依子），そしてダメ研究者ながらも昆虫学というあまり金にならない学問を続けさせてくれた両親に心からの謝辞を送りたい。

生 物 名 索 引

本書掲載の生物名で重要と思われる用語を，以下に
アルファベット順および五十音順で索引として示した。

[学名]

Aedes aegypti 12, 13, 42, 43, 81, 112,
　113, 115, 137, 160, 161

Aedes aegypti aegypti 137, 160, 161

Aedes aegypti formosus 137, 160, 161

Aedes albopictus 12, 13, 42, 43, 81, 112

Aedes cataphylla 75

Aedes japonicus 12, 35, 42, 43, 81

Aedes nipponicus 12

Aedes togoi 12, 31, 42, 43, 46

Anopheles albimanus 9, 10, 42, 43, 81,
　112, 113, 132, 192

Anopheles arabiensis 59, 60, 64, 112,
　117, 118, 121, 183, 185, 186, 187,
　188, 189, 191, 194, 195, 196, 198,
　199, 200, 201, 202, 203, 218, 219,
　229, 230, 231, 240, 242, 246, 248,
　249, 250, 252, 286, 297, 306

Anopheles balabacensis 41, 43, 110, 112,
　235

Anopheles culicifacies 10, 42, 192, 193

Anopheles darlingi 10, 42, 192, 193

Anopheles dirus 9, 42, 43

Anopheles farauti 10, 42, 112, 113, 273,
　274

Anopheles freeborni 75

Anopheles funestus 9, 10, 42, 59, 60,
　64, 112, 117, 118, 121, 183, 185,
　187, 188, 191, 192, 194, 195, 196,
　197, 198, 199, 200, 201, 202, 203,
　204, 216, 218, 219, 229, 230, 231,
　232, 233, 240, 242, 248, 249, 250,
　289, 297

Anopheles gambiae 9, 10, 40, 42, 45,
　59, 60, 61, 64, 112, 116, 117, 118,
　119, 120, 121, 163, 173, 183, 184,
　185, 186, 188, 189, 191, 192, 194,
　195, 196, 198, 199, 200, 203, 216,
　229, 230, 231, 232, 233, 239, 240,
　241, 246, 250, 252, 286, 306

Anopheles lesteri 17

Anopheles minimus 9, 31, 42, 43, 113

Anopheles oswardoi 192

Anopheles punctulatus 10, 42, 112, 113,
　274

Anopheles rangeli 192

Anopheles rivulorum 9, 185, 191, 197,
　230, 250

Anopheles sacharovi 75

Anopheles saperoi 9, 41, 42, 43

Anopheles sinensis 9, 10, 17, 42

Anopheles stephensi 9, 10, 31, 42, 43,
　57, 112, 193

Anopheles sundaicus 10, 42, 237

Anopheles yaeyamaensis 18

Armigeres subalbatus 12, 41, 42, 43

Bacillus thuringiensis 116

Culex pipiens molestus 35, 42, 43, 112,
　113

Culex pipiens pallens 31, 42, 43, 112, 113

Culex quinquefasciatus 31, 42, 43, 81,
　112, 113, 252

Culex tarsalis 75, 81, 112, 113

Culex tritaeniorhynchus 12, 35, 42, 43,
　113

Mansonia perturbans 75

用 語 索 引

本書掲載で重要と思われる用語を，以下にアルファベット順
および五十音順で索引として示した。

［著者略歴］
昭和 50 年　茨城県立古河第三高等学校卒業
昭和 54 年　京都大学農学部農林生物学科卒業
昭和 56 年　京都大学農学研究科修士課程修了（農薬生物学）
昭和 58 年　京都大学農学研究科博士後期課程中退
昭和 58 年　住友化学工業株式会社（現在の住友化学株式会社）宝塚総合研究所入社
平成 6 年　日本環境動物昆虫学会研究奨励賞受賞
平成 14 年　住友化学株式会社農業化学品研究所主席部員，生活環境事業部開発部主席部員
　　　　　　を経て，長崎大学熱帯医学研究所生物環境分野講師
平成 18 年　長崎大学熱帯医学研究所病害動物学分野准教授
平成 26 年　日本衛生動物学会賞受賞
令和 1 年　Outstanding Achievement Award of Asian Society of Vector Ecology and Mosquito
　　　　　　Control 受賞
令和 4 年　長崎大学熱帯医学研究所病害動物学分野を定年退職後，同特任研究員
　　　　　　（株）フィールドワーカーズ　取締役
農学博士（京都大学），医学博士（長崎大学）
研究分野は，感染症媒介蚊の行動と生態，殺虫剤抵抗性

感染症媒介蚊と闘う

2022 年 12 月 20 日　初版発行

著　者　川　田　　　均

発行者　福　田　久　子

発行所　株式会社 北 隆 館

〒153-0051　東京都目黒区上目黒3-17-8
電話03（5720）1161　振替00140-3-750
http://www.hokuryukan-ns.co.jp/
e-mail : hk-ns2@hokuryukan-ns.co.jp

印刷・製本　倉敷印刷株式会社

© 2022 HOKURYUKAN
ISBN978-4-8326-1015-6 C3045